사이먼 배런코언은 오래도록 자폐인들을 옹호해왔다. 깊은 생각을 불러일으키는 이 책은 최근 떠오르는 신경다양성에 관한 문헌 중에서도 단연 돋보인다.
_**존 엘더 로비슨**《나를 똑바로 봐》저자

그는 인간 본성의 다양한 스펙트럼 전체에 걸쳐 서로 무관해 보이는 장애들 사이의 숨겨진 관련성을 꿰뚫어본, 진정 보기 드문 지식인이다. 단순한 환원주의와 애정 어린 관심만 강조하는 심리학을 모두 배격한다. 이 책은 우리 시대의 고전이 될 것이다.
_**빌라야누르 라마찬드란** UC샌디에이고 교수,《뇌는 어떻게 세상을 보는가》저자

호모 사피엔스가 그토록 뛰어난 발명 능력을 지니게 된 것은 무엇 때문인가? 그는 뇌과학, 진화생물학, 그리고 자폐 연구를 통합해 독특한 이론을 제시한다. 최근 10년간 출간된 인간의 마음에 관한 책 중 가장 강력하고 놀랍다.
_**앤드류 N. 멜초프** 워싱턴대학교 교수,《요람 속의 과학자》저자

항상 몇 발짝 앞서가면서, 과감하게 생각하고 행동하는 그가 인간 창조성의 비밀을 벗겨낸다. 다른 사람들이 장애를 보는 곳에서 그는 특별함을 본다. 자연과 마찬가지로, 인간 정신의 아름다움은 바로 그 다양성에서 나온다.
_**애미 클린** 에모리대학교 버니마커스자폐위원회 명예 의장

패턴 시커

The Pattern Seekers

패턴 시커

자폐는 어떻게 인류의 진보를 이끌었나

사이먼 배런코언 | 강병철 옮김

The Pattern Seekers

디플롯

케임브리지대학교 발달정신병리학 교수 사이먼 배런코언은 자폐 연구에 가장 크게 공헌한 세계적인 석학이다. 600편이 넘는 논문을 통해 자폐의 다양한 측면을 탐구했고, 이를 바탕으로 자폐의 원인을 설명하는 마음맹 이론Mindblindness을 정립했으며, 출생 전 태아에게 노출되는 성호르몬이 뇌에 주요한 영향을 끼친다는 연구 결과도 제시했다. 신경다양성neurodiversity 관점에서 인간이 어떻게 단일한 구조의 뇌로 다양한 특성의 인지 행동을 하게 됐는지 설명하기 위해 애써왔으며, 특히 공감과 체계화라는 두 가지 개념으로 인지 행동의 남녀 차이를 명쾌하게 설명하며 학계의 주목을 받았다. 그는 '특별한 뇌'를 가진 자폐인들을 연구해 일반적인 뇌 작동 원리를 찾고 규명하는 데 크게 기여하고 있다.

이 책에서 그는 매우 흥미로운 질문을 던진다. "자폐와 발명 사이에 어떤 연관성이 있을까?" 이 엉뚱한 질문은 이내 놀라운 통찰로 이어진다. 7만~10만 년 전, 인지혁명이 일어나 호모 사피엔스의 인지 행동에 큰 변화가 발생했는데, 무엇보다 체계화 메커니즘Systemizing Mechanism을 통해 우리 종만이 세상에서 '만일-그리고-그렇다면if-and-then' 패턴을 검색할 수 있었고 그 덕분에 생산적인 발명이 가능해졌다는 주장이다. 또한 공감회로Empathy Circuit는 우리 종만이 타자의 생각과 감정을 상상할 수 있게 해주었고, 속임수나 자기반성을 포함해 복잡한 사회적 상호작용도 가능하게 만들었다고 역설한다. 공감, 체계화라는 렌즈로 7만~10만 년 전 인류 문명의 발생을 들여다본 것이다.

그는 패턴을 발견하는 능력이 탁월한 사람들에게 자폐 성향이 있다는 점에 주목했다. 예를 들어, 과학기술 연구자들이 자폐적 특성을 더 많이 가지고 있으며 그들의 자녀 또한 자폐인 비율이 더 높았다. 무엇보다도 체계화 관련 유전적 공통 변이가 자폐와 관련된 유전적 공통 변이와 겹치는 것을 보여줌으로써, 자폐와 발명 사이의 깊은 연관성이 우리 유전자에 존재한다는 사실을 들려준다.

이 책을 읽고 나면 인류는 자폐인들에게 큰 빚을 지고 있다는 걸 깨닫게 된다. 자폐는 세상을 바라보는 방식이 남다른 사람들의 독특한 특징이며, 이 특별함 덕분에 인류 문명이 체계화되고 발달할 수 있었기 때문이다. 자폐에 대해 새로운 관점과 놀라운 통찰을 제시하는 이 책을 세상의 모든 패턴 탐구자와 예비 기술 발명자들에게 추천한다. 자폐인과 같은 '신경다양인'들이 우리 사회에 더 깊이, 더 넓게 녹아들 수 있도록 그들을 이해하고 포용해야 한다는 점을 절실히 깨닫게 하는 경이로운 저작이다. 우리는 서로 다르고 독특할 뿐 이상하지도 비정상적이지도 않다.

정재승 KAIST 뇌인지과학과 교수 및 융합인재학부 학과장

우리 가족에게 아낌 없는 사랑을 주고 떠난
브리지트 린들리Bridget Lindley(1959~2016)를 기억하며.

자폐인들에게 이 책을 바칩니다.

때때로 그런 일을 할 수 있다고 상상도 못 했던 바로 그 사람이
그런 일을 할 수 있다고 상상도 못 했던 일을 해낸다.
— 앨런 튜링Alan Turing, 〈이미테이션 게임〉

차례

1
타고난 패턴 탐구자

알AI은 네 살이 될 때까지 말을 하지 않았다. 말을 시작한 뒤에도 다른 아이들과 전혀 다른 방식으로 언어를 사용했다. 알의 마음은 처음부터 달랐다. 사람에게는 관심이 적고, 패턴을 발견하는 데 열중했으며, 보는 것마다 설명을 요구했다. 사물이 어떻게 작동하는지 이해하려고 주변 사람에게 끊임없이 질문을 해댔다. "왜? 왜? 왜?" 말을 들어주다 보면 진이 다 빠졌다. 지칠 줄 모르는 호기심은 어떻게 보면 신선했지만, 끈질기게 완전한 설명을 필요로 하는 성향은 종종 감당하기 어려웠다. 분명 아이는 달라도 많이 달랐다.

특이한 점은 또 있었다. 예컨대 알은 토머스 그레이Thomas Gray의 〈시골 묘지에서 읊은 만가Elegy Written in a Country Churchyard〉*를

---

* 1751년에 발표된 유명한 시.

몇 번이고 반복해서 낭송했다.(그 버릇은 평생 지속되었다.) 교사들은 끝없는 질문에 짜증을 냈다. 한 교사는 분노와 절망에 못이겨 알의 뇌가 "맛이 갔다"라고 했다. 뒤죽박죽 혼란스럽다는 뜻이었지만 알의 마음은 혼란과 거리가 멀었다. 정반대였다. 끝없는 질문은 명료함을 추구하는 것이었다. 사물이 어떻게 작동하는지에 대한 사람들의 설명이 알에게는 모호하기만 했다. 질서 정연하고 근거가 분명한 세상의 모습을 그리고 싶었다. 알의 관점에서 볼 때, 사람들의 사고방식은 엉성하고 부정확했다.

엄마는 걱정스러웠다. 아들은 학교에서 걸핏하면 핀잔을 들었고, 교사들은 아예 대놓고 깔아뭉갰다. 자신감이 꺾이지는 않을지 마음을 졸였다. 단호한 조치가 필요했다. 알이 열한 살이 되자 그녀는 아들을 학교에 보내지 않고 집에서 가르치기로 했다. 가볍게 내린 결정은 아니었다. 지칠 줄 모르는 지식욕과 학교의 부정적인 시각을 감안하면 홈스쿨링밖에는 방법이 없을 것 같았다. 알은 '어딘지 다른 마음'에 걸맞은 방식으로 배울 권리가 있었다.

‖‖‖

전통적인 학교라는 굴레에서 벗어난 알은 집과 도서관을 오가며 닥치는 대로 책을 읽었다. 엄마는 아들의 얼굴에 경탄의 빛이 떠오르는 모습을 보았다. 화학이든 물리학이든 뭔가 작동하는 방식에 대한 설명을 읽고 나면 알은 서둘러 지하실로 내려가 자신만의 '실험'을 수행했다. 책에서 읽은 설명이 정말 맞는지 스스로 입증해보려는 것이었다. 학교를 벗어나자 마침내 세상에 존재하는 패턴을 찾으려는 열정을 마음껏 추구할 수 있었다. 가만히 앉아 있으라거나, 질문 좀 그만하라거나, 하라는 대로 하라고 윽박지르는 사람은 없었다. 홈스쿨링이야말로 엄마가 아들에게 줄 수 있는 해방의 선물이었다. 더는 집단학습이라는 감옥에 갇힐 필요가 없었다. 알은 개별학습을 하며 무엇을, 언제, 어떻게 배울지 스스로 결정할 수 있었다. 그의 마음에 완벽하게 맞는 방식이었다. 세상의 작동 원리에 대한 교사의 설명에 전혀 만족하지 못했고, 언제나 직접 검증할 수 있는 근거를 원했기 때문이다. 모든 증거에 물음표를 붙이고, 자기 손으로 시험해봐야 했다. 그의 마음은 다수를 따르지 않았다. 최초의 원리에서 시작해 모든 것을 이해하고, 그렇게 쌓은 지식이 **정말 옳은지** 확인해보고 싶었다.

엄마는 분명히 알 수 있었다. 아들은 학습 스타일이 달랐다. 세세한 것에 너무 얽매인다거나, 강박적이라거나, 융통성이 없다거나, 불필요하게 꼼꼼하다거나, 지나치게 철저하다고 하는 사람도 있을 터였다. 예컨대 도서관에서 책을 읽을 때는 맨 아래 서가의 마지막 책부터 읽기 시작해 차근차근 위쪽으로 올라가며 한 권도 빠짐없이 읽어야 했다. 언제나 그렇게 체계적인 방식에 따를 뿐, 아무렇게나 마음에 드는 책을 꺼내서 읽는 경우는 결코 없었다. 항상 고집스럽게 자신이 정한 규칙에 따랐다. 한 번에 한 권씩, 정확히 정해진 순서로 읽어 어떤 정보도 빠뜨리지 않았다는 걸 확신할 수 있어야 했다. 과학과 기술에 관한 책을 가장 좋아했지만, 규칙을 벗어나는 법은 결코 없었다. 알은 규칙을 사랑했다. 규칙 자체가 패턴이기 때문이다.

열두 살이 되기 전에 알은 뉴턴Isaac Newton의 《프린키피아》를 다 읽고 물리학을 독학했다. 집에서 스스로 실험을 해가며 온갖 전기 이론에 품은 의문을 하나하나 검증했다. 열다섯 살 즈음에는 모스 부호에 완전히 빠졌다. 그것이야말로 패턴에 관한 궁극의 언어였다. 알은 무엇이든 흥미를 느끼면 완전히 마스터**해야만 했다**. 사람들이 어떻게 수많은 주제에 수박 겉 핥기 식으로 발만 담가 보고 마는지 도무지 이해할 수 없었다. 그는 어떤 주제든 오롯이 이해해야 했다. 전부 알 것이 아니라면 아예 모르는 편이 나았다. 알은 신호음, 빛의 깜박거림, 손으로 쓴 기호 등 다양한 방식으로 모스 부호를 이용해 똑같은 메시지를 패턴으로 표현할 수 있다는 데 완전히 사로잡혔다. 어떻게 각각의 문자를 점과 선의 고유한 순서로 표현하는지, 어떻게 한 개의 점이 시간의 단위가 되는지, 어떻게 한 개의 선이 세 개의 점과 동일한 길이의 시간을 나타내는지에 완전히 마음을 빼앗겼다. 어떻게 하나의 문자가 음표 비슷한 역할을 하는지, 어떤 것은 한 박자가 되고 어떤 것은 두 박자 또는 네 박자가 되는지 끊임없이 빠져들었다. 그리고 직감적으로 패턴을 파악했다. 그는 타고난 패턴 탐구자였다.

열여섯 살이 되자 알은 집을 떠났다. 미국 여기저기를 돌아다니다 모스 부호에 대한 지식을 이용해 전화 교환원으로 일하면 돈을 벌 수 있다는 것을 알게 되었다. 하지만 밤이 되면 자신만의 깊은 관심을 추구하며 먼동이 틀 때까지 주변 모든 기계를 대상으로 '달빛 실험'에 몰두했다. 어릴 때와 똑같이 사물을 분해해 어떤 식으로 조립되었는지, 어떤 부분이 다른 부분을 제어하는지 알아보는 일에 깊이 탐닉했다. 모든 것을 알아낸 다음에는 또 다른 기쁨이 기다리고 있었다. 원래 모습으로 다시 돌려놓는 것도 분해하는 것만큼이나 짜릿했던 것이다.

겨우 열여섯 살 때 알은 대중적으로 알려진 첫 번째 발명품을 내놓았다. '자동 중계기'는 무인 전신국 사이에서 모스 부호로 신호를 전송하는 장치였다. 그 메시지가 필요한 사람은 누구나 해독할 수 있었다. 앞으로 보겠지만 성인이 된 후에도 그는 끊임없이 발명을 계속했다.

‖‖‖‖‖

조나Jonah 역시 두 살이 될 때까지 말을 하지 않았다. 차분함을 잃지 않았던 알의 엄마와 달리 조나의 엄마는 불안과 공포에 사로잡혔다. 다른 집 아이들이 쉴 새 없이 재잘거리는 모습을 보며 완전히 낙담했다. 결국 소아과를 찾았다.[1]

그녀는 의사가 이런저런 검사를 하는 모습을 불안한 눈빛으로 바라보았다. 걱정에 휩싸인 모습을 본 의사는 언어 발달이 아이마다 얼마나 다른지 나타낸 표를 보여주면 도움이 되리라 생각했다.[2]

여기 보세요. 아이들의 언어 발달 속도가 서로 얼마나 다른지 나와 있지요? 아이들은 저마다 다르답니다. 어떤 과정을 거쳐 발달할지는 어느 정도 유전자에 달린 문제이기도 하고요.[3]

여전히 불안감을 떨치지 못한 엄마는 도표에 집중해보려고 했지만 도무지 이해할 수 없었다. 서로 다른 선들은 그저 혼란스러울 뿐이었다. 애써 눈물을 참는 모습을 본 여의사는 마음을

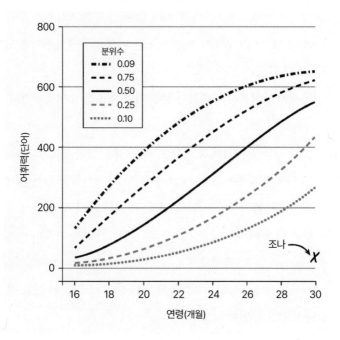

그림 1-1 다양한 어린이 언어 발달 유형

진정시키려고 한쪽 손을 팔에 올려 놓으며 말했다.

여기 검은색 실선 보이시죠? 이게 평균적인 아이들이에요. 맨 위에 있는 선은 말을 일찍 시작한 아이들이지요. 엄청 사교적이고, 쉴 새 없이 재잘거리는 녀석들이요. 맨 아래 선은 말문이 늦게 터지는 아이들이에요. 대신 공간과 음악과 수학을 더 잘 이해한답니다. 이 아이들은 패턴을 몹시 좋아하죠.

의사는 어디까지 말해줘야 할지 가늠하듯 잠시 머뭇거렸다.

조나도 그런 아이예요. 말하는 데는 별 관심이 없고 모든 것이 어떻게 작동하는지에 사로잡히죠. 이 아이들이 다른 곡선을 따라 발달하는 아이들보다 더 좋거나 나쁜 건 아닙니다. 그저 다른 거지요.

의사는 숨을 고르면서 조나의 엄마가 조금 진정된 것을 보고 다시 말을 이었다.

저는 이 아이들을 아주 좋아합니다. 저마다 독특하기 때문이죠. 말이 좀 늦을지는 몰라도, 일단 말을 시작하면 훨씬 흥미로운 이야기를 들려주거든요! 커서 재능 있는 음악가나 체스 선수가 되기도 합니다. 수학, 정원 가꾸기, 요리, 자전거 설계, 목공, 사진에 소질을 타고난 아이도 있어요. 이 아이들은 완벽주의자입니다. 세세한 것까지 주의를 기울이고, 그런 걸 좋아해요. 다른 아이들이 놓친 것들을 보지요.

이제 조나 엄마는 몸을 앞으로 숙이고 도표를 가만히 들여다보았다. 어느새 눈물이 말라 있었다. 의사는 펜을 꺼내 도표 한 곳에 커다랗게 X자를 써넣었다.

제가 진료실에서 보는 많은 아이가 조나랑 똑같아요. X 위치에 있지요. 저는 그 아이들이 자라는 모습을 보았습니다. 어떤 아이는 독창적인 엔지니어나 예술가가 되고, 전혀 새로운 시각으로 성공적인 사업가가 된 아이가 있는가 하면, 과학자가 되어 데이터에서 패턴을 찾아내 큰 발견을 한 아이도 있어요.[4]

그녀는 다시 조나의 엄마를 쳐다보았다.

이거 아세요? 저도 이 아이 중 하나였어요. 알고 보니 세 살까지 말을 안 했더군요. 자라면서도 과학에 완전히 빠져 있었죠.

의사는 잠깐 미소를 짓더니 조나 엄마의 눈을 똑바로 바라보았다.

조나를 자랑스러워하셔도 됩니다. 아이는 그저 다른 경로를 따라가고 있을 뿐이에요. 저를 믿으세요. 준비가 되면 말을 시작할 겁니다. 다른 부모들이 왜 아직 말을 못 하느냐고 물으면 이렇게 대답하세요. '우리 아이는 뒤떨어진 게 아니에요. 그저 다른 겁니다.'

‖‖‖‖

세 살이 되기 직전에 조나는 마침내 말을 시작했다. 하지만 아이가 언어를 사용하는 **방식**은 아주 특이했다. 말을 할 때도 상대방을 쳐다보지 않았다. 자기가 지칭한 것에 상대방의 관심을 돌리기 위해 손가락으로 **가리키지도** 않았다. 대신 마치 자기 자신에게 그것이 어디 있는지 알려주려는 것처럼 혼잣말을 할 때만 손가락으로 사물을 가리켰다. 혼자 있을 때도 마찬가지였다.

엄마도 알아차렸다. 다른 아이들과 달리 조나는 사물의 어떤 특징에 대해 다른 사람과 소통하려는 의도로 그 사물을 가리키지 않았다. 스스로 사물들을 분류할 때만 손가락으로 그것들을 가리켰다. 각각의 사물을 가리키면서 항상 그 이름을 말했다. 말하자면 끝도 없는 분류 작업에 몰두하고 있었다. 엄마는 이내 마음을 가라앉혔다. 어쨌든 드디어 말문이 터지지 않았는가!

조나의 엄마는 아들이 단어를 사용하는 방식에 다른 점이 하나 더 있다는 걸 알아차렸다. 아이는 어떤 사물이든 '차'라거나 '버섯' 같은 일반적인 단어로 지칭하지 않았다. 자동차라면 제조사, 모델, 출시 연도 등 매우 구체적인 단어를 사용했다.("이건 2006년식 검정색 르노 라구나 2.0S야.") 버섯이라면 반드시 품종명을 붙였다.("이건 포시니 버섯이야.")

그럼에도 엄마는 아들이 말하는 방식이 자랑스럽기만 했다. 조나의 언어는 그의 마음이 비범한 **정확성**을 추구한다는 것, 아주 세세한 부분까지 예리하게 주의를 기울인다는 것을 보여주었다. 사실 그녀도 그랬다. 집 안에서 아주 사소한 것 하나만 누가 옮겨놓아도 금방 알아차리고, 원래 자리로 돌려놓고 싶은 충동을 느꼈다.[5] 문득 조나가 무엇이든 범주화하려는 강렬한 욕구를 가진 것처럼, 남편 또한 그런 욕구에 사로잡혀 있다는 생각이 떠올랐다. 남편은 몇 시간이고 한자리에 앉아 온갖 새와 온갖 자동차 사진이 실린 책들을 뒤적였다. 부모에게서 물려받은 유전자에 의해 눈동자가 파란색이나 갈색이 될 수 있다는 건 알았다. 그렇지만 마음도 유전될까? 정확해야 한다든지, 뭔가를 분류해야 한다는 강렬한 욕구를 느끼는 것이 유전자 때문일 수 있을까?

그녀는 늘 의사의 말을 떠올렸다. 다른 아이들보다 못한 것이 아니라, 그저 다를 뿐이다. 조나가 쉽게 해내는 일을 다른 세 살짜리들이 하지 못하는 경우도 얼마든지 있었다. 예컨대 조나는 텔레비전 앞에 앉아 일기예보를 보며 지난번 예보 뒤로 복잡한 그래프와 숫자들이 어떻게 변했는지 확인하는 데 완전히 몰입했다. 병원에 며칠 입원했을 때도 간호사가 카트를 침상 옆으로 밀고 지나갈 때마다 거기 쓰인 온갖 약 이름을 읽었다. 겨우 세 살밖에 안 된 녀석이! 소아과 의사는 그런 증상이 난독증의 반대인 '과독증'이라고 알려주었다. 학교에 가기도 전에 혼자서 읽는 법을 깨친 것이었다. 어떻게 그럴 수가? 친구들은 몇 시간씩 아이 곁에 앉아 무진 애를 써가며 읽는 법을 가르친다고 했다. 조나는 오리가 물 위를 헤엄치듯 저절로 읽는다고?

친구 중 하나는 그녀가 조나를 데리고 놀러 올 때마다 아이가 강박적으로 실험을 한다는 걸 알아차렸다. 예를 들면 몇 시간이고 계단 바로 위에 있는 전등 스위치를 **아래**로 내리고, 다른 모든 전등 스위치를 **위**로 올리는 데 몰두했다. 계단 위에 있는 스위치로 아래층 복도에 있는 전등을 켜고 끌 수 있는지 확인하려는 것 같았다. 과학자가 같은 실험을 몇 번이고 반복하듯 지치지도 않고 똑같은 행동을 끝없이 반복하면서, 전등에 불이 들어올 때마다 기뻐 어쩔 줄 모르며 양손을 파닥거리고 새된 소리로 연달아 꺅꺅 비명을 질러댔다. 친구가 미간을 찌푸리며

'니네 아이 뭔가 문제가 있는 거 아냐?'라는 표정을 짓자 조나의 엄마는 자신 있게 말했다. "조나는 그저 다른 것뿐이야."

네 살이 되자 관심은 장난감 자동차를 모으는 것으로 옮겨 갔다. 조나는 장난감 자동차 딱 한 대, 거기서도 딱 한 개의 바퀴만을 돌리고 또 돌렸다. 바퀴가 매번 정확히 똑같은 모습으로 회전한다는 것을 확인하고, 그때마다 더할 나위 없는 기쁨을 느끼는 것 같았다. 수많은 장난감 자동차를 정해진 패턴에 따라 정리하는 것도 빼놓을 수 없는 일과였다. 색깔과 크기에 따라 정확한 순서로 줄을 맞춰 늘어놓고, 누구든 조금이라도 손을 대 패턴이 어긋나면 심한 분노발작을 일으켰다.

한 가지 더 있었다. 세탁기 앞에 앉아 세탁 사이클의 각 단계가 진행될 때마다 정확히 기대했던 대로 딸깍 소리, 윙 소리가 나는 것을 듣는 일이었다. 정해진 순서로 예측 가능한 시점에 도달하면 흥분한 나머지 요란하게 양손을 파닥거렸다. 엄마는 이 희한한 행동들을 무시해버렸다. 해가 될 것도 없고, 아이가 저토록 기뻐하니까!

학교에서는 사정이 달랐다. 조나가 도통 친구들과 함께 하는 활동에 끼려고 하지 않자 교사들은 걱정하기 시작했다. 모두 카펫 위에 앉아 함께 책 읽는 시간이 오면, 조나는 눈을 꼭 감고 손가락으로 양쪽 귀를 막은 채 앉았다. 함께 앉는 것을 싫어했으며, 친구들의 얼굴을 보려고 하지 않았다. 아이들은 조나를 '손가락 귀'라고 불렀다. 교실에 들어올 때면 그 별명을 외치며 놀려댔다. 그때마다 몹시 화를 내며 밖으로 달려나가는 통에 교사인 줄리아는 아이를 다시 교실로 데리고 들어가는 데 애를 먹었다. 줄리아는 조나를 걱정해 말도 부드럽게 하고, 기분이 어떤지 자주 묻기도 했다. 조나는 다른 아이들이 움직이면 불안하다고 했다. '예측이 불가능하기' 때문이라는 것이었다. 그녀는 겨우 다섯 살짜리가 어른도 어려워할 단어를 쓰는 데 깜짝 놀랐다.

놀이시간이면 조나는 항상 혼자 있으려고 했다. 학교에서도 최선을 다했고, 줄리아도 신경을 썼지만, 때때로 괴롭힘을 당했다. 한 번은 줄리아도 몹시 충격을 받았다. 짓궂은 아이들 몇이 조나를 쓰레기통 속에 집어넣고 그 위에 쓰레기를 덮어버린 것이다. 비명을 지르자 아이들은 폭소를 터뜨리며 뚜껑을 닫아 눌렀다. 조나는 겁에 질려 꼼짝도 못하고 조용히 있었다. 아이들이 자기가 나오기만 기다리고 있을 것 같았다. 몇 시간이고 쓰레기통 속에서 숨죽이고 있었지만, 다행히도 학교가 끝날 때쯤 경비원이 그 모습을 발견했다.

조나는 운동장 구석에서 혼자 나뭇잎을 주워 스스로 정한 범주에 따라 정확히 분류하면서 시간을 보냈다. 그때쯤 줄리아는 확실히 조나를 챙기기로 마음먹었다. 어느 날 조나에게 다가

가 뭘 하느냐고 물었다. 아무 말이 없었다. 다시 한번 묻자 고개
도 들지 않은 채 단조로운 목소리로 말했다.

어제는 모든 나뭇잎을 다섯 무더기로 나누었어요. 여기 있는
것들은 모두 잎자루가 있어요. 모두 홑잎이고요. 이것들은 모
두 가장자리가 매끈하고, 이것들은 모두 타원형이에요. 그리
고 이것들은 주맥이 하나 있고 다른 잎맥이 모두 거기서 뻗어
나와요. 하지만 오늘 저는 여섯 번째 차이점을 깨달았어요.
여기 있는 잎들은 모두 가지를 따라서 서로 반대 방향으로 돌
아나요.[6]

줄리아는 깜짝 놀랐다. 그렇게 논리적이고, 그렇게 독특하
며, 그렇게 독립적으로 뭔가에 몰두하는 아이는 처음이었다. 왜
나뭇잎의 차이를 찾아내 같은 것끼리 모아놓고 싶은지 물었다.
조나의 대답은 간단했다.

그래야 모든 패턴을 알 수 있으니까요.

관찰하라고 격려하지 않아도 그저 세상을 이해하려는 순수
한 호기심에서 스스로 동기를 얻은 어린 과학자 앞에 선 기분이

었다. 그날 엄마가 조나를 데려가려고 교문에 들어서자 줄리아는 아이의 놀라운 마음을 자랑스럽게 생각하셔야 한다고 말해주었다.

하지만 엄마는 아들의 행동이 점점 걱정스러웠다. 다른 부모들은 조나가 '강박적'이라거나 '이상하다'고 수군대기 시작했다. 조나는 반에서 생일 파티에 초대받지 못하는 유일한 아이였다. 교사나 다른 부모가 또 무슨 사고가 있었는지 알려줄까싶어 매일 학교가 끝날 때 데리러 가기가 겁날 정도였다. 한번은 조나가 '손가락 귀'라고 계속 놀리는 아이를 세게 밀어붙이는 바람에 그 아이가 뒤로 넘어져 머리를 찧기도 했다. 또 한번은 교장실에 불려갔다고 했다. 가위를 집어 들고 같은 반 여학생의 앞머리를 잘라주었던 것이다. 머리 선이 똑바르지 않아 몹시 신경에 거슬렸기 때문이다. 여자아이는 충격을 받아 아무 말도 못했고, 그 집 부모는 격분했다.

엄마는 아들이 친구들과 편안하게 어울려 놀기를 바랐다. 집에 돌아올 때 호주머니에 달팽이, 작은 돌, 꾸깃꾸깃한 종잇조각을 잔뜩 담아 오지 않기를 바랐다. 종이를 펼쳐보면 손으로 적은 자동차 목록이 드러났다. 반듯하게 줄을 그어 만든 표에 제조사, 모델명, 차량 번호, 색깔, 제조년도, 소유주 이름이 체계적으로 정리돼 있었다. 덮어놓고 남을 믿는 것도 큰 걱정이었다.

어느 날 운동장에서 어떤 아이가 다가와 지갑을 보여달라고 했다. 조나는 아무런 의심도 하지 않고 지갑을 꺼내 건넸다. 아이는 그걸 낚아채더니 그대로 도망쳐버렸다. 평소에 사람들이 조나를 속일 수 있는 수많은 방식을 일일이 예를 들어 설명했지만 아무 소용이 없었다. 엄마는 맥이 탁 풀렸다. 아들은 도무지 다른 사람을 이해하지 못하는 것 같았다. 제 입으로도 사회적 상호관계를 도통 이해할 수 없다고 했다. 사물이나 패턴을 즉각 알아차리는 것과 영 딴판이었다. 사정이 이러니 혼자 있기를 좋아할 수밖에 없었다. 뭐든 다른 사람을 통해서가 아니라 혼자서, 자기 힘으로 깨쳤다.

마찬가지로 **왜** 조나가 끊임없이 뭔가를 정리하고 분류하는지에 대해서는 아무도 관심이 없는 것 같았다. 조나를 진료한 어린이 정신과 의사는 RRBI라고 했다. '반복적 및 제한적 행동과 관심repetitive and restrictive behavior and interests'의 약자였다. 개념화한다고 해서 이유를 설명할 수 있는 것은 아니었다. RRBI라는 약자는 오히려 모욕적으로 들렸다. 그런 식으로 질병의 증상처럼 지칭하다니 아들이 몹쓸 병에라도 걸렸단 말인가? 더욱이 그런 말은 완전한 순환논리에 불과했다. 아무 의미도 없었다. "RRBI 때문에 잡동사니를 주워 모은다는 거예요."[7]

정신과 의사에게는 다시 가지 않겠다고 결심했다. 대신 친절한 소아과 의사를 찾았다. 조나를 훨씬 잘 이해하는 것 같았다. 의사는 다시 찾아온 엄마를 보고 반색하며, 반복 행동을 주의 깊게 관찰해보면 조나가 사물이 작동하는 원리를 찾으려고 노력하고 있음을 알게 될 거라고 했다. 엄마가 느끼기에 의사는 자신의 눈을 틔워 아들이 그렇게 행동하는 이유를 볼 수 있게 도와주려는 것이었다. 그는 놀라운 말을 들려주었다.

정신과 의사란 분이 어린이의 반복 행동을 RRBI라고 했다니 화가 나네요. 그런 논리라면 의학을 비롯한 모든 과학이 RRBI죠. 수천 년간 우리가 이루어낸 모든 과학적 발견과 발명이 반복을 통해 성취되었다는 걸 모르나 보죠?

의사는 고개를 저었다.

전등 스위치로 실험할 때 조나는 꼬마 과학자가 된 거예요. 다른 모든 변수를 일정하게 유지한 채 한 가지 특징만 변화시켜 뭔가를 발견했으니까요. 아이는 시스템 자체를 이해하려고 한 겁니다.[8]

엄마는 마침내 아들의 타고난 재능을 보게 해준 의사에게 감탄하고 존경심을 느꼈다.

||||||

아주 어릴 때부터 알과 조나는 놀라울 정도로 비슷했다. 둘 다 사람들을 이해하려고 무척 애를 썼지만, 그들의 마음은 마주치는 모든 것에 의문을 가지고, 실험하고 분류하며 패턴과 시스템을 분석하고 이해하는 데에만 맞춰져 있었다. 비록 다른 시대에 태어났지만(알은 1847년, 조나는 1988년), 둘 다 모든 것에 질문을 던졌다. '왜 X라는 일이 일어났을까? 이렇게 하면 무슨 일이 벌어질까? 이건 X일까, Y일까? A가 정말로 B의 원인일까? C라는 요인이 작용하지 않았다는 증거는 무엇일까?' 이렇듯 비판적인 마음을 가지고 끊임없이 분석과 실험을 반복했다.

알과 조나 모두 사회적 통념에 물들지 않았다. 다수가 동의하는 방향에 따라야 한다는 의무감을 느끼지 않고 새로운 눈으로 세상을 바라보았다. 빈틈없이 완전한 설명을 원했다. 소아과 의사가 날카롭게 통찰했듯 조나는 어린 과학자처럼 모든 가정을 검토하고 근거를 검증했다. 특이한 점은 조나가 알과 마찬가지로 정식 훈련을 받지 않고도 이렇게 할 수 있었다는 것이다. 둘 다 '진실'을 찾는 데 몰두했다. 그들에게 진실이란 한마디로 일관성 있는 패턴이었다. 패턴에 맞지 않는 것, 예측 가능한 규칙이나 법칙에 따르지 않는 것은 전혀 흥미를 끌지 못했다. 그들은 타고난 패턴 탐구자였다.

어린 시절에 이토록 비슷했음에도 그들의 삶은 매우 다른 궤적을 그렸다. 어른이 된 알은 유명해졌다. 그가 바로 전구를 비롯해 세상을 바꾼 놀라운 기술들을 발명하고 미국 특허만 1093건을 보유한 위대한 과학자이자 발명가, 토머스 알바 에디슨Thomas Alva Edison이다. 통념과 전혀 다른 그의 사고방식을 존경한 대중은 '멘로파크의 마법사'라는 애정 어린 별명을 붙여주었다.[9]

반면 조나는 여전히 자신을 둘러싼 세계에서 패턴을 찾는 무명의 청년이다. 세계적으로 유명한 발명가가 되지는 못했지만, 자신만의 조용한 방식으로 이해하고 실험하고 발명하려는 욕구는 에디슨과 똑같다. 이제 성인이 된 그는 해수면에 나타나는 온갖 패턴에 푹 빠져 있다. 주말이면 언제나 차를 몰고 바닷가로 가서 낚시를 한다. 그곳 어부 중 그를 모르는 사람은 없다. 조나는 10대 때부터 배에 탔다. 그가 승선하면 모두가 좋아한다. 바다를 응시하며 물 위에 이는 파도의 모든 패턴을 읽어주기 때문이다. 그 패턴만 보고도 그는 어디에 고기떼가 있는지, 무리가 얼마나 큰지, 수면 아래 얼마나 깊은 곳에 있는지, 심지어 어종이 무엇인지까지 알 수 있다. 종종 아무 말도 하지 않고 그저 손가락으로 가리킬 뿐이다. 어부들은 경험을 통해 조나를 믿고 그가 가리키는 곳에 그물을 던진다. 자기들이 놓친 패턴을 얼마나 쉽게 찾아내는지 보고 경탄을 금치 못한다. 조나의 예측은 틀린 적이 없다. 고기잡이 원정길에서 조나가 얼마나 큰 기쁨을 느끼는지는 표정에 생생하게 드러난다. 아무런 방해도 받지 않고 극히 미세한 변화에 완전히 몰입할 수 있을 뿐 아니라 (더 큰 그림을 보라고 잔소리하는 사람은 아무도 없다), 굳이 대화를 나누지 않고도 사람들과 어울릴 수 있기 때문이다.

하지만 패턴을 알아차리는 데 타고난 재능이 있고, 아주 세밀한 것에 놀랄 만큼 주의를 집중할 수 있으며, 비범한 기억력을 가지고 있어도 여전히 친구는 단 한 명도 없다. 어부들이 친구 아니냐고 묻자 퉁명스럽게 내 말을 고쳐주었다.

그 사람들이 절 좋아하는 건 어디에 고기떼가 있는지 가르쳐주기 때문이에요. 고기잡이가 끝나면 모두 술집으로 몰려가고, 저는 혼자 집으로 돌아가지요. 아직도 부모님과 함께 살아요.

조나는 자폐인이다. 어쩌면 독자들도 벌써 알아차렸겠지만.

두 어린이의 이야기에서 분명히 알 수 있듯 똑같은 행동과 흥미도 전혀 다르게 해석할 수 있다. 한 가지 렌즈로 본다면 이들의 강박은 이상disorder 또는 질병의 증상이며 장애와 관련이 있다. 또 다른 렌즈로 본다면 이들의 지칠 줄 모르는 실험과 아무리 작은 것도 놓치지 않는 관찰력은 마음속에서 패턴을 찾는 엔진이 맹렬하게 작동한 결과다. 이를 통해 이들은 뭔가를 발명할 수 있고 때로는 위대한 발명가가 될 수도 있다.

발명 능력은 두말없이 중요하다. 발명을 할 수 있게 되면서 인류는 세계를 완전히 바꾸었고, 지금도 바꾸고 있다. 하지만 실제로 발명 능력이 무엇인지는 아무도 제대로 이해하지 못한다. 우리가 어떻게 발명을 하는지에 대한 이론이나, 세상을 완전히 바꾼 이런 능력이 어디서 왔는지에 대한 이해는 어디에도 없는 것 같다.[10] 전통적인 생각에 따르면 발명은 어떤 사물을 가지고 놀거나 탐구하면서 그것을 새로운 시각으로 바라보거나 본질을 통찰하는 것과 관련이 있다. 하지만 이런 설명은 모호할 뿐이다. 어떤 이론을 구성하지 못한다. 에디슨 같은 발명가나 조나 같은 자폐인의 마음을 들여다보면 뭔가 더 탐구해봐야 할 관련성이 있다고 생각하지 않을 수 없다.

이런 관련성을 어렴풋이 느낀 뒤로 나는 몇 가지 근본적인 의문을 탐구해왔다. 우리는 어떻게 발명하는가? 발명할 때 인간의 마음속에서는 어떤 일이 일어나는가? 인간은 발명 능력을 지닌 유일한 생물종인가? 우리 조상들은 진화의 역사 속에서 어떤 시점에 발명을 하기 시작했을까? 발명과 자폐 사이에 흥미로운 연결이 있다면 그것은 무엇인가? 그런 연결은 모든 자폐 스펙트럼에 걸쳐, 심지어 학습 장애를 겪거나 언어 능력이 매우 제한적인 경우에도 나타나는가?

심리학자이자 자폐 연구자로서 나는 35년간 인간의 마음을 연구했다. 이 책에서는 인간의 발명에 관한 새로운 이론을 소개하고자 한다. 간추린 요점은 이렇다.

첫째, 인간만이 뇌 속에 특정한 종류의 엔진을 지니고 있다. 그 엔진은 시스템을 최소한으로 정의하는 **만일-그리고-그렇다면** 패턴을 끊임없이 찾는다. 우리 뇌 속에 있는 이 엔진을 나는 체계화 메커니즘Systemizing Mechanism이라고 부른다.

둘째, 체계화 메커니즘은 7만~10만 년 전 최초의 인간이 복잡한 도구들을 만들어낸 인류 진화상 기념비적인 순간에 발달했다. 그 도구들은 그 전에 존재했던 어떤 동물도 만들지 못했으며, 오늘날까지 인간 아닌 어떤 동물도 만들지 못했다.[11]

셋째, 체계화 메커니즘 덕분에 오직 인간만이 다른 모든 생물종을 제치고 이 혹성에서 과학기술의 주인이 될 수 있었다.

넷째, 체계화 메커니즘은 발명가, STEM 분야(과학Science,

기술Technology, 공학Engineering, 수학Mathematics) 종사자, 그 밖에 완벽한 시스템을 만들기 위해 노력하는 사람들(음악가, 장인, 영화 제작자, 사진가, 운동선수, 사업가, 변호사 등)의 마음속에서 아주 높은 수준으로 맞춰져 있다. 이들은 정확성과 아주 사소해 보이는 세부까지 집중하는 '고도로 체계화하는' 마음을 지니고 있어서 시스템이 작동하는 방식, 시스템을 구축하는 방식, 시스템을 향상하는 방식을 생각하는 걸 즐긴다. 그러지 않으려고 해도 소용없다.

다섯째, 체계화 메커니즘은 자폐인의 마음속에서도 매우 높은 수준으로 맞춰져 있다.

여섯째, 새로운 과학적 증거에 따르면 체계화는 부분적으로 유전의 영향을 받으므로 자연선택에 의해 형성되어 왔을 가능성이 크다. 바로 여기서 놀라운 연결성이 나온다. 자폐인, STEM 분야 종사자, 그 외에 고도로 체계화하는 사람들은 공통적으로 이 유전자들을 가지고 있다.

진화의 기나긴 역사를 돌아본 후, 현재와 미래를 바라보면 중요한 사실을 깨닫게 된다. 마음속에서 체계화 메커니즘이 높은 수준으로 작동하는 사람들이야말로 과거는 물론 바로 이 순간에도 발명이라는 장대한 이야기 속에서 가장 중심에 서 있음을.

2

체계화 메커니즘

7만~10만 년 전쯤 뇌에서 체계화 메커니즘이 진화하자, 인간의 마음은 물체와 사건과 정보를 전혀 다른 방식으로 바라보기 시작했다. 그 전에 그것들은 그냥 존재할 뿐이었다. 그걸 이용해 뭔가를 할 수 있다는 생각은 떠오르지 않았다. 하지만 이제 인간은 물체와 사건과 정보를 하나의 **시스템**, 즉 **만일-그리고-그렇다면**이라는 패턴으로 바라보았다. 체계화 메커니즘은 호모 사피엔스가 다른 모든 동물에서 갈라져 나와 지구를 정복하는 원동력이 된 바로 그 사건, 즉 뇌에 일어난 인지혁명의 결과였다. 체계화 메커니즘이 작동하자 **만일-그리고-그렇다면** 패턴을 찾으려는 강력한 욕구가 생겨났다.[1]

만일-그리고-그렇다면이란 말은 아무것도 아닌 것처럼 들리지만, 사실 매우 특별하고 중요한 의미를 담고 있다. 이제부터 독자들과 함께 그 의미를 주의 깊게 들여다보려고 한다. 우선 이 말의 의미가 뻔하다고 생각하지 말기 바란다. **만일-그리고-그렇다면**이란 말은 친숙하고 단순하지만, 보기와 달리 깊은 의미를 담고 있다. 이제 그 의미를 하나하나 파헤쳐 볼 것이다.

체계화 메커니즘은 네 단계를 거쳐 작동한다. 그 단계들을 합쳐 한 단어로 '체계화'라고 표현했을 뿐이다.[2]

1단계는 **질문을 던지는 것**이다. 인간은 온갖 사물과 사건들로 이루어진 세계를 바라보며 항상 질문을 던진다. 질문은 '왜'일 수도 있고(왜 촛불이 꺼졌지?), '어떻게'일 수도 있고(어떻게 새들은 하늘을 날까?), '무엇'일 수도 있고(이 나뭇조각을 가지고 무엇을 할 수 있을까?), '언제'일 수도 있고(언제 바다에 나가면 위험할까?), '어디에'일 수도 있다(어디에 토마토 씨앗을 심으면 가장 좋을까?).[3] 다른 동물이 우리처럼(물론 단어를 사용하지는 않지만 마음속으로라도) 스스로 이런 질문을 던질 수 있다는 증거는 전혀 없다. 물론 동물이 마음속에서 질문을 던지는지 아닌지 알기는 매우 어렵지만, 불가능한 일은 아니다. 동물이든 사람이든 스스로 질문을 던지는 데 언어가 필요하지는 않기 때문이다. 예컨대 말을 시작하기 전인 어린이도 장난감이 어떻게 작동하는지 체계적으로 보여주면 스스로 마음속에서 질문을 던진다. 뇌졸중으로 인해 언어를 구사할 수 없는 사람도 호기심을 자아내는 것을 보여주면 스스로 질문을 던질 수 있음은 명백하다. 사실 호기심이야말로 체계화의 중요한 지표임이 밝혀졌다. 동물은 이렇게 뭔가 실험해보려는 욕구를 나타내지 않으며, 호기심을 드러내지도 않는다. 이 문제는 뒤에 다시 논의할 것이다.[4] 반면 인간은 두 살 정도부터 평생 끊임없이 질문을 던진다. 그것이야말로 인간이 뇌 속에 체계화 메커니즘을 가지고 있음을 보여주는 징표다.[5] 알이나 조나는 어릴 때부터 거의 극단적인 수준으로 질문을 던진 셈이다.

2단계는 **만일-그리고-그렇다면 패턴의 가설을 세워 질문에 대답하는 것**이다. 우리는 왜 어떤 것(투입)이 다른 것(산출)으로 **변화**했는지 원인을 찾으려고 한다. 변화의 원인이 눈에 들어오면 바로 주변을 살펴보고, 눈에 띄지 않아도 분명 어떤 원인이 작용했다고 믿으면 그것이 무엇인지 추정한다. 예컨대 총신(투입)에서 연기(산출)가 나고 있으며, 주변에서 눈으로 볼 수 있는 요인 중 유일하게 움직인 것이 방아쇠라면, 누군가 방아쇠를 당긴 것이 변화의 원인이라고 가정한다. '**만일** 총신에 연기가 나지 않는 상태였다면, **그리고** 방아쇠를 당겼다면, **그렇다면** 총신에서는 연기가 난다.'

3단계는 **만일-그리고-그렇다면 패턴을 순환 회로 속에서 시험하는 것**이다. 우리는 실험과 관찰을 반복하면서 패턴이 항상

들어맞는지 확인한다. 패턴을 실험할 때는 이 과정을 끊임없이 반복하며 항상 같은 결과가 나오는지 관찰해야 한다. (그림 2-1의 3단계에 작은 검은색 화살표로 고리 모양 순환 회로를 그려놓았다.) 최고의 체계화 전문가는 자신이 가정한 **만일-그리고-그렇다면** 패턴이 정말 옳은지 100퍼센트 확신할 때까지 이 작은 회로를 수십 번, 심지어 수백 번씩 돌린다. 검증이 끝난 패턴이 새로운 것이라면, 그 과정을 **발명**이라고 한다.

마지막으로 4단계는 그런 패턴을 발견했을 때 **패턴을 바꿔 가며 순환 회로에서 시험하는 것**이다. 최초의 **만일-그리고-그렇 다면** 패턴을 세분해 **만일** 부분, 또는 **그리고** 부분, 또는 양쪽을 모두 변화시킨 다음, **그렇다면** 부분에 무슨 일이 벌어지는지 관찰한다. 그리고 바뀐 패턴을 수십 번씩 회로에 넣고 돌려가며 매번 똑같은 패턴이 관찰되는지 확인한다. 패턴이 일관성 있게 관찰되며, 지금까지 존재하지 않던 것이라면 **새로운 발명**이라고 한다. 이제 변화시킨 패턴을 유지할지 결정할 수 있다. 새로운 패턴이 시스템의 효율성을 향상하거나, 완전히 새롭고 유용하다면 당연히 유지한다.

새로운 **만일-그리고-그렇다면** 패턴은 발명이 아니라 **발견** 일 수도 있다. 예컨대 1954년 역학자 리처드 돌Richard Doll과 오스 틴 힐Austin Hill이 밝혀낸 다음 패턴[6]은 발명이 아니라 발견이다.

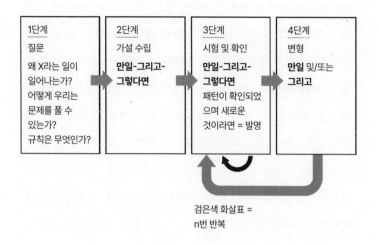

1단계	2단계	3단계	4단계
질문	가설 수립	시험 및 확인	변형
왜 X라는 일이 일어나는가? 어떻게 우리는 문제를 풀 수 있는가? 규칙은 무엇인가?	**만일-그리고-그렇다면**	**만일-그리고-그렇다면** 패턴이 확인되었으며 새로운 것이라면 = 발명	**만일 및/또는 그리고**

검은색 화살표 =
n번 반복

그림 2-1 체계화가 발명, 제어, 발견으로 이어지는 과정

'**만일** 누군가가 흡연자라면(폐가 담배 연기에 노출되었다면), **그리고** 그 사람이 하루에 35개비가 넘는 담배를 피운다면, **그렇다면** 그 사람은 폐암에 걸릴 가능성이 40배 크다.'

모든 체계화 과정은 시스템을 **제어**한다. 바람이 불어가는 방향으로 항해한다고 해보자. '**만일** 내가 탄 배가 정지 상태이고, **그리고** 돛을 바람에 직각 방향으로 유지한다면, **그렇다면** 배는 바람과 같은 방향으로 나아갈 것이다.'[7]

이런 설명은 전문적 수련을 쌓은 과학자나 엔지니어의 행동처럼 들릴지 모르지만, 인간은 누구나 체계화를 수행한다. 우리

는 모두 뇌 속에 체계화 메커니즘을 가지고 있다. 따라서 이런 설명은 과학자나 엔지니어에 국한된 것이 아니라, 우리 모두를 설명하는 이론이다. 앞으로 보겠지만 체계화 메커니즘이 매우 높은 수준으로 작동하는 사람 중 많은 수가 과학이나 공학을 직업으로 선택한다. 악기 연주나 공예, 스포츠에서 높은 경지에 이르는 사람도 많다. 체계화 욕구가 강할수록 이런 활동에 도움이 되기 때문이다. 그림 2-1은 추상적이지만, 그림 2-2에는 구체적인 예를 들어 체계화 메커니즘이 어떻게 작동하는지 설명했다.

체계화의 가장 기초적인 특징은 어린이뿐 아니라 우리 모두가 끊임없이 스스로 질문을 던져가며 세계가 어떻게 작동하는지 알아내려고 노력하는 과정 속에서 뚜렷하게 드러난다. 하지만 아이가 사물을 관찰하고 만지면서 그걸로 무엇을 할 수 있고 어디에 쓸 수 있는지 알아내는 과정만큼 뚜렷하게 드러나는 경우는 별로 없을 것이다. 시스템을 이해하거나 어려운 문제를 풀고 싶다는 욕구에 의해 표출되는 장난기 어린 **호기심**이야말로 일상 속에서 체계화가 작동하는 순간이다. 서너 살 된 아이가 장난감 벽돌로 탑을 쌓으면서 어떻게 그 탑의 균형을 잡는지, 물이 흘러나오는 양을 조절하려면 수도꼭지를 어떻게 돌려야 하는지, 불을 켜려면 전등 스위치를 어떻게 눌러야 하는지 궁리

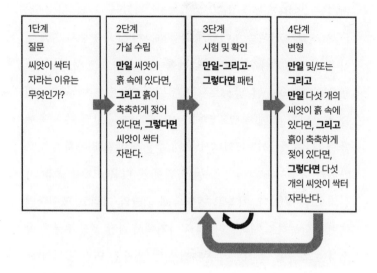

1단계	2단계	3단계	4단계
질문	가설 수립	시험 및 확인	변형
씨앗이 싹터 자라는 이유는 무엇인가?	**만일** 씨앗이 흙 속에 있다면, **그리고** 흙이 축축하게 젖어 있다면, **그렇다면** 씨앗이 싹터 자란다.	**만일-그리고-그렇다면** 패턴	**만일** 및/또는 **그리고** **만일** 다섯 개의 씨앗이 흙 속에 있다면, **그리고** 흙이 축축하게 젖어 있다면, **그렇다면** 다섯 개의 씨앗이 싹터 자라난다.

그림 2-2 체계화가 농경의 발명을 이끈 과정

하다가 마침내 답을 알아내는 순간, '아하!' 하는 그 순간이 바로 체계화다. **만일-그리고-그렇다면** 사고방식이다.

　우리가 **만일-그리고-그렇다면** 패턴을 파악하는 순간, 그것은 시스템이 된다. 그래서 체계화systemizing라는 용어를 선택한 것이다. 알고 보면 최초의 활과 화살, 최초의 악기를 거쳐 오늘날의 문자 메시지에 이르기까지 모든 도구가 시스템이다. 도구는 모두 뭔가를 하기 위해 발명해낸 것이다. 그리고 도구를 발명하거나 개선하는 유일한 길은 체계화 메커니즘의 네 단계를

거치는 것이다.[8]

체계화 메커니즘이 어떻게 작동하는지 살짝 맛보기 위해 내가 좋아하는 기계적 시스템의 예를 들어보려고 한다. 이 시스템은 약 5000년 전, 당시로서는 매우 중요하고도 어려운 문제를 해결하기 위해 발명되었다. 어떻게 엄청나게 무거운 물체를 옮길 수 있을까? 그러니까 그때 누군가 예컨대 아주 무거운 바위와 마주친 모양이다. 그는 바위를 본 다음 고개를 돌려 자신의 소를 보았다. 이윽고 머릿속에서 **만일-그리고-그렇다면** 패턴이 작동하기 시작했다. 이 이야기에서 가장 멋진 부분은 황소라는 동물이 그 전부터 존재했지만, 그 순간 인간은 전혀 새로운 방식으로 황소를 바라보았다는 점이다. '**만일** 돌이 엄청나게 무겁다면, **그리고** 내가 소에게 마구馬具를 채울 수 있다면, **그렇다면** 저 거대한 돌을 옮길 수 있을 것이다.' 이제 황소는 그냥 황소가 아니라 **만일-그리고-그렇다면** 알고리듬에서 '원인적 조작 인자'가 되었다. 역사가들은 5019년 전 영국에서 스톤헨지를 만드는 데 쓰인 어마어마하게 큰 돌들을 이런 방식으로 원하는 위치까지 옮겼으리라 생각한다.[9] 이 발명에는 틀림없이 그보다 약 500년 전에 발명된 새로운 도구, 즉 바퀴를 이용했을 것이다.[10] 두 가지 발명을 조합한 결과, 황소는 일종의 썰매인 굴림대 위로 엄청나게 무거운 돌을 끌어 옮길 수 있었다.[11] 많은

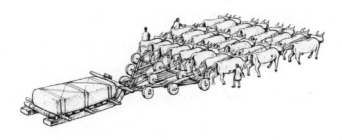

그림 2-3 무거운 돌을 옮기는 방법을 발명하다.

발명품이 그렇듯 이 도구 또한 확장 가능했다(그림 2-3).

잠깐 세 가지 사소한 단어(**만일, 그리고, 그렇다면**)로 돌아가 그 정확한 의미를 좀 더 깊게 생각해보자. 나의 모든 주장이 이 단어들을 중심으로 돌아가기 때문이다. (농담 삼아 편집자에게 이 책은 세상에서 가장 짧은 책이 될지도 모른다고 했다. 세 단어면 충분하기 때문이다. 현명하게도 그녀는 좀 더 자세히 설명해달라고 했다.)

만일이라는 단어는 적어도 세 가지 의미를 가진다. '만일 X가 참이라면'이라고 할 때처럼 가정의 의미이거나, '만일 X라는 일이 먼저 일어난다면'이라고 할 때처럼 선행 사건의 의미이거나, 또는 어떤 물체나 사건의 원래 상태를 나타낼 때처럼 그저 투입값을 나타낸다.

그리고라는 단어는 마법을 부린다. 뭔가를 더하거나 빼는 것처럼 어떤 조작을 의미하거나, 투입값에 행해진 무언가를 가리키기 때문이다. 가장 강력한 **그리고**는 **원인적** 조작을 가리킨다.[12] 내가 원인적 조작을 마법이라고 생각하는 이유는 어떤 것(투입, **만일**)을 완전히 다른 것(산출, **그렇다면**)으로 바꿔놓기 때문이다. 다음 패턴에서 **그리고**가 어떤 효과를 내는지 생각해보자. '**만일** 얼음이 그릇에 담겨 있고, **그리고** 그릇을 불 위에 놓는다면, **그렇다면** 얼음은 물로 변한다.' 여기서 **그리고**야말로 변화의 원인이다.

마지막으로 **그렇다면**이라는 단어 역시 적어도 세 가지 의미를 가진다. '그렇다면 Y는 참이다'라고 할 때처럼 결론의 의미이거나, '그렇다면 Y가 된다'라고 할 때처럼 결과의 의미이거나, 또는 투입값이 변해서 뭔가가 되었다고 할 때처럼 그저 산출값을 나타낸다. 따라서 **만일-그리고-그렇다면** 패턴은 '투입-조작-산출' 패턴이라고 할 수도 있다(그림 2-4).

오직 인간만이 뭔가를 체계화하며, 그 과정을 통해 발견하고, 해결하고, 제어하고, 발명한다.[13] 체계화 메커니즘의 진화는 곧 인간이 어떤 도구를 발명할 수 있을 뿐 아니라, 기존 도구를 새로운 맥락에서 바라볼 수 있다는 의미였다. 이제 인간은 도구를 이해할 수 있으며, 거기서 그치지 않고 약간 변화시켜 새롭고 더 나은 도구를 만들어낼 수 있게 되었다. **만일-그리고-그렇다면** 알고리듬을 통해 기존 도구를 한 단계 끌어올려 전혀 새로

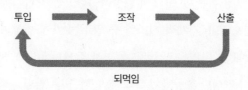

그림 2-4 만일-그리고-그렇다면의 한 가지 의미. 이 간단한 세 가지 단어는 엔지니어들이 '투입-조작-산출'이라고 부르는 것과 똑같은 개념이다.

운 변형, 새로운 도구를 창조할 수 있었다. 인간은 끊임없이 이런 과정을 계속했다. 알고리듬을 반복 작동하고, 그때마다 **만일**과 **그리고**라는 변수를 조금씩 바꾼 결과, 무수한 발명이 쏟아졌다.

오늘날 우리는 일상 속에서 복잡한 도구에 둘러싸여 살아간다. 많은 것을 그저 당연하게 여기지만, 알고 보면 모두 언젠가누군가의 손에서 발명된 것이다. 그 도구들을 '복잡하다'고 하는 까닭은 인간 아닌 동물이 사용하는 도구보다 더 복잡하기 때문이다. 반드시 엄청나게 복잡하다는 뜻은 아니다. 샐러드를 먹을 때 사용하는 포크나 커피 컵, 지금 이 책을 읽는 독자가 앉아있는 의자처럼 어떤 것은 너무 일상적이어서 도구라고 생각하지도 않을 수 있다. 하지만 그것도 도구다. 좀 더 정확히 말해 기계적 시스템이다. 한편 코 위에 얹기만 하면 즉시 시력을 회복

해주는 안경 같은 것은 그저 일상적이라고 생각하기에는 상당히 큰 진보였다. 기계적 시스템 중 일부는 아예 세상의 모습을 바꿨다. 예컨대 19세기 영국의 발명가 조지 칼리^{George Caley} 경의 실험에서 탄생한 항공술이 그렇다. 칼리 경은 '**만일** 글라이더에 고정식 날개를 설치한다면, **그리고** 그 날개의 입사각을 6도로 조절한다면, **그렇다면** 글라이더가 날아오른다'는 사실을 발견했다.[14]

IIIII

체계화할 때 우리는 이 세계에서 시스템(**만일-그리고-그렇다면** 패턴)을 찾아 이해하려고 한다. 하지만 무거운 돌을 끄는 황소 같은 기계적 시스템은 수많은 시스템 가운데 한 가지 유형일 뿐이다. 세상의 모습을 가만히 들여다보면 수많은 **자연적** 시스템이 눈에 띈다. 눈이 내리는 것 같은 날씨의 변화, 잠자리 날개의 움직임, 파도가 밀려 왔다 밀려 가는 것 등은 모두 **만일-그리고-그렇다면** 패턴으로 분석할 수 있으며, 그 결과를 이용해 예측할 수 있다. '**만일** 하늘에 적란운이 나타난다면, **그리고** 천둥이 친다면, **그렇다면** 날씨가 나빠질 것이다.'[15] 이런 예측은 매우 유용한 조기 경보 시스템이 될 수 있다.

만일-그리고-그렇다면 법칙으로 분석한 뒤 제어할 수 있는 자연적 시스템도 있다. 인류는 그런 과정을 통해 농업을 발명했다. ('**만일** 토마토 씨앗이 흙 속에 있다면, **그리고** 흙이 축축하게 젖어 있다면, **그렇다면** 씨앗은 자라서 토마토가 된다.') 1만 2000년 전에 일어난 농업혁명은 인간의 생활방식을 완전히 바꿨다. 수렵채집에 의존해 가족을 근근이 먹여 살리던 인류는 최초의 농장을 건설해 마을 전체를 먹여 살릴 수 있었다.

다른 자연적 시스템을 생각해보자. 역시 인간만이 사용하는 의약품은 특정한 질문에 답하는 과정에서 발명되었다. 예컨대 '왜 두통이 가시지 않을까?' 같은 문제를 해결하기 위한 생약은 적어도 3300년 전에 발명되었는데, 틀림없이 누군가 이런 가설을 세운 결과였을 것이다. '**만일** 내가 두통을 겪는다면, **그리고** 버드나무껍질을 먹는다면, **그렇다면** 두통이 사라질 거야.'[16] 그런데 유인원이나 원숭이도 병에 걸리면 이런저런 약초를 실험해보지 않나? 영장류와 다른 동물들을 살펴보면서 약이 될 만한 것을 섭취하는 행동도 뒤에서 다루겠지만, 간단히 말해 인간 아닌 동물은 실험이라는 행위를 하지 않는다는 것이 내 주장이다.[17] 수천 년간 인간 사회에는 식물이 건강에 미치는 효과를 실험하는 사람들이 있었고, 종종 치유자의 위치로 격상되었다. 오늘날에도 여전히 최고의 의학 연구자들을 존중하며, 마땅히 그래야 한다. 그들이 발견한 **만일-그리고-그렇다면** 법칙이 입증된다면 한 명의 환자에 그치지 않고 엄청난 규모로, 대개 인류 전체가 어떤 질병을 치료할 수 있는 힘이 생기기 때문이다. 하지만 남녀 할 것 없이 의학 분야에서 뛰어난 사람들이 하고 있는 모든 일은 수천 년 전이나 지금 이 순간에나 본질적으로 같다. 예컨대 다음과 같은 가설을 세우고, **만일-그리고-그렇다면** 패턴을 주의 깊게 확인하는 것이다. '**만일** 내가 암의 크기를 측정한다면, **그리고** 이 약을 투여한다면, **그렇다면** 암의 크기가 줄어들 것이다.'

어떤 시스템을 지배하는 **만일-그리고-그렇다면** 법칙을 분석하면 그 시스템이 어떻게 작동하는지 이해하게 된다. 물론 대개 더 알아야 할 것이 생기지만, 체계화란 반복이다. 내적 작동 원리를 배워 가면서 시스템을 계속 탐구하는 것이다. 어쨌든 방법은 항상 동일하다. **만일-그리고-그렇다면**.

체계화 메커니즘을 통해 얻은 새로운 지식을 이용해 인간은 콩팥의 작동 원리 같은 자연적 시스템을 이해하고, 풍차나 현미경이나 망원경 같은 기계적 시스템을 발명했다. 이제 새로운 품종의 꽃을 기르고, 유전자를 편집하고, 신약을 설계하고, 거대한 병원을 지을 수 있다. 아주 작은 것에서 어마어마하게 큰 것에 이르기까지 모든 시스템을 제어할 수 있다. 모두 체계화 메커니즘 덕이다. 인간의 뇌 속에 생겨난 이 기작機作은 초라해 보일 정도로 단순하지만 7만~10만 년간 끊임없이 작동하며 점점 더 놀라운 발견들을 쏟아내고 있다.[18]

||||||

19세기 영국의 수학자 조지 불George Boole은 논리학 분석 과정에서 **만일-그리고-그렇다면** 사고방식을 최초로 기술했다. 나는 이 책에서 체계화 메커니즘의 작동 방식을 설명하면서 그가 제안한 용어들을 빌려다 썼다.[19] 그는 현대 전자공학, 컴퓨터, 디지털 혁명에 영감을 준 것으로 유명하지만 체계화 메커니즘의 논리를 설명하는 명료한 용어를 남겨준 것 또한 그 못지않게 중요한 유산이라고 생각한다. 논리학을 설명하는 데 사용한 **만일-그리고-그렇다면**이라는 용어는 체계화의 본질을 기막히게 포착한다. 그의 놀라운 통찰을 기리는 의미에서 체계화를 불 주의적 사고 체계Boolean mind라고 부를 수도 있을 테지만, 어쨌든 나는 그것이 인간에게만 존재한다고 본다.

구두장이의 아들이었던 불은 초등교육을 마친 뒤로 학교에 다니지 못했다. 아버지에게 조금 더 배우기는 했지만, 대부분 혼자서 공부했다. 그럼에도 수학자이자 논리철학자가 되어

1854년《사고의 법칙The Laws of Thought》이라는 책을 썼다. 집안에서 유일하게 돈을 벌었던 그는 형제들과 부모를 부양하기 위해 열여섯 살 때 요크셔주 동카스터에서 교사가 되었다. 그리고 놀랍게도 열아홉 살에 이스트미들랜즈의 링컨셔에서 자기 학교를 열었다. 15년 후에는 정식 수학 교육을 받은 적이 없음에도 아일랜드 코크시에 있는 퀸스칼리지의 수학 교수로 임용되었다.

1864년 11월 어느 날, 마흔아홉 살밖에 안 된 불은 폭우가 쏟아지는데도 강의를 하려고 집에서 학교까지 4킬로미터 길을 걸었다. 도착했을 때는 온몸이 흠뻑 젖어 있었다. 집으로 돌아오자 열이 나기 시작했는데, 부인인 메리Mary Boole는 동종요법사로서의 지식을 근거로 해괴한 논리를 폈다. 본디 동종요법이란 질병의 치료법이 그 원인과 비슷하다고 생각한다. 그녀는 남편의 몸을 물에 적신 시트로 둘둘 감았다. 그 위에 양동이로 몇 번씩 물을 퍼부었다는 얘기도 있다. 오늘날 우리에게는 놀라운 일도 아니지만 불쌍한 조지는 상태가 악화해 그만 며칠 뒤에 죽고 말았다.

탁월한 논리학자였던 불이 그릇된 논리 때문에 최후를 맞은 것은 비극적인 운명의 장난이다. 메리 자신도 명망 있는 수학자였음을 생각하면 이중의 아이러니라 하지 않을 수 없다.[20] 지금까지 메리가 무리하게 행동해 남편을 죽음에 이르게 했다고 비난하는 글을 읽은 적은 없지만, 분명 그렇게 해석할 여지는 있다. 그녀는 남편을 낮게 할 의도였지만, 세상에서 가장 위대한 논리적 정신을 빼앗은 셈이었다. 다행히 그는 마흔아홉 살이라는 젊은 나이로 눈을 감을 때까지 엄청난 업적을 쌓았다. 그 지적 유산은 마치 달의 분화구에 이름을 붙인 것처럼 그의 이름을 따서 명명된 대수학의 한 분야로 남아 있다.

‖‖‖‖

인간은 심지어 두 살 때부터 기초적인 **만일-그리고-그렇다면** 논리를 사용해 뭔가를 체계화한다.[21] 어떤 동물종에서도 찾아볼 수 없는 능력으로, 어느 정도 선천적으로 이런 패턴을 찾아내도록 **뇌세포가 연결되어 있다는** 증거다. 취학 전부터 어린이들은 처음 보는 물체가 왜 예측과 달리 움직이는지 묻고, 스스로 거기에 대한 설명(원인)을 찾으려고 한다. 더욱 놀라운 것은 A가 B의 원인임을 밝히기 위해 계속 추적하면서 언제 예상치 못한 일이 생기는지 관찰하는 식으로 '시험'을 수행하고, 다양한 유형의 연쇄적 인과관계를 파악한다는 점이다. 예를 들어 학교에 들어가기 전부터 어린이들은 서로 다른 기계적 메커니즘을 구분할 수 있으며(어떤 스위치가 특정한 톱니바퀴를 작동시킨다거나, 한 개의 톱니바퀴가 다른 톱니바퀴를 움직인다든지 하는), 이를 파악하는 과정에서 서로 다른 **만일-그리고-그렇다면** 패턴을 뒷받침하는 증거를 찾는다.[22] 따라서 태어날 때부터 이미 인간의 뇌 속에는 체계화에 필요한 회로가 부분적으로 연결되어 있는 것 같다.

||||||

우리는 **만일-그리고-그렇다면** 패턴을 시험할 때 세 가지 방법을 사용한다. 첫째는 **관찰**이다. '왜 달의 모양은 계속 달라지는가?'라는 질문처럼 패턴이 너무 커서 관련된 변수를 직접 조작할 수 없을 때 종종 관찰을 이용한다. 관찰은 변화를 알아차리고, **만일-그리고-그렇다면** 패턴의 가설을 세우고, 그것을 검증하는 데 강력한 힘을 발휘한다. 물론 규모가 작고 섬세한 현상에도 이용할 수 있다. '거미는 어떻게 거미줄 위를 움직이는가?' 같은 질문에 답하기 위해 거미를 관찰할 수 있다. 위대한 과학자들의 전기를 읽다보면 어린 시절 뒷마당에서 뛰어놀며 온갖 자연의 패턴을 관찰했다는 얘기가 종종 등장한다. 조나가 그랬던 것처럼 말이다.

두 번째 체계화 방법은 **실험**이다. 직접 소매를 걷어붙이고 시스템을 시험해볼 수 **있다면** 보통 이런 방법을 택한다. 예를 들어 '부엌에 있는 토스터는 어떻게 작동할까?' 같은 의문을 해소하는 데 좋은 방법이다. 파리지옥풀을 보면서 이런 의문을 떠올린 사람도 있을 것이다. '도대체 파리지옥풀은 어떻게 파리를 잡아먹을까?' 우리는 자신이 파리라고 생각하고 작은 나뭇가지로 그 잎을 조심스럽게 찔러가며 머릿속에 세운 가설, **만일-그리고-그렇다면** 패턴을 검증해 핵심적인 기작을 밝히려고 한다. '아하, 잎에 돋아난 아주 작고 짧고 뻣뻣한 털 중 하나가 구부러지면 1초도 안 되어 양쪽으로 벌어진 잎이 탁 하고 닫히는구먼!'[23]

마지막 체계화 방법은 **모형화**다. 즉, 실제보다 작거나 간단한 모형을 만들어보는 것이다. 덴마크와 스웨덴을 연결하는 다리를 놓는다면, 우선 책상 위에 놓을 수 있을 정도로 작은 다리 모형을 만든 후 점점 규모를 키워가며 가설을 검증한다.

이제 체계화 방법을 하나씩 자세히 살펴보자. 관찰을 통해 **만일-그리고-그렇다면** 패턴을 체계화하는 것은 우리가 자연 속에서 항상 쓰는 방법이다. 유형지流刑地에 수감된 빠삐용은 오래도록 절벽 꼭대기에 앉아 파도를 관찰했다. 그가 마주한 가장 중요한 질문은 이랬다. '어떻게 하면 이 외딴섬을 탈출할 수 있을까?' 매일, 하루도 빼놓지 않고 그 생각만 했다. 마침내 끈질기게 바다를 바라보면서 관찰한 패턴을 근거로 가설을 세웠다. **'만일** 손수 만든 뗏목에 몸을 묶은 채 뛰어내린다면, **그리고** 일곱 번째 파도에 안착한다면, **그렇다면** 그 강한 파도가 나를 안전하게 먼 바다로 실어 갈 것이다.' 파도의 조석운동을 체계화한 끝에 마침내 그는 무사히 절벽에서 뛰어내려 자유를 찾아 탈출할 수 있었다. 일곱 번째가 아닌 다른 파도에 몸을 맡겼다면 절벽 아래 바위에 부딪혀 죽고 말았을 것이다.

하지만 초기 인류조차 파도만 쳐다본 것은 아니다. 밤하늘을 관찰해 체계화하는 일도 무척 좋아했다. 오늘날 캠핑을 즐기며, 또는 여름 밤 뒤뜰에 모닥불을 피워놓고 여럿이 둘러앉아 그렇게 하듯 밤하늘을 관찰했다. 1만 년 전, 어느 관찰자가 땅에 등을 대고 누워 밤하늘을 올려다보며 거대한 질문을 던지는 모습을 상상해보라. '도대체 왜 달의 모습은 계속 변할까?' 그는 이렇게 생각했다. **'만일** 오늘이 지난번 보름달이 뜬 뒤로 29일째 되는 날이라면, **그리고** 30일째 되는 날 달을 쳐다본다면, **그렇다면** 달은 완벽한 원형일 것이다.' 체계화 메커니즘은 문제를 계속 추적해가며 이해하기 위한 패턴을 찾아내는 식으로 작동한다.

인류가 1만 년 전부터 별을 관찰하면서 매우 이상한 행동, 다른 동물에서 결코 볼 수 없는 행동을 한 것도 체계화 메커니즘 덕이다. 고대 인류는 매일 밤 정확히 같은 장소에서 달을 관찰하며 '특정 장소에서 바라본 달'이라는 시스템을 이해하고자 했다. 무엇보다 체계적인 관찰이 중요했다. 왜 원숭이는 그렇게 하지 않을까? 인간 관찰자의 행동은 체계화 메커니즘에 의해 일어났고, 한편으로 **호기심**을 유발했다. 오직 **호기심을 위한 호기심**이었다. 보상 역시 내적인 것이었다. 호기심이 충족되는 순간, 끊임없이 반복되는 **만일-그리고-그렇다면** 패턴을 확인하는 순간의 기쁨이 곧 보상이었다. **호기심**이야말로 체계화 메커니즘의 끝없는 원동력이었다.[24]

우리는 고고학 연구를 통해 인류가 1만 년 전부터 달의 형태 변화를 체계적으로 기록했음을 알고 있다. 스코틀랜드의 고고학자들은 월력月曆이라고 생각되는 것을 발견했다. 달이 차고 기우는 모습을 그대로 모방해 만든 열두 개의 구덩이다. 구덩이들은 동짓날 밤 달의 순환을 추적하는 데 도움이 될 법한 구조로 배열되어 있었다.[25] 3500년 전 수메르인들이 메소포타미아에서 밤하늘을 관찰하고 많은 별에 이름을 붙인 기록도 남아 있다.[26] 바빌로니아인들은 기원전 164년에 오늘날 핼리혜성이라고 부르는 천체를 기록했다.[27] 이렇듯 인류는 과학이라는 학문이 정식으로 발명되기 훨씬 전부터 체계화 메커니즘을 이용해 하늘을 체계화했다.

이제 3000년 전 중국에서 하늘을 관찰했던 사람을 상상해보자. 그는 왜 달의 형태가 변하는지뿐 아니라, 무엇 때문에 **색깔**도 달라 보이는지 궁금했다. 누군지는 모르지만 실제로 그런 사람이 있었다. 한 무덤에서 서기 280년에 쓴 《주서逸周书》라는 책이 발견된 것이다.[28] 그가 기록한 달의 변화는 2000년도 더 전인 기원전 136년에 일어났다고 생각된다.[29] 회백색 달이 붉은색으로 변해 어두운 밤하늘에 선명한 빛을 발하는 모습을 지켜보며 그는 숨이 턱 막혔으리라.

오늘날 우리는 월식이 일어날 때 달의 색깔이 변한다는 것을 안다. 《주서》에 기술된 사건이 바로 월식이었을 것이다. 체계화 알고리듬은 이렇게 된다. '**만일** 흰색 달을 관찰한다면, **그리고** 달이 태양 및 지구와 일직선에 놓인다면, **그렇다면** 달은 붉은색으로 변할 것이다.' 우리는 이런 체계화 메커니즘을 이용해 유인원과 원숭이와 기타 모든 동물종이 앞으로도 절대 알거나 이해하지 못할 비밀, 우주가 작동하는 은밀한 법칙들을 밝혀낼 수 있었다.

▌▌▌▌▌

자연계를 체계화한 사람을 하나만 꼽는다면 스웨덴의 식물학자이자 동물학자 칼 린네Carl Linnaeus일 것이다. 많은 사람이 그를 현대 분류학의 아버지로 생각한다. 동물과 식물을 위계에 따라 상세히 분류한 업적으로 존경받는 린네는 **고도로 체계화하는 사람**hyper-systemizer이었다. 대부분의 사람보다 훨씬 끈기 있게, 쉬지 않고 체계화에 몰입했다는 뜻이다.[30] 나중에 체계화 메커니즘이 완전히 다른 수준으로 작동할 수 있다는 개념을 자세히 살펴보겠지만, 대부분의 사람을 평균 수준이라고 볼 때 린네 같은 사람은 초고도 수준이라 할 수 있다.(가족 중에 고도로 체계화하는 사람이 칼뿐만은 아니었다. 예컨대 그의 동생 사무엘은 양봉 매뉴얼을 쓰기도 했다. 나중에 고도로 체계화하는 성향이 가족 내에서 유전되는지 살펴볼 것이다.) 열렬한 독서광이었던 린네는 열일곱 살이 되자 식물에 관해 더 이상 읽을 책이 없었다. 1732년 스물다섯 살이 된 그는 라플란드로 6개월에 걸친 표본 수집 여행에 나섰다.

유명한 갈라파고스 여행 중 다윈이 그랬듯, 린네도 1600킬로미터가 넘는 거리를 때로는 걷고 때로는 말을 타고 여행하면서 수백 건의 식물 표본을 수집하고, 각각의 표본을 연구해 공통점과 개별적 특징들을 밝혔다. 관찰 여행은 534종의 식물을 분류한《라포니카 식물상Flora Lapponica》이라는 저서로 결실을 맺었다. 그 뒤로도 새로운 식물종이 발견될 때마다 자신이 수립한 분류 체계에 들어맞는지 검토하고, 들어맞지 않으면 새로운 분류 범주를 만들었다.[31] 린네는 18세기 인물이지만 분류 욕구를 멈출 수 없었다는 점에서 운동장에서 끊임없이 뭔가를 수집하고 분류했던 어린 시절의 조나와 똑같았다.

그는 거대하고도 야심찬 목표가 있었다. 겉으로는 거의 똑같아 보이지만 사실 서로 다른 계열인 두 가지 식물을 항상 구별할 수 있게 하는 것이었다. 그는 성공을 거두었다. 1735년 《자연의 체계Systema Naturae》라는 책을 출간해 자연을 분류하고 체계화하는 원칙을 밝힌 것이다. 초판은 열두 쪽에 불과했지만 출간 후 수많은 독자가 표본을 보내왔다. 린네는 모든 표본을 분류해 책에 수록했다. 1758년 제10판이 출간되었을 때 《자연의 체계》에는 4400종의 동물과 7700종의 식물이 실렸다. 실로 린네의 체계화 메커니즘은 최고 수준이었다. 뒤에서 보겠지만 이처럼 강한 체계화 욕구를 지닌 사람은 엄청난 양의 정보를 빨아들인 후 직접 찾아낸 **만일-그리고-그렇다면** 패턴 속에 체계적으로 정리한다.

▕▕▕▕▕

이 정도 되는 분류 체계를 만들려면 마음속으로든 실제로든 목록을 만들고 모든 항목을 일일이 확인해 가며, 특정 식물이나 동물의 고유한 특징을 정의하는 규칙을 찾아내야 한다. 이런 분류학적 작업은 **만일-그리고-그렇다면** 패턴을 파악하는 것이 필수다.('**만일** 표본의 머리가 검은색이라면, **그리고** 복부가 붉은색이라면, **그렇다면** 울새다.') 조나가 운동장에서 나뭇잎을 어떻게 한 장한 장 분류했는지 생각해보라. 조류 관찰자, 그리고 비행기 관찰자나 기차 관찰자 등 현대에 접어들어 생겨난 그 동료들은 비가 오나 눈이 오나 몇 시간씩 야외에서 버티며 이런 패턴을 찾는다.[32] 역시 고도로 체계화하는 사람들이다.

동일한 불주의적 사고 체계를 이용해 현존하는 7500종의 사과를 비롯해 모든 생물을 분류할 수 있다. '**만일** 껍질 전체가 녹색이라면, **그리고** 맛이 시금털털하다면, **그리고** 단단한 느낌이 든다면, **그리고** 베어 물 때 아삭한 느낌이 든다면, **그렇다면** 그래니스미스다.' (**만일-그리고-그렇다면** 알고리듬이 유지되는 한, **그리고**를 필요한 만큼 추가해 얼마든지 정확성을 높일 수 있다.) 현대의 슈퍼마켓에서 사과 품종을 구별하는 방법은 7만~10만 년 전초기 호모 사피엔스가 숲속이나 대초원에서 먹이로 삼을 만한 온갖 종류의 생물종을 분류했던 방법과 다르지 않다.[33]

나는 현생 인류 이전의 인류가 오늘날 인간 아닌 동물과 마찬가지로 수많은 사과를 볼 수는 있었지만 그것들을 체계화하지는 않았다고 생각한다. 그들의 도구 사용을 살펴보면서 다시 얘기하겠지만, 우리의 호미니드^{hominid} 조상들이 체계화 능력을 갖추었다고 믿을 만한 증거가 없기 때문이다. 물론 오늘날의 유인원이나 원숭이와 마찬가지로 호미니드 조상들 역시 사과를 먹을 수 있다는 건 알았다. 사과 A와 사과 B를 구별하고, 경험을 통해 A는 맛이 좋지만 B를 먹으면 구역질이 난다는 점을 배워가며 먹이에 대한 선호와 혐오를 형성하기도 했을 것이다. 역시 오늘날의 유인원이나 원숭이와 마찬가지로 우리의 호미니드 조상들 역시 달의 형태와 색깔이 바뀌는 모습을 볼 수 있었을 것이다.

중요한 점은 호모 사피엔스 이전에 존재했던 호미니드들이 **인과적** 패턴을 알아차릴 수 있었다는 믿을 만한 증거가 없다는 것이다. 7만~10만 년 전보다 더 오래전에 살았던 조상들이 어떤 패턴도 알아차리지 못했다는 뜻은 아니다. 분명 'A와 B가 관련이 있다' 같은 단순한 패턴은 파악했다. 쥐나 원숭이도 통계적 학습을 이용해 이런 패턴을 알아차린다. 어떤 일이 얼마나 자주 일어나는지 관찰해 A와 B의 연관성을 안다는 뜻이다.[34] 원숭이나 쥐는 연상 학습 같은 패턴 인식 과정도 이용한다. 연상 학습은 B가 보상이나 처벌일 때 특히 강력하게 작용한다.[35]

호미니드 조상들이 간단한 도구를 이용하고(바위를 망치처럼 사용해 단단한 껍데기를 깨고 안에 든 견과류를 꺼내 먹거나, 돌도끼를 사용해 뭔가를 자르거나 긁어내는 등), 어떤 것이 먹기 좋은지 알아낸 과정도 단순 연상 학습으로 설명할 수 있다. 심지어 그들은 창을 무기로 사용하기도 했다. 하지만 현생 인류에 비해, 그리고 린네에 이르러 아름다울 정도로 극대화된 그 능력에 비해, 호미니드 조상들이 사과나 다른 어떤 것을 **체계적으로** 분류해 몇 가지 범주로 정리하거나, **만일-그리고-그렇다면** 패턴을 관찰하거나, 그 결과를 실험으로 검증했을 가능성은 거의 없다. 마찬가지로 현존하는 유인원이나 원숭이가 그런 일을 한다고 믿을 만한 증거도 없다.

강력한 체계화 능력을 지닌 사람들의 놀랄 만한 속도를 생각해보자. 도대체 어떻게 그토록 빠르게 패턴을 파악하고 온갖 사실을 떠올릴 수 있을까? 그들은 **만일-그리고-그렇다면** 패턴을 이용해 **마음속 스프레드시트**를 그린다. **만일**은 가로 행, **그리고**는 세로 열, **그렇다면**은 그것들이 만나는 셀이다.[36] 우리는 공간(**어디서** 보았는가)과 시간(**언제** 보았는가) 속에서 사물과 사건을 체계화할 수 있으며, 더 많은 데이터나 사례를 축적하면서 패턴이나 법칙을 파악한다. 초기에 자연을 체계화했던 사람들은 이런 식으로 자연의 법칙들을 알아냈다. 정원이 있으면 어느 지점에, 언제, 어떤 꽃을 심어야 할까? '어느 지점'의 예를 들어보자. '**만일** 철쭉이 있다면, **그리고** 그것을 알칼리성 토양에 심는다면, **그렇다면** 색깔이 다른 꽃이 필 것이다.'[37] 이런 식으로 정원 전문가의 마음속 스프레드시트를 상상해볼 수 있다. 각 행에 식물 이름을 적어 넣고, 각 열에 토양의 유형을 적어 넣으면 행과 열이 만나는 셀마다 꽃의 색깔이 정해지는 것이다.

인간이 식물을 체계화하는 일을 사랑한다는 말이 믿기지 않는다면 런던의 첼시화훼전시회에 가보라. 입장권이 순식간에 매진된다는 사실은 우리의 마음이 식물을 체계화하는 일을 얼마나 사랑하는지 여실히 보여준다. 전문적인 정원 설계자만 그곳을 찾는 것도 아니다. 그저 정원 설계의 아름다움을 즐기기 위해 방문하는 사람도 있지만, 대다수는 식물을 이해하기 위해, 즉 **만일-그리고-그렇다면**이라는 논리를 이용해 언제 어디에 식물을 심어야 하며, 그러면 어떤 효과가 나타나는지 알기 위해 그곳을 찾는다.

우리는 월경 주기와 그것이 임신에 미치는 영향에서부터 언제 화산이 폭발할지 예측하고, 암석을 형성 방식에 따라 분류하는 데 이르기까지 무엇이든 체계화할 수 있다.[38] 아이작 뉴턴 경이 나무에서 사과가 떨어지는 것을 보고 중력이 그 원인임을 추론한 과정을 생각해보자. (내 모교이기도 한 케임브리지 트리니티칼리지에서였다.) '**만일** 사과를 누군가 잡고 있지 않다면, **그리고** 중력이란 것이 있다면, **그렇다면** 사과는 지구를 향해 떨어질 것이다.'[39] 대양의 조석운동을 알아낸 것 역시 관찰을 통해 자연을 체계화한 예다. 밀물과 썰물의 패턴이 달에 의해 생긴다는 사실은 적어도 3000년 전에 규명되었다.[40] 바닷가에 가면 보통 밀물과 썰물 정보를 표나 스프레드시트 형태로 제공하는데, 이는 고도로 체계화하는 사람의 마음속에서 정보가 어떻게 구성되는지 보여준다. 서퍼들도 바다에 나갈 때 그저 밀물과 썰물을 관찰하는 것이 아니다. 그들은 파도를 모양에 따라 분류하고, 어떤 식으로 밀려올지 예측한다. 단 한 가지 알고리듬, 즉 **만일-그리고-그렇다면**에 의한 추론으로 무한하고 다양한 자연 현상을 설명할 수 있는 것이다.

|||||

두 번째 체계화 방법은 **실험**이다. 실험을 통해 인과적 패턴을 파악해 사물과 현상의 작동 원리를 이해하는 능력이야말로 체계화 메커니즘이 진화해 진정한 성공을 거둔 예라 할 수 있다. 어린 시절 알이 자기 집 지하실에서 화학 실험을 했던 일이나, 어린 조나가 스위치를 몇 번이고 반복해(강박적이라고 할 사람도 있겠지만) 위아래로 올리고 내리며 전등을 켜고 끄는 인과적 효과를 관찰했던 일을 떠올려 보자. 실험은 과학자나 엔지니

어, 기계공, 의사, 음악가, 요리사, 장인만 하는 것이 아니다. 인간은 7만~10만 년간 계속 실험을 해왔다. 단계별로 어떤 행동을 한 후 **만일-그리고-그렇다면** 추론의 결과를 관찰하는 것이 곧 실험이다.

과학자만 실험을 통해 체계화한다는 관념에서 벗어나기 위해, 우리가 부엌에서 달걀을 삶을 때 어떻게 실험을 통한 체계화를 수행하는지 생각해보자. **만일** 달걀이 있고, **그리고** 그 달걀을 8분간 삶는다면, **그렇다면** 노른자는 딱딱하고 노란색을 띨 것이다. **만일** 달걀이 있고, **그리고** 그 달걀을 4분간 삶는다면, **그렇다면** 노른자는 주황색이며 부드러울 것이다.

어렸을 때 나는 형과 함께 놀이터에서 시소 타기를 즐겼다. 우리는 얼마나 높이 올라갈 수 있는지 시험해 가며 놀곤 했다. 그때는 알아차리지 못했지만 사실 모든 어린이가 시소를 타면서 똑같은 일을 한다. 바로 실험을 통한 체계화다. '**만일** 내 발이 땅에 닿아 있고 형의 발은 땅에서 떨어져 있다면, **그리고** 내가 발로 땅을 힘껏 민다면, **그렇다면** 나는 위로 올라가고 형은 아래로 내려갈 것이다.' 왜 원숭이와 유인원은 야생에서 시소를 만들지 않을까? 왜 시소를 타고 놀면서 어떻게 시스템을 제어하는지 알아보려고 하지 않을까? 그저 **만일-그리고-그렇다면** 패턴에 관심이 없는 것이다. 어느 날 두 마리의 원숭이가 시소를 만들어 타고 노는 모습이 눈에 띈다면 인간은 이 혹성에서 누리는 우월한 지위에 대해 걱정해야 할 것이다. 원숭이가 뇌 속에서 체계화 메커니즘을 진화시켰으며, 머지않아 발명을 시작할 수도 있다는 뜻이기 때문이다.

어린 시절에 내가 타고 놀던 시소는 오직 위아래로만 움직였다. 하지만 지난 주 공원에서 산책하다가 누군가 전혀 다른 종류의 시소를 발명했음을 알았다. 두 아이가 공전형heliocyclic, 즉 축을 중심으로 돌면서 동시에 위아래로 오르내리는 시소의 양쪽 끝에 앉아 자지러질 듯 웃으며 그 움직임을 즐기고 있었다. 중심축을 고정해 오직 위아래로만 움직이는 구식 놀이기구가 아니었다. 새로운 시소는 볼소켓형 회전축을 사용해 양팔이 회전하는 동시에 삼차원상 어떤 평면으로든 움직일 수 있었다. 거의 무한한 움직임이 가능한 것이다. 누군가 시소에서 **그리고**에 해당하는 변수를 바꾸었다. 체계화 메커니즘을 통해 또 하나의 발명품이 세상에 나온 것이다.

실험을 통한 체계화는 스포츠에도 적용된다. 스케이트보드를 타는 사람들이 하프 파이프half-pipe*에 '드롭 인'한 후 몸의 무게 중심을 옮겨가며 코너를 돌고, 계단 모서리를 따라 '그라인

---

* 스케이트보딩, 롤러블레이딩, 스노보딩 점프용으로 만든 U자형 구조물이나 홈.

드'하고, 엄청난 속도로 수직에 가까운 벽을 타고 올라가며 '에어'를 한 후, 공중제비를 넘고 바퀴로 착지해 쏜살같이 나아간다. 몇몇은 아주 어리다. 틀림없이 서너 시간씩 땀을 흘려 가며 자기 집 앞마당에 손수 미니 램프들을 설치했으리라. 그 위로 스케이트보드를 타고 내려오면서 원하는 결과를 얻을 때까지 무게 중심을 한쪽 발에서 다른 쪽 발로 옮기는 법을 연습했으리라. 이제 그대로 달리며 스케이트보드만 180도 돌리거나, 스케이트보드를 공중에서 회전시키거나, 스케이트보드를 탄 채 몸을 솟구쳐 벤치 위로 뛰어오른다. 이렇게 놀라운 묘기 중 완벽해질 때까지 각각의 동작을 체계화하고, 수없이 반복해가며 기술을 익히고, 반복적으로 나타나는 패턴을 파악하는 작업을 계속하지 않고도 가능한 것은 없다. 그 뒤에야 비로소 관중을 흥분시키는 새로운 동작을 떠올릴 수 있다. 연구에 따르면 스케이트보드로 가능한 **만일-그리고-그렇다면** 동작은 300가지가 넘는다. 10대 인간들(대부분 소년)은 동네 공원에서, 길거리의 매끈한 콘크리트 위에서, 도시의 광장에서 끝없이 반복되는 것처럼 보이는 동작에 몰입해 스케이트보드를 즐긴다.[41] 자신의 움직임을 가지고 실험하는 것이다. 체조선수나 다른 스포츠 선수들도 똑같이 한다.

마지막 체계화 방법은 **모형을 만들어 실험하는 것**이다. 알렉산더 플레밍Alexander Fleming이 페니실린의 항균성을 발견한 일을 떠올려보자. 잘 알려져 있듯 그는 상처가 세균에 감염된 상황의 모형으로 세균이 자라는 페트리 접시를 사용했다. 실제 상처는 인과관계를 분명히 밝히기에 너무 지저분하고, 손상이 심하고, 복잡하고, 통제 불가능하며, 다층적이기 때문이다. 모형을 만들면 실제 상황을 단순화해 다루기 쉽고 관리 가능한 규모로 줄일 수 있다.

플레밍의 관심사는 오직 하나였다. 어떻게 하면 제1차 세계대전에 참전한 군인들이 패혈증으로 죽는 것을 막을 수 있을까? 당시에는 감염된 상처를 방부 드레싱으로 치료했지만, 플레밍의 관찰에 따르면 감염 자체보다 방부제 때문에 죽는 병사가 더 많았다. 그는 가설을 세웠다. '방부제가 상처 표면에서 세균을 죽이지만, 깊은 곳에서는 여전히 세균이 증식할 수 있기 때문에 오히려 상처를 악화시키는 일이 많다.'

플레밍은 런던의 세인트메리병원에서 직접 모형 환경(페트리 접시)을 만들어 포도상구균을 연구했다. 1927년 8월에 가족과 함께 휴가를 떠나면서 그는 실험실 한쪽 구석에 페트리 접시를 쌓아 두었다. 9월 3일 실험실에 돌아와 보니 배양 접시 하나가 곰팡이에 오염되었다. 한 가지 특이한 점이 눈에 띄었다. 곰팡이 바로 옆에 있는 세균 집락은 모두 녹아버린 반면, 멀리 떨어져 있는 집락들은 멀쩡했다. 그는 '곰팡이 주스'가 세균을 죽였다는 가설을 세웠다. '**만일** 살아 있는 세균 집락이 있다면, **그리고** 그 집락이 곰팡이 주스에 가까이 있다면, **그렇다면** 세균이 죽는다.' 그 곰팡이 주스가 바로 페니실린이었다. 기막힌 우연에 의해 사상 최초로 항생제를 발견한 것이다. 이런 체계화 덕분에 플레밍은 1945년 노벨생리의학상을 수상했다. 나는 그의 글에 드러나는 겸손에 마음이 끌린다.

> 사람은 때때로 애써 찾지 않던 것을 발견한다. 1928년 9월 28일 해가 뜨자마자 잠에서 깨어난 나는 분명 세계 최초의 항생제, 즉 살균제를 발견해 의학의 모든 분야에 혁명을 일으킬 계획 따위는 없었다. 하지만 바로 그것이 내가 한 일에 대한 정확한 설명이라고 생각한다.[42]

이 유명한 일화는 위대한 발견이 기막힌 행운에 의해 일어날 수 있다는 예로 종종 인용되지만, 체계화 메커니즘에도 멋지게 부합한다. 1단계에서 플레밍은 중요한 질문을 가지고 있었

다. 2단계에서는 우연히 관찰한 현상을 통해 **만일-그리고-그렇
다면** 패턴의 가설을 세웠다. 3단계에서 이 가설을 시험하고 또
시험해 새로운 발견을 검증했다. 다른 사람들은 4단계로 나아
가 이 패턴을 조금씩 변형했지만(생산 규모를 확장한다든지), 3단
계를 반복하는 것만으로도 그의 발견을 설명하고 검증하는 데
충분하다.

IIIII

체계화는 실제로 인간의 뇌에서 어떻게 수행될까? 신경과
학자 마이크 롬바르도Mike Lombardo와 나는 피험자에게 체계화
관련 과제를 수행해달라고 요청한 후 그들의 기능적 자기공명
영상functional magnetic resonance imaging, fMRI(뇌 스캔) 데이터를 검토했
다. 세부에 주의를 기울이고, 오류가 없는지 확인하고, 추론하
고, 규칙을 익히고, 숫자 관련 추론을 하고, 패턴을 인식하는 과
제들을 이용했다. 체계화의 이런 측면은 모두 뇌의 감각 지각
sensory-perceptual 영역을 사용한다. 체계화할 때는 감각을 통해 뇌
에 들어와 실제 세계가 어떤 모습인지 알려주는 사항들을 분석
하기 때문에, 이런 접근 방법은 합리적이다. 연구 결과 체계화
메커니즘은 외측 전두두정 연결망lateral frontoparietal connections과 두

정내구intraparietal sulcus, IPS라는 부위에 크게 의존했다.[43] 두정내구는 인간이 도구를 만들 때 활성화되며, 난산증(숫자로 체계화하는 데 어려움을 겪는 증상)을 겪는 어린이에서 비전형적 양상을 나타낸다. 뇌에서 체계화의 기반을 확실히 밝히려면 더 많은 실험이 필요하지만, 지금까지 밝혀진 것만으로도 뇌가 체계화 메커니즘을 수행한다는 것을 알기에는 충분하다.[44]

‖‖‖

인간 행동의 다양한 측면도 체계화할 수 있을까? 단 한 번 나타난 행동에서 규칙이나 패턴을 찾기는 어렵지만(왜 누가 어떤 말을 했는지, 왜 정서적 표현이 그토록 빨리 변하는지), 누군가 매번 똑같은 순서로 일련의 행동들을 할 때처럼 반복되는 행동은 체계화할 수 있다.[45] 어부가 그물을 던지거나, 골프 선수가 골프채를 휘두르거나, 댄서가 정해진 동작에 따라 춤추거나, 체조 선수가 트램펄린 위에서 공중제비를 넘거나, 농구 선수가 장거리 슛을 하거나, 예배하는 신도들이 성가를 반복해서 부르거나, 가수가 노래를 하거나, 기타리스트가 리프를 연주하는 행동이 모두 좋은 예다. 이렇게 정해진 순서에 따라 몇 번이고 반복되는 동작성 패턴에는 체계화 메커니즘을 쉽게 적용할 수 있다.

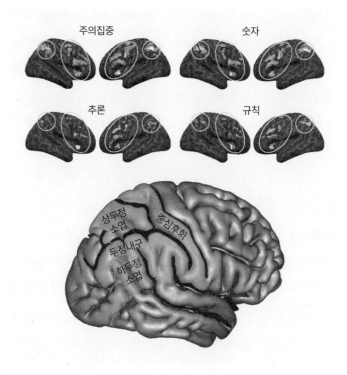

그림 2-5 뇌의 체계화 기반. 체계화 메커니즘에 관련된 정신적 과정을 뒷받침하는 뇌의 주요 영역을 나타낸다(위). 두정내구는 숫자와 기계에 관해 추론할 때 활성화된다(아래).

열차 시간표나 전등 스위치, 달의 형태 변화 같은 패턴을 마주쳤을 때와 똑같다. 군부대의 명령 전달, 종교적 또는 군사적 의식 절차, 사업상 절차, 관례나 법규를 준수하는 등 일부 사회 시스템 역시 체계화할 수 있다.[46]

심지어 글 속에 등장하는 단어나 구를 작가가 설계한 도구로 본다든지, 각 장면이 한 편의 드라마를 예기치 못한 방향 또는 매력적인 방향으로 전개하는 기능이 있다고 봄으로써 소설이나 드라마도 체계화할 수 있다. 등장인물이나 그들의 행동, 생각, 감정 또한 서사의 전체적인 성공을 위해 사용하는 도구로 보고 체계화할 수 있다. 소설에서 변하는 부분은 완벽하게 글로 쓰이며, 서사의 순서는 몇 번이고 똑같이 반복되고, 작가나 편집자는 각각의 단어, 각각의 대사, 각각의 눈길, 각각의 행동과 반응을 적절한 곳에 배치할 수 있기 때문이다. 그것은 마치 1000개의 조각으로 이루어진 퍼즐과도 같아서 모든 조각을 최선의 방식으로 맞추는 논리적인 방법이 존재한다. 소설이나 영화나 연극은 하나의 대본 속에 고정된 사회적 행동이다. 복잡한 도구가 그렇듯 일상적으로 반복하고 연습하고 실험을 통해 변형해 가며 그 효과를 최적화할 수 있다.

이런 의미에서 일상적인 행동은 대부분 체계화에 들어맞지 않는다. 친구와 얘기할 때 매번 똑같은 대화를 반복하지는 않는다. 다른 사람의 생각이나 감정을 체계화하려는 시도는 실패할 수밖에 없다. 우리가 경험하는 감정은 항상 정확히 똑같은 색채를 띠는 것도 아니고, 똑같은 유발 요인에 의해 생기는 것도 아니기 때문이다.[47] 우리의 믿음 또한 언제까지나 그대로가 아니라 경험에 따라 변하며, 다른 사람과의 관계 역시 시간에 따라 변한다. 따라서 사회적 상호작용을 체계화하려는 시도는 대부분 실패한다. 실제로 사회적 세계를 살아가면서 체계화에 의존하는 경우는 거의 없다. 그런 영역에서 우리는 뇌에 내장된 또 하나의 획기적인 메커니즘을 사용한다. 바로 공감회로^{Empathy} ^{Circuit}다.

|||||

체계화 메커니즘의 진화는 소위 **인지혁명**이라고 부르는 사건을 일으키는 데 획기적인 역할을 했다. 독자들이 이 점에 동의해주기를 바란다. 인지혁명은 우리가 세계를 보는 방식을 변화시키고, 우리에게 발명 능력을 부여한 결정적인 사건이었다. 하지만 인간의 뇌에 일어난 놀랄 만한 변화가 체계화 메커니즘 하나만은 아니다. 두 번째 변화인 공감회로 역시 인간의 뇌에만 존재하는 메커니즘으로 호모 사피엔스가 다른 동물과 다른 방향으로 진화하는 원동력이 되었다. 공감회로는 이전에 출간한 나의 책 《공감 제로》 《그 남자의 뇌, 그 여자의 뇌》 《마음 盲》의 주제였으므로 여기서는 자세히 살펴보지 않을 것이다. 간단히 말해서 공감회로 덕에 우리는 다른 사람의 생각과 감정이 어떤

지 짐작할 수 있으며, 수시로 변하는 사회적 맥락 속에서 자신의 생각과 감정이 어떻게 흘러가는지에 대해서도 매순간 실시간으로 알아차릴 수 있다. 다른 사람의 마음(생각, 감정, 의도, 욕망)을 경직된 틀에서 벗어나 융통성 있게 상상함으로써 다음 순간 상대방이 어떻게 행동할지 실시간으로 예측하고, 적절한 정서를 끌어내 그들의 생각과 감정에 신속하게 반응할 수 있다.

현생 인류의 뇌에서 공감회로는 적어도 두 가지 네트워크를 가진다. 하나는 **인지적 공감**cognitive empathy을, 다른 하나는 **정서적 공감**affective empathy을 불러일으킨다. 인지적 공감은 다른 사람이나 동물의 생각과 느낌을 상상하는 능력이다. 정서적 공감은 상대방의 생각과 느낌에 적절한 감정으로 반응하려는 욕구다. 인지적 공감은 인식 요소이고, 정서적 공감은 반응 요소다. 인지적 공감은 영장류학자 데이비드 프리맥David Premack이 **마음이론**theory of mind이라고 명명한 것으로, 그 덕분에 인간은 사회적 세계를 헤쳐 나갈 수 있다. 인지적 공감으로 세계에 존재하는 사물들에 대해, 특히 **우리**에 대해 다른 사람이 어떻게 생각하는지 상상할 수 있기 때문이다. 또한 마음이론을 가진다는 것은 자신의 생각과 느낌을 성찰할 수 있다는 뜻이다. 자기 성찰이 가능해지는 것이다. 침팬지 같은 비인간 영장류를 비롯해 동물도 다른 동물의 목표와 욕망을 알아차린다든지 하는 식으로 마음이론의 요소를 가지고 있을 가능성이 높지만, 인간처럼 다른 동물의 **믿음**을 상상할 수 있다고 믿을 만한 증거는 없다.[48]

공감회로는 인간의 뇌에서 복내측 전전두피질ventromedial prefrontal cortex과 편도체amygdala를 비롯해 적어도 열 개 영역에 걸친 네트워크 속에 존재한다.

인지혁명이 일어나면서 인류가 뇌 속에 어떤 새로운 기작을 가지게 되었기에 선조들이 할 수 없던 것들을 할 수 있게 되었을까? 두 가지를 기억할 필요가 있다. 첫째, 그런 진화는 대개 비약적인 발전보다 아주 작은 변화가 축적되어 일어난다. 둘째, 그런 특성의 자연선택은 한 가지 특성을 나타내는 단일 유전자보다 각각 아주 작은 효과를 나타내지만 결국 전체적으로 어떤 특성의 개인적 차이에 기여하는 흔한 유전적 변이들을 통해 나타나는 경향이 있다.(수천 가지는 아니라도 최소 수백 가지의 변이가 작용한다.) 나중에 공감과 체계화의 유전학을 다시 살펴보겠지만 그런 경향은 체계화 메커니즘도 마찬가지여서, **원형** 또는 초기 형태라 할 수 있는 통계적 학습이나 간단한 도구 사용은 많은 동물에서도 관찰된다. 마찬가지로 공감회로의 원형일 가능성이 큰 다른 개체의 구조 요청에 반응하는 행동 같은 것도 많은 동물에서 볼 수 있다.

하지만 호기심에서 시작해 수많은 패턴의 변형에 질문을 던지고 실험에 나서게 하는 **완전한** 체계화 메커니즘과 마음이론을 포함하는 **완전한** 공감회로는 오직 인간에게만 나타나는 능력이다. 다른 어떤 동물에서도 볼 수 없다. 마음이론 덕에 우리가 어떤 이익을 누리게 되었는지 중요한 것만이라도 요약해보면 인간의 뇌가 진화한 과정에서 공감회로가 얼마나 혁명적이었는지 알 수 있다. 마음이론, 특히 다른 사람의 믿음을 상상하는 능력을 지닌 사람은 적어도 세 가지 기술을 발휘할 수 있다. 그리고 그 기술들은 삶을 완전히 바꿔놓을 수 있다.

첫째, 마음이론을 가지고 있으면 **유연한 기만**flexible deception이 가능하다. 유연한 기만이란 남에게 사실이 아닌 것을 사실이라고 믿게 만드는 능력인데, 이런 능력을 발휘하려면 애초에 다른 사람이 마음속에 믿음들을 지니고 있음을 알아야 가능하다. 유연한 기만 능력을 지니고, 수많은 맥락에서 그런 능력을 활용하는 동물은 호모 사피엔스가 유일한 것 같다. 일부 동물도 고유한 형태의 기만을 이용하지만 다양한 맥락에서 창의적인, 즉 유연한 기만을 활용하는 것 같지는 않으며, 그저 몇 가지 알고리듬(또는 규칙)을 익힌 데 불과한 것으로 보인다.[49] 여기에도 '오컴의 면도날'을 적용할 수 있다. 동물의 행동을 더 단순한 심리적 메커니즘으로 더 간결하게 설명할 수 있다면, 복잡한 심리적 메커니즘 때문이라고 생각해서는 안 된다. 마찬가지로 인간

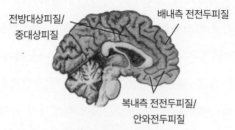

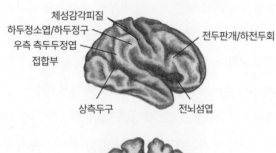

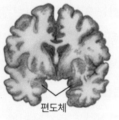

그림 2-6 공감회로

의 유연한 기만을 설명하는 가장 간결한 방식은 완전한 마음이
론을 갖추었다고 생각하는 것이다.

유연한 기만 능력은 자연선택에 있어 엄청난 이점을 제공한

다. 인간은 어떤 곤충처럼 나뭇가지로 위장하거나, 어떤 물고기처럼 바위로 위장하는 것이 아니라, 원하는 **어떤 것으로든** 위장할 수 있다. 깊은 구덩이를 파고 가느다란 나뭇가지를 얽어 입구를 덮은 후, 위에 나뭇잎을 흩뿌려 단단한 지면으로 위장하는 능력을 생각해보자. 이제 사냥감이나 경쟁자가 이상한 낌새를 눈치채지 못하고 그 위를 지나다 함정에 빠지기를 기다리면 된다. 이렇듯 호모 사피엔스는 유연한 기만을 이용해 상대의 마음속에 잘못된 믿음을 이식할 수 있으며, 그 밖에도 다양한 상황에 맞게 얼마든지 바꿔 적용할 수 있다. 여기서 이런 의문이 떠오를지 모른다. 예컨대 호모 네안데르탈렌시스가 그런 기만 능력이 없었다는 증거는 어디 있단 말인가? 함정을 파서 동물을 사냥하거나, 화살 등 원거리 암살용 무기를 사용했다면 그런 능력은 분명 시간의 시험을 견디고 살아남았을 것이다. 그러나 현재까지 보고된 고고학적 자료상 호모 네안데르탈렌시스가 이런 능력을 가지고 있었다는 증거는 없다.[50]

둘째, 마음이론이 있으면 **유연한 교육**flexible teaching이 가능하다. 마음이론이란 다른 사람이 무엇을 알며, 무엇을 알아야 하는지 이해하는 능력이기 때문이다. 역시 지금으로서는 오직 인간만이 다른 개체를 가르치는 것으로 보인다. 진화생물학자 케빈 랠런드Kevin Laland는 동물도 다른 개체를 교육한다고 주장하면서,[51] 미어캣이 저항할 힘을 잃은 사냥감(독침을 제거한 전갈 등)을 새끼들에게 가져다주어 안전하게 죽이는 법을 익히게 하는 예를 들었다. 분명 매우 흥미로운 양육 행동으로 어미와 새끼에게 모두 적응적 이익이 될 가능성이 크다. 이런 행동은 진화 과정에서 선택되었을지도 모르지만 어미와 새끼 양쪽 모두 유연한 학습과 관련되기 때문에 게놈genome(유전체) 속에 완전히 부호화되었을 가능성은 작다. 그러나 이런 행동을 교육이라고 할 수 있을지는 의심스럽다. 여기에 마음이론이 꼭 필요한 것은 아니기 때문이다. 나아가 이것이 마음이론의 증거라면 미어캣과 다른 동물종에서 훨씬 다양한 교육의 예를 볼 수 있고, 교사가 학생이 알아야 할 것이 무엇인지에 따라 가르치는 전략을 **수정한다**는 증거 또한 찾을 수 있을 것이다.

셋째, 마음이론 덕에 우리는 **유연한 지시적 의사소통**flexible referential communication이 가능하다. 어떤 단어(또는 동굴 벽에 그려진 기호)는 세상에 존재하는 뭔가를 **가리킨다**. 우리는 상대방이 그 사실을 알고 있음을 이해한다.[52] 인간의 삶에서 가장 일찍 나타나는 마음이론과 유연한 지시적 의사소통의 징후는 14개월쯤 된 어린이가 마치 "저것 좀 봐!"라고 말하듯 뭔가를 가리키는 동작을 취하는 것이다.[53] 아이는 검지를 뻗어 뭔가를 가리킨다. 본질적으로 이런 동작은 언어를 사용하지 않고 뭔가를 가리키면서, 다른 사람의 관점에 영향을 미치려는 의도를 가진 지시라는 점을 확고히 함과 동시에 공유하려는 것이다. 놀라운 일도 아니지만 인간이 뭔가를 가리키는 동작은 언어 발달 속도를 예측하는 믿을 만한 지표다. 가리킨다는 것은 사실상 동작을 통해 말하는 것이며, 다른 사람에게도 마음이 있어 내 마음과 소통할 수 있음을 이해한다는 뜻이기 때문이다. 다르게 주장하는 사람도 있지만, 나는 자연계에서 인간 아닌 동물이 가리키는 동작을 사용한다는 설득력 있는 사례가 있다고 믿지 않는다.

그리고 물론 우리는 지시적 의사소통 덕분에 드라마와 스토리텔링을 발명해 공통의 주제를 정립하고 다양한 관점을 지닌 등장인물을 그려낼 수 있다. 듣는 사람이 문자 그대로 받아들이지 않으리라 생각하는 단어를 사용한 유머를 이해하며, 지금 이곳에 국한되지 않는 다양한 대상과 사건에 대한 정보를 타인과 공유한다. 마음이론의 이익은 실로 엄청나다. 다른 사람의 관점을 이해함으로써 갈등을 해소하고, 어떤 것을 통해 다른 뭔가를 표상하고자 하는 의도를 이해함으로써 상징을 사용하고, 공통의 목표를 성취하기 위한 계획을 세우고 공유함으로써 사회적 협력을 새로운 수준으로 끌어올린다. 그림 2-7에 공감회로의 일부인 마음이론이 어떻게 인지혁명에 기여했는지 나타냈다.

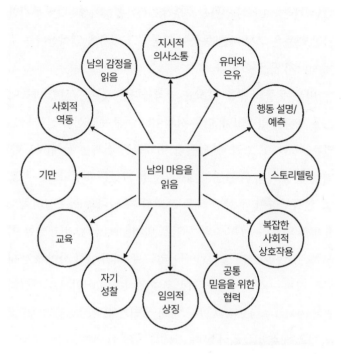

그림 2-7 마음이론을 통해 호모 사피엔스 고유의 여러 가지 행동이 나타난다.

동물에게 유연한 기만, 교육, 지시적 의사소통이 존재하지 않는다는 사실은 완전한 마음이론을 가지지 못했다고 생각하면 깨끗이 설명된다. 유인원과 원숭이는 물론, 쥐조차 초보적 수준의 공감 능력을 가진다고 주장하는 사람도 있다. 같은 종의 다른 개체는 물론, 다른 종의 개체까지 도우려고 하기 때문이다.(예컨대 돌고래는 인간을 도우려고 다가올 때가 있다.)[54] 하지만 이런 행동은 그저 다른 동물이 고통받고 있음을 인식한다는 뜻에 지나지 않을 수 있다.

다른 동물의 구조 요청을 인식한다는 것은 완전한 마음이론을 가지고 있다거나, 다른 사람이나 동물이 자신과 전혀 다른 **믿음**을 가지고 있을 수 있음을 이해하는 것과는 전혀 다르다. '틀린 믿음 시험'은 완전한 마음이론을 가졌는지 알아보는 척도로, 인간이라면 네 살만 돼도 통과할 수 있다.[55] 아동심리학자 요제프 페르너Josef Perner와 하인츠 비머Heinz Wimmer가 개발한 이 시험은 어린이에게 샐리와 앤이라는 두 개의 인형 사이에 전개되는 장면들을 보여준다. 시험을 통과하려면 어린이는 자신의 믿음(자기가 옳다고 알고 있는 것)과 샐리가 옳다고 (그릇되게) 믿는 것을 계속 비교해야 한다.

인간 어린이는 샐리가 몇 분간 자리에 없었기 때문에 그간 벌어진 일을 알지 못한다는 사실을 이해한다. 그 사이에 앤은 어떤 물체(조약돌)를 원래 숨겨진 장소에서 다른 곳으로 옮겨놓았다. "샐리는 어디서 조약돌을 찾을까?"라고 물으면 어린이는 조약돌이 새로운 곳으로 옮겨졌음을 알면서도 샐리가 조약돌이 있을 것이라고 **생각하는** 장소를 가리킨다. 이렇게 틀린 믿음 시험을 통과하는 것은 인간 어린이가 아주 어려서부터 다른 사람이 어떻게 생각하는지 상상할 수 있다는 강력한 증거다. 네 살짜리도 알아차리는 이런 작은 기만 행위야말로 연극, 영화, 소설로 펼쳐지는 모든 훌륭한 드라마의 핵심이다. 드라마 속 등장인물은 모든 사실을 알지는 못하기 때문에 똑같은 상황을 두고도 각기 다른 믿음을 가진다. 동화 《빨간 모자》에서 주인공이 침대에 누워 있는 늑대를 할머니라고 **믿기** 때문에 얼마나 극적 긴장감이 고조되는지 생각해보자. 반면 인간 아닌 동물이 서로 잘못된 믿음을 가질 수 있음을 이해한다고 믿을 만한 증거는 없다.

시선 추적 기법을 이용해 알아본 결과, 유인원은 틀린 믿음을 지닌 다른 개체가 어떻게 행동할지 예상한다고 주장하는 사람도 있다.[56] 나는 이것을 유인원이 마음이론을 가지고 있다는 증거라고 확신할 수 없다. 정말 그렇다면 위에서 살펴본 것과 같은 일련의 행동이 나타날 것이기 때문이다. 까마귀가 마음이론을 가지고 있다는 주장도 있다. 다른 동물이 쳐다보지 않을 때까지 기다렸다가 먹이를 물고 간다는 것이다. 그런 생각은 스트레스 등 다른 이유로도 똑같은 행동이 나타날 수 있다는 논리로 반박되었다.[57] 돌고래는 다른 개체가 알고 있는지 고려하는 것 같다는 점을 들어 마음이론이 있다고 주장하는 사람도 있다. 비판자들은 돌고래가 사람이 어느 방향을 쳐다보는지 보고 일종의 신호로 해석했을 뿐이라고 반박한다.[58] 동물 실험에서 얻은 증거를 해석할 때는 과도한 해석과 의인화를 피해야 한다.

IIIII

7만~10만 년 전 일어난 인지혁명은 우리 뇌에 체계화 메커니즘과 공감회로라는 두 가지 새로운 기작을 진화시켰다. 두 가지는 함께 작동해 인간의 놀라운 언어 능력을 만들었다. 언어 능력이야말로 **만일-그리고-그렇다면** 규칙(문법 등)과 마음이론 (상대방이 알아야 하거나 잘못 알고 있을지 모르는 것을 계속 추적하는 능력 등)의 산물이다. 언어에 대해서는 나중에 다시 살펴볼 것이다.

인간 발명에 관한 새로운 이론과 밀접한 관련이 있는 것은 체계화 메커니즘이다. 체계화는 음악, 옷 만들기, 미술과 목공, 건축과 환경 관리와 수학, 과학, 공학과 심지어 법, 철학, 윤리학 등 수많은 분야에서 새로운 도구와 기술의 발명을 이끌었다. 모두 **만일-그리고-그렇다면** 규칙과 논리로 이루어진 시스템이다.

현생 인류가 다른 모든 동물종에서 갈라져 나와 독자적인 길을 걷게 해준 두 가지 놀라운 뇌의 기작을 한걸음 물러서서 바라보면 인간 집단에 놀라운 **다양성**이 있음을 알게 된다. 대부

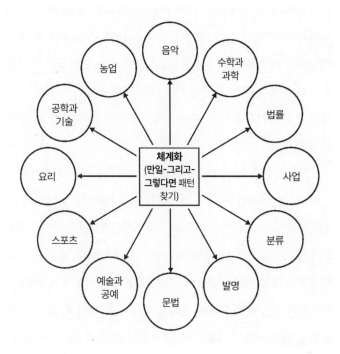

그림 2-8 체계화 메커니즘을 통해 호모 사피엔스에게 고유한 모든 행동이 나타난다.

분의 사람은 평균 수준의 체계화와 공감 능력을 가지고 있다. 하지만 조나와 알처럼 체계화 메커니즘은 최대로 맞춰진 반면 (고도로 체계화하는 사람), 공감회로는 극히 낮은 수준에 맞춰진 사람들도 있다.

고도로 체계화하는 사람은 일상 속에서 있을 때 친구를 사귀고 관계를 유지하는 등 가장 단순한 사회적 과제조차 매우 어려워하지만, 자연 속에 있거나 실험을 할 때는 남들이 못 보고 지나치는 패턴을 쉽게 감지한다. 그들 자신은 왜 남들이 자기를 무시하는지, 심지어 자기를 따돌리고 이용하는지 이해하지 못하고 혼란스러워하지만, 사실 이들이야말로 발명가가 될 잠재력을 가지고 있다.

반대 특성을 지닌 사람, 즉 고도로 공감을 추구하는 사람도 있다. 이들은 공감 능력이 엄청나게 높은 수준에 맞춰진 반면(다른 사람을 쉽게 이해하고, 다른 사람이 생각하거나 느낄지도 모르는 것에 매우 민감하다), 체계화 능력은 평균 이하다. 물론 고도로 체계화하는 동시에(패턴을 쉽게 발견해 사물이 어떻게 작동하는지 금방 알아내는 사람) 고도로 공감을 추구하는 사람도 있다. 이제 고도로 체계화하는 사람이 인지적 공감 능력에 있어 어려움을 겪을 가능성이 크다는, 즉 두 가지 능력 중 한쪽을 택하면 한쪽을 포기해야 하는 식의 상호 교환 규칙 같은 것이 있을지 모른다는 증거를 보게 될 것이다.

인간 집단의 **신경다양성**neurodiversity을 이해하려면 다양한 유형의 뇌를 구분해 생각할 필요가 있다. 공감과 체계화 수준에 따라 모든 사람의 뇌를 다섯 가지 유형 중 하나로 분류할 수 있다. 자신이 어디에 해당하는지 알아보자.

3

뇌의 다섯 가지 유형

영국 뇌 유형 연구UK Brain Types Study는 공감과 체계화를 기준으로 60만 명의 뇌를 측정하려는 야심에 찬 시도였다.[1] 이런 연구로서는 사상 최초였던 이 거대한 프로젝트에서 피험자는 체계화 지수Systemizing Quotient, SQ와 공감 지수Empathy Quotient, EQ라는 두 가지 설문지를 작성했다. (자신의 점수가 궁금한 독자들을 위해 두 가지 설문지를 부록 1에 수록했다.)

SQ는 지도 읽기, 음악, 뜨개질, 문법 규칙, 자전거 역학, 요리, 의학, 가계도, 열차 시간표, 공중보건 등 다양한 주제를 활용해 시스템에 얼마나 관심이 있는지 묻는다.[2] 이 모든 시스템이 **만일-그리고-그렇다면** 규칙에 따른다. SQ 점수가 높다면 법적 계약서에서 작은 글씨로 쓰인 항목이라든지 컴퓨터나 자동차 엔진의 사양 등 세세한 항목에 주의를 기울이는 유형이다. 동전, 우표, 나비 등 남들이 크게 관심 두지 않는 것들을 수집하거나, 좋아하는 노래나 영화를 1위부터 10위까지 정리해 체계적 목록을 만드는 타입일 수도 있다(머릿속에서라도). 체계화 능력을 종 모양 정규분포곡선으로 그렸을 때 가장 높은 수준에 해당하는 사람은 발명 욕구가 가장 강한 사람이기도 하다. 우리는 인류 진화의 기나긴 역사 속에서 이들이 언제나 그랬으리라 추정할 수 있다.

반면 EQ는 다른 사람이 어떻게 생각하거나 느끼는지를 얼마나 쉽게 상상할 수 있는지 측정한다. 앞 장에서 보았듯 인지적 공감이란 내 마음이 아닌 다른 마음, 특히 다른 사람이나 동물, 기타 어떤 존재(심지어 신)가 무엇을 믿고, 알고, 욕망하고, 지각하고, 느끼는지 상상하는 능력이다. 이런 능력 덕분에 인류는 유연한 기만, 교육, 지시적 의사소통과 공통의 믿음을 둘러싼 협력, 심지어 영성을 개발할 수 있었다. 두 가지 측정치 EQ와 SQ는 인간의 뇌가 진화해 온 역사 속에서 나타난 두 가지 혁명적 메커니즘을 알아보는 것이다.

영국 뇌 유형 연구에서 첫 번째로 눈에 띈 것은 공감과 체계화 모두 집단적으로 종 모양 정규분포곡선을 그린다는 점이다. 우리 각자는 정규분포곡선의 한 지점에 위치한다. 정규분포곡선은 어떤 성향이 이것 아니면 저것의 이분법이 아니라 연속선으로 존재함을 알려준다. 또한 정규분포곡선은 어떤 성향이 부

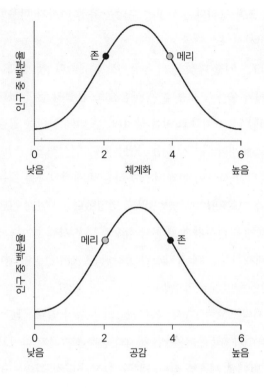

그림 3-1 체계화 및 공감 정규분포곡선. 엔지니어인 메리는 체계화 점수가 높고 공감 점수가 낮다. 그녀는 고도로 체계화하는 사람이다. 치료사인 존은 반대로 공감 점수가 높지만 체계화 점수가 낮다. 즉, 고도로 공감을 추구하는 사람이다.

분적으로 다유전자성polygenic이라는 단서일 수 있다.(부분적으로 수백, 수천 가지 유전자의 영향을 받는다는 뜻이다.) 사회적 학습도 공감과 체계화에 영향을 미친다는 것은 의심의 여지가 없지만,

정규분포를 보인다는 사실은 수많은 유전 인자가 작용할 가능성을 시사한다.[3]

우리는 뇌를 다섯 가지 유형으로 분류했다. 첫 번째는 공감과 체계화 수준이 모두 높은 사람들로, 균형이 잘 잡혔다는 뜻에서 **B형**balanced이라고 이름 붙였다. 두 번째 집단은 공감 점수가 높고 체계화 점수가 낮은 사람들이다. 천성적으로 남에게 잘 공감하지만 사물이 어떻게 작동하는지 체계화하는 데는 관심이 덜하므로 **E형**empathizing이라고 명명했다. 세 번째 집단은 반대로 체계화 점수가 높고 공감 점수가 낮은 사람들이다. 천성적으로 체계화하는 데 끌리지만 공감하는 데는 관심이 덜하므로 **S형**systemizing이라고 명명했다.

마지막으로 두 가지 극단적인 뇌 유형이 있다. **극단 E형**은 공감 점수가 매우 높은 반면 체계화 점수는 평균 이하이고, **극단 S형**은 반대로 체계화 점수가 매우 높지만 공감 점수는 평균 미만이다. 1장에서 살펴본 조나와 알은 모두 극단 S형이다.

다섯 가지 뇌 유형은 **신경다양성**의 좋은 예다. 학급, 직장 등어떤 집단에서도 사람의 뇌는 자연계에 존재하는 꽃이나 동물처럼 다양함을 확인할 수 있다.[4] 어떤 유형이 다른 유형보다 낫거나 못하다는 뜻이 아니다. 모든 뇌는 다르며, 각기 서로 다른 환경에서 타고난 재능을 발휘하도록 진화했다. 각자의 뇌 유형

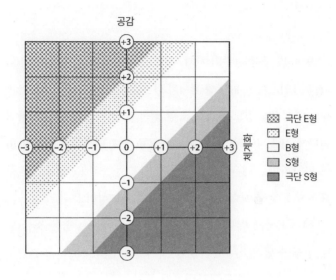

그림 3-2 다섯 가지 뇌 유형

은 공감회로와 체계화 메커니즘이 어떤 수준에 맞춰졌는지에 달려 있다. 이에 따라 공감과 체계화 정규분포곡선에서 어디에 위치하는지가 결정된다. 각 유형을 자세히 살피면서 공감과 체계화 수준의 **차이**에 의해 뇌 유형이 달라진다는 것이 실제로 어떤 의미인지 알아보자.

E형

이들은 공감 점수가 체계화 점수보다 높다. 전체 인구의 약 3분의 1이 E형인데, 남성(전체의 24퍼센트)보다 여성(전체의 40퍼센트)에서 2배 정도 흔하다. E형 뇌를 지닌 사람은 다른 사람과 편하게 어울리면서 쉽게 대화를 트고, 인간관계의 역동성을 바로 파악하며, 다른 사람의 기분에 쉽게 동조하고, 상담이나 구호단체 등 남을 보살피는 직업에 끌릴 가능성이 크다.

극단 E형에 비해 항상 공감에만 집중하는 성향은 조금 덜해, 남들을 챙기면서 자신을 챙길 시간도 낸다.

체계화에 관해서 생각해보면, E형 뇌를 지닌 사람은 콕 집어 알려주면 새로운 패턴을 볼 수는 있지만 좀처럼 자연스럽게 파악하지는 못한다. 필요하다면 기술을 이용하지만 그것에 열광하지는 않는다. 어떤 장치의 특정 기능을 보여주면 설명서대로 따라 할 수는 있지만, 조작법을 잊어버리거나 스스로 알아내야 할 때는 이전에 다뤄본 적이 있어도 애를 먹는다. 대개 기술을 기초적인 수준에서 사용할 뿐 완전히 익히지 않는다. 어떤 시스템이나 간단한 장치가 삶을 편하게 해준다면 기꺼이 익혀서 사용하지만, 복잡한 기술은 여전히 어렵다고 생각한다. 반면에 이들은 직감적으로 남에게 공감한다.

B형

B형인 사람은 공감 능력과 체계화 능력의 차이가 거의 없다. 그래서 균형 잡힌 유형이라고 하는 것이다. 역시 인구의 3분의 1 정도를 차지하며, 남성과 여성의 비율이 비슷하다(남성의 31퍼센트, 여성의 30퍼센트). 공감 능력과 체계화 능력을 사용할 때 어렵거나 쉽다고 느끼는 정도가 비슷하다. 의사소통과 기술 사용 시에도 비슷한 정도로 편안함과 어려움을 느낀다.

S형

S형인 사람은 E형과 반대로 공감 점수보다 체계화 점수가 훨씬 높다. 역시 인구의 3분의 1 정도를 차지하지만, 남성에서 여성보다 2배 더 흔하다(남성의 40퍼센트, 여성의 26퍼센트). 시스템 작동 과정과 패턴을 쉽게 파악한다. 설명서 없이도 자신감 넘치는 태도로 시행착오를 거쳐가면서 어떤 장치든 금방 작동법을 알아낸다. 언제라도 실험을 통해 사물의 작동 방식을 '한번 알아내볼' 준비가 되어 있다.

교실에서든 직장에서든, 동네 바비큐 파티에서든 캠핑 여행에서든 뭔가 고장 나면 바로 달려와 고치려고 하는 사람이

S형이다. 남에게 어떻게 기술을 사용하는지 가르쳐주는 것도 좋아한다. 주변에 이런 사람이 있으면 아주 편하다. 이들은 꼭 발명가가 아니라도 정밀과학이나 STEM 분야, 음악이나 건축이나 기타 분석적인 분야(법, 언어학, 회계학, 철학, 교정 업무), 공예나 스포츠, 자연 속에서 활동하거나(정원 가꾸기 포함), 요리하는 직업에 끌리는 경향이 있다. 모두 **만일-그리고-그렇다면** 패턴을 찾는 일이다. 또한 실험실, 기계로 움직이는 공장, 음악, 미술, 영화 스튜디오, 사업, 주방, 정원 등 한 번에 한 가지씩 바꿔가며 그 효과를 분석할 수 있는 환경에 끌린다. 심지어 **만일-그리고-그렇다면** 사고 방식을 이용해 정교한 플롯을 지닌 환상 소설이나 드라마를 쓰거나, 소송 사건에서 반박 논리를 세운다. 이들은 한 번에 한 가지 일만 하기를 좋아한다. 시스템을 좋아하기에 삶은 정돈되어 있으며 정해진 일정에 따라 움직인다. 몇 사람이 한꺼번에 말하는 대화에 끼어들어 흐름을 쫓아가는 것을 싫어한다. 공감 능력에 관해서라면 그럭저럭 쫓아가지만, 이들에게 공감이란 직관적이고 편하고 재미있는 것이라기보다는 의식적으로 노력해야 하는 것이다.

극단 E형

공감 능력이 매우 뛰어나지만 체계화 능력은 평균 미만이다. 극단 E형은 드물며, 남성보다 여성에서 더 흔하다(여성의 3퍼센트, 남성의 1퍼센트). 이들은 고도로 공감을 추구한다. 공감회로가 극히 높은 수준에 맞춰져 있어 아무 어려움 없이 직관적으로 남에게 공감한다. 누군가 어떻게 느끼고 생각하는지, 대화 중에는 어떤 말을 하고 어떤 말을 하지 말아야 할지 바로 알아차린다. 한꺼번에 여러 사람이 말을 주고받는 대화에서도 아무 문제 없이 이야기를 나눈다. 누군가 민망해하거나 화가 나면 가장 먼저 알고, 남에게 어떻게 해주면 가장 좋을지 미리 생각한다. 다른 사람의 상황이 변하는 데 관심을 가지고 늘 친구들과 소식을 주고받는다.

하지만 체계화 능력에 관해서라면 이들은 패턴을 거의 알아차리지 못한다. 체계화 메커니즘이 매우 낮은 수준에 맞춰져 있으며, 기술을 사용하는 일은 주변 사람에게 맡긴다. 새로운 장치를 주면 상자에서 꺼내 한두 가지 기본 기능 정도는 익힐지 모르지만, 그 잠재력을 알아보려는 실험은 거의 하지 않는다. 간단하고 쉬운 패턴은 알아차리지만(구구단이나 8월이 며칠까지 있는지 등), 조금만 패턴이 복잡하면 이해하는 데 어려움을 겪는다. 학교에서는 수학 같은 과목을 피하는 경향이 있다. 이들의 마음은 반복되는 패턴을 찾지 않으므로, 예상치 않은 일이 생겨도 '기어를 바꾸기'가 아주 쉽다. 노력하지 않아도 저절로 그렇게 된다. 이들이 타고난 사고방식은 그저 끊임없이 공감하는 것이다.

극단 S형

다른 쪽 극단에는 알이나 조나처럼 체계화 능력이 매우 뛰어나지만, 공감 능력은 평균 미만인 사람이 자리한다. 극단 E형과 마찬가지로 매우 드물지만, 극단 E형과 반대로 남성이 여성보다 2배 정도 많다(남성의 4퍼센트, 여성의 2퍼센트). 이들의 마음은 항상 패턴을 찾도록 타고났기 때문에 고도로 체계화를 추구한다. 바로 여기에 자폐인이 포함된다.

극단 S형은 복잡한 패턴을 바로 파악한다. 예를 들면 이런 것이다. **'만일** 윤년인 어떤 해의 특정한 달의 어떤 날들이 특정한 요일에 해당한다면, **그리고** 28년 뒤를 생각한다면, **그렇다면** 특정한 달의 어떤 날들은 28년 전과 같은 요일이 된다.' 이들은 종을 울려 음악을 연주하는 주종술campanology을 취미로 선택할 사람들이다. 수학적인 패턴과 관련이 있기 때문이다.

어떤 시스템의 규칙성을 금방 파악하기 때문에 극단 S형 중에는 과거나 미래의 날짜를 말하면 즉시 무슨 요일이었는지 알려주는 사람도 있다. 소위 '달력 계산인'이라고 하며, '서번트 현상'의 한 형태로 본다. 서번트 현상이란 한 분야에서 지닌 기술이 그의 다른 기술은 물론, 대부분의 사람이 지닌 그 분야의 기술보다 훨씬 높은 수준인 경우를 가리킨다.(전체 인구에서 100만 명에 1명꼴이지만, 자폐인 중에는 200명에 1명꼴로 나타난다고 추정하기도 한다.)[5] 따라서 서번트 현상은 자폐인에게 훨씬 흔하며, 자폐인은 S형 또는 극단 S형일 가능성이 크다. 거꾸로 극단 S형인 사람 역시 자폐인일 가능성이 크다. 극단 S형은 시스템의 일탈이나 불일치를 찾아내고, 오류를 점검하고, 문제를 해결해 시스템을 더 효율적으로 만드는 일을 잘한다.

사회적 기술에 관해서라면 공감 능력이 평균에 못 미치기 때문에 종종 대화 중에 퉁명스러우며, 생각한 것이나 떠오른 것을 앞뒤 재지 않고 꾸미지 않은 말로 불쑥 내뱉는다. 그래 놓고도 말한 내용이나 방식이 뭐가 잘못되었는지 모른 채 그게 사실 아니냐고 강변한다. 친구를 사귀거나 우정을 유지하는 데 큰 어려움을 겪으며, 좀처럼 남에게 공감하지 못하므로 이용당하기도 쉽다. 함정 속으로 들어가면서도 그것이 함정임을 보지 못한다. 오랜 기간 세상에 맞춰 어울리려고 노력했지만 사회적으로 배제당한다는 느낌에 시달린 나머지 우울해질 위험도 크다. 남과 어울리기보다 혼자 지내기를 좋아하는 사람도 많다.

자신의 뇌 유형이 어디에 해당하는지 알고 싶다면 부록 1에 수록된 EQ와 SQ 검사를 해보기 바란다. 자신의 뇌 유형이 어디 해당하는지 찾아볼 수 있는 표도 함께 수록했다. 온라인에서도 설문과 표를 이용할 수 있다.*

|||||

인구 전체를 볼 때 대부분이 B형이 아니란 사실은 흥미롭다. 공감 능력과 체계화 능력이 비슷하면 가장 좋은 것 아닐까? 그런데 왜 B형이 3분의 1밖에 안 될까?

부분적인 이유는 통계상 인구 전체에서 차지하는 비율에 따라 뇌 유형을 정의했기 때문이다. 우리는 애초에 35~65 백분위수에 해당하는 사람을 B형으로 정의했다. 하지만 어쩌면 전체 인구의 대다수(3분의 2)가 공감 또는 체계화에 특화되어 있다는 사실 자체가 두 가지 뇌 유형이 자연선택의 압력하에서 진화했다는, 즉 각 유형으로 특화된 뇌가 생존에 유리했으리라는 단서

---

* www.yourbraintype.com에서 확인할 수 있다.

일지 모른다. 어떤 환경에서는 공감형이 유리하고(남이 어떻게 생각하고 느끼는지 직감으로 아는 인간들의 세계), 다른 환경에서는 체계화형이 유리하다면(사물이 어떻게 작동하는지 파악하는 물체들의 세계) 이런 가설은 이치에 닿을 것이다.

그렇다면 고도로 체계화하는 극단 S형은 왜 아주 소수(약 3퍼센트)일까? 내 주장대로 고도로 체계화하는 것이 발명 능력의 전제 조건이라면, 자연선택은 이런 유형을 더 선호하지 않았을까? 이들이 훨씬 많아야 하는 것 아닐까?

역시 일상적으로 통계를 사용하는 방법에 따라 우리가 극단 S형을 2.5 백분위수 안에 드는 사람이라고 정의했기 때문에 상대적으로 드물어진 것은 사실이다. 하지만 동시에 이런 분포는 극단 S형에게 음성 선택압이 작용했다는 증거일 수 있다. 극단 S형 뇌는 **만일-그리고-그렇다면** 패턴을 잘 파악한다는 장점만큼이나 단점도 상당할 것이다. 사회적으로 어려움을 겪는다는 점이다. 공감회로와 체계화 메커니즘의 조절이 **제로섬게임**이라면, 즉 한쪽이 높게 맞춰질수록 다른 쪽은 낮게 맞춰진다면 이런 결과는 충분히 예상할 수 있다.[6] 나중에 두 가지 뇌 유형 사이에 이런 관계가 있다는 증거를 살펴볼 것이다.

고도로 체계화하는 사람을 더 자세히 들여다보자. 내 이론에 따르면 이들이야말로 발명하는 인류라는 거대한 이야기의 중심을 차지한다. 잠시도 쉬지 않고 체계화를 추구하기 때문이다. 지난 7만~10만 년 사이에 새로운 악기(플루트 등)를 만들어내고, 새로운 먹거리를 찾아내고(벼농사 등), 새로운 기술을 개발하고(별을 보고 길 찾기 등), 새로운 도구를 발명한(수로 등) 것이 바로 이들이다. 이렇게 가정하는 이유는 현대의 발명가 중 많은 사람이 고도로 체계화하는 특징을 나타내기 때문이다.

|||||

고도로 체계화하는 사람의 마음은 자폐인의 마음과 같은 유형일까? 이 질문에 답하려면 다시 영국 뇌 유형 연구로 돌아가야 한다. 자폐인 참여자가 3만 6000명이 넘으므로, 자폐에 관한 사상 최대의 심리학 연구라 할 것이다. 자폐인 중에는 S형이나 극단 S형을 지닌 사람이 이례적으로 많았다. 두 가지 뇌 유형을 합하면 자폐인 남성 중 62퍼센트를 차지해 비자폐인 남성의 44퍼센트보다 높았으며, 자폐인 여성 중에는 50퍼센트를 차지해 비자폐인 여성(27퍼센트)의 거의 2배였다. 이런 결과는 자폐인의 마음과 고도로 체계화하는 사람의 마음 사이에 공통점이 있으리라는 생각을 뒷받침한다.

한 가지 더 짚고 넘어가면 이 결과는 자폐인이 더 '남성화된'

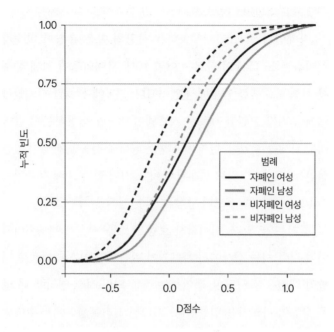

그림 3-3 D점수는 공감 점수에 비해 체계화 점수가 얼마나 높은지 나타낸다. 비자폐인 남성(회색 점선)은 비자폐인 여성(검은색 점선)보다 D점수가 높다. 자폐인 여성(검은색 실선)과 자폐인 남성(회색 실선)은 D점수가 매우 높다.

특징을 지닌다는 생각과도 잘 들어맞는다. 즉 자폐인은 전체 인구 중 비자폐인 남성에게 더 흔한 유형인, 공감 능력보다 체계화 능력이 더 높은 S형이나 극단 S형을 나타낸다. 공감 능력과 체계화 능력의 **차이**를 측정한 D점수를 보면 이런 경향이 뚜렷이 드러난다(그림 3-3).

자폐인과 고도로 체계화하는 사람의 마음 유형이 비슷할 것이라는 또 하나의 단서는 어린 10대 자폐인들이 기계적 추론 시험을 수행한 연구에서 얻어졌다. 연구에 참여한 자폐인들에게 우리가 고안한 새로운 시스템이 어떻게 작동하는지 알아내는 과제를 주었다. 원래 이 시험은 공학을 전공할 자질이 있는 성인을 가려내기 위해 설계된 것이다. 시험 결과 10대 자폐인들은 10대 비자폐인들보다 항상 더 좋은 성적을 거두었다.[7]

증거는 또 있다. 심리학자 로랑 모트롱Laurent Mottron은 비언어적 시각 지능 검사에서 자폐인이 비자폐인보다 40퍼센트 더 빨리 패턴을 감지하며, 작업하는 동안 뇌의 시각 영역에 더 많은 활동이 나타남을 입증했다. 2013년 실리콘밸리에서 수행된 연구에서는 자폐인이 대학에서 STEM 과목을 공부하는 비율이 다른 어떤 장애인 집단보다 높은 것으로 나타나 자폐인의 마음이 고도로 체계화를 추구한다는 점을 다시 한번 시사했다.[8] 사실 이런 소견은 1972년 심리학자 우타 프리스Uta Frith가 학습 장애를 겪는 자폐 어린이조차 뛰어난 패턴 형성 능력을 보인다는 점을 관찰할 때부터 잘 알려져 있다.[9]

두 번째 질문을 생각해보자. 체계화형이나 고도 체계화형인 사람은 자폐 특성을 더 많이 나타낼까? 케임브리지대학교 자폐

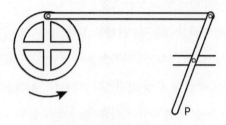

바퀴를 그림과 같은 방향으로 회전시키면 P는,
(a) 오른쪽으로 움직이다 멈춘다.
(b) 왼쪽으로 움직이다 멈춘다.
(c) 양쪽으로 번갈아 가며 움직인다.
(d) 답이 없다.
정답은 C다.

그림 3-4 기계적 추론 시험의 예

특성 연구Cambridge University Autistic Traits Study에서 우리는 1000명이 넘는 학생에게 자폐 스펙트럼 지수Autism Spectrum Quotient, AQ 검사를 시행했다.[10] (모든 사람이 AQ상 몇 가지 자폐 특성을 나타내지만 다른 사람보다 더 많은 특성을 나타내는 사람이 있으며, 자폐인은 AQ 점수가 매우 높다. 자신이 얼마나 많은 자폐 특성을 가지고 있는지 알고 싶다면 부록 2의 AQ 검사를 해보기 바란다.) 연구 결과 STEM 전공 학생들은 인문학 전공 학생들보다 더 많은 자폐 특성을 나타냈다. 또한 수학과 학생은 인문학부 학생에 비해 자폐 진단을

받을 가능성이 컸다.[11]

연장선상에서 우리는 전 세계에 걸쳐 50만 명이 넘는 사람을 검사하는 빅 AQ 연구Big AQ Study를 수행했다. 당시로서는 세계 최대 규모의 자폐 특성 연구였다. 당연한 말이지만 이 연구에서도 STEM 분야 종사자가 다른 분야에서 일하는 사람보다 AQ 점수가 높았다. 60만 명이 참여한 영국 뇌 유형 연구에서도 같은 소견이 확인되었다.[12] STEM 분야에 속한 사람은 다른 직업군보다 S형이나 극단 S형일 가능성이 높을뿐더러, 평균 AQ 점수도 더 높았다. 영국 뇌 유형 연구에서는 S형 또는 극단 S형 뇌를 지닌 사람이 AQ 점수가 더 높다는 사실도 입증되었다.

우리는 확신한다. 자폐인과 고도로 체계화하는 사람의 마음은 비슷하다.

‖‖‖

체계화와 공감이 제로섬게임이라는 생각으로 돌아가보자. 한쪽 능력을 더 많이 가지면, 다른 한쪽 능력은 줄어든다는 것이다. 정말 그렇다면 일종의 교환 현상이 나타날 것이다. 공감과 체계화는 한쪽이 뛰어날수록 다른 능력은 줄어드는 역상관관계를 보일 것이다. 영국 뇌 유형 연구 결과, 규모는 작지만 실제로 이런 교환 현상이 관찰되었다.[13] 이런 결과는 두 가지 차원이 대체로 독립적이지만, 동시에 공통적인 생물학적 인자가 있을 가능성을 시사한다. 그것은 무엇일까?

어쩌면 그 생물학적 인자는 남녀 간에 양적 차이를 나타내는 분자일지도 모른다. 극단 E형은 여자가 남자보다 3배나 많고, 극단 S형은 남자가 여자보다 2배나 많기 때문이다. 그런 생물학적 인자의 후보로 자궁 속에서 태아의 뇌가 얼마나 많은 테스토스테론에 노출되었는지를 꼽는다.[14] 출생 전 뇌가 형성되는 동안 남성인 태아는 여성인 태아에 비해 테스토스테론을 2배 이상 더 생성한다. 동물 연구에서 이 호르몬은 뇌를 변화시키는 (남성화하는) 것으로 나타났다.

인간을 대상으로 더 많이 남성화된 뇌에 관해 말하는 것은 그 자체가 논쟁적이다. 인간의 뇌가 성별 차이를 보인다는 사실을 부정하고 싶어 하는 사람도 많다.[15] 하지만 평균적으로 볼 때 뇌 구조에 몇 가지 중요한 남녀 간 차이가 있다는 것은 의심의 여지가 없다. 대규모 뇌 스캔 연구를 통해 입증된 사실이다. 확실한 데이터가 많지만 그중 하나로 영국 바이오뱅크UK Biobank를 들 수 있다(그림 3-5).

사후 뇌 연구 결과 남성과 여성은 평균적인 뉴런 수도 달랐다. 여성은 평균 193억 개, 남성은 228억 개의 뉴런을 가지고

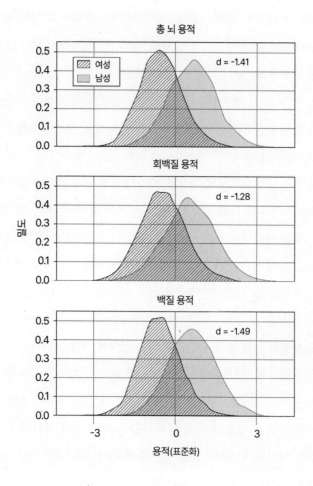

그림 3-5 5000명이 넘는 성인의 뇌에서 측정한 회백질, 백질, 총 뇌 용적의 평균 성별 차이(회색 빗금 영역 = 여성, 회색 영역 = 남성). 모든 성별 차이는 총 뇌 용적, 총 표면적, 평균 피질 두께, 신장(키)에 대해 보정한 후에도 유의했다.

있다(그림 3-6). 평균 성별 차이 중 몇 가지는 출생 시부터 나타난다. 따라서 나중에 문화가 어떤 역할을 하든 출생 전에 정해진 생물학적 인자 또한 작용한다고 볼 수밖에 없다.[16]

여성은 E형 뇌가 많고, 남성은 S형 뇌가 많은 이유는 자궁 속에서 남성이 더 높은 수준의 테스토스테론에 노출되기 때문일까? 우리는 영국 출생 전 테스토스테론 연구UK Prenatal Testosterone Study를 통해 출생 전 테스토스테론 수치가 뇌 유형을 결정하는지 알아보았다.[17] 영국에서 태어난 600명의 신생아를 자궁 속에서 10대까지 추적한 연구다. 우선 태어나기 전에 테스토스테론 수치를 측정해, 그 수치로 훗날 공감과 체계화 수준을 예측할 수 있는지 알아보았다. 이런 측정이 가능했던 이유는 연구에 참여한 모든 아기의 엄마들이 의학적 이유로 양수 검사를 받았기 때문이다. 기다란 바늘로 태아를 둘러싼 양수를 소량 채취해 기형 여부를 알아보는 검사다. 이때 출생 전 양수의 테스토스테론 수치도 함께 측정한 것이다.

오래전부터 출생 전 테스토스테론(그리고 테스토스테론이 전환되어 생기는 출생 전 에스트로겐) 수치는 남녀의 뇌가 평균적 차이를 보이는 원인 중 하나로 여겨졌다. 동물의 태아가 출생 전 자궁 속에서 노출되는 테스토스테론과 에스트로겐 수치를 인위적으로 조작하는 실험을 50년 이상 수행한 결과를 근거로 내

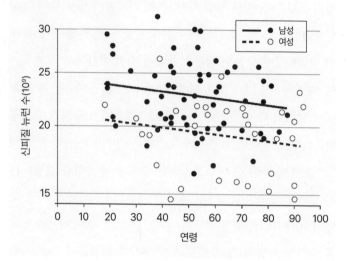

그림 3-6 여성과 남성의 뇌 피질 내 평균 뉴런 수

린 결론이다. 물론 인간에게는 그런 실험적 조작을 할 수 없다. 하지만 영국 출생 전 테스토스테론 연구를 통해 우리는 출생 전 양수 속 호르몬 수치와 어린이의 향후 행동 사이의 상관관계를 관찰할 기회를 얻었다.

우리가 세운 가설대로 성별과 관계없이 출생 전 테스토스 테론 수치만으로 아기가 나중에 E형 또는 S형 뇌가 될 가능성 을 예측할 수 있었다. 어린이가 네 살쯤 되었을 때 엄마가 작성 한 설문지를 분석한 결과, 출생 전 테스토스테론 수치가 높을 수록 SQ 점수는 높고 EQ 점수는 낮았다. 또한 출생 전 테스토스테론 수치가 높을수록 여덟 살 때 시행한 세부 주의attention-to-detail(체계화) 검사 점수는 높고, 눈으로 마음 읽기Reading the Mind in the Eyes(공감) 검사 점수는 낮았다.[18]

획기적인 결과였다. 자궁 속 테스토스테론 수치는 체계화와 공감 양쪽 모두 관련이 있었지만, 그 방향은 반대였다. 출생 전 테스토스테론은 왜 인간의 뇌가 E형 또는 S형이 되는지 부분적으로 설명할 수 있는 생물학적 인자다. 실제로 연구에 참여한 어린이들의 뇌를 MRI 스캔으로 검사한 결과 출생 전 테스토스테론 수치는 일부 뇌 영역(누군가 바라보고 있음을 알아차리는 능력과 관련된 상측두구 등)과 상관관계를 보인 반면, 다른 뇌 영역(언어와 관련된 영역인 측두평면planum temporale 등)과는 역상관관계가 있었다.[19] 어린이가 출생 전 자궁 속에서 얼마나 많은 테스토스테론에 노출되는지는 얼마나 빨리 말을 시작하는지와 관련된 인자 중 하나다. 평균적으로 여자아이가 남자아이보다 언어 발달이 빠르다는 사실은 잘 알려져 있다(그림 3-7).[20]

쥐 뇌의 주요 영역에 추가적으로 에스트로겐을 가했을 때 어떤 일이 생기는지 보면(그림 3-8), 발달 중인 뇌에서 테스토스테론이나 에스트로겐 등의 성호르몬이 어떤 작용을 하는지 감을 잡을 수 있을 것이다.

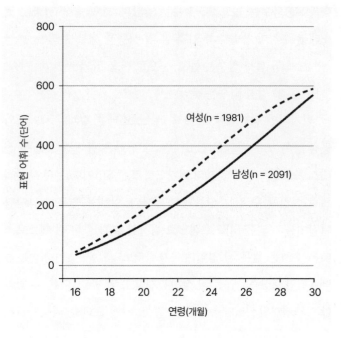

여성(n = 1981)

남성(n = 2091)

표현 어휘 수(단어)

연령(개월)

그림 3-7 16~30개월 사이 남자 아이와 여자 아이의 평균 어휘 수

조나처럼 고도로 체계화하는 사람 중 일부가 자폐인이라면, 자궁 속 태아가 얼마나 많은 테스토스테론에 노출되면 자라면서 얼마나 많은 자폐 특성이 나타날지 알 수 있을까? 우리 연구에서는 출생 전 태아가 더 많은 테스토스테론에 노출될수록 자라면서 더 많은 자폐 특성이 나타났다.[21] 어린이가 18개월 및

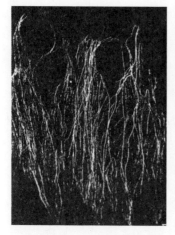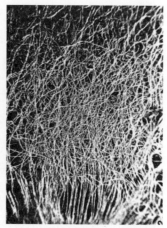

그림 3-8 쥐 뇌에 에스트로겐을 가했을 때 뉴런과 그 연결에 미치는 영향. 실험에 사용된 뇌 영역은 시각 교차 앞 구역 성적 이형핵sexually dimorphic nucleus of the preoptic area, SDN-POA이다. 왼쪽은 에스트로겐을 가하지 않았을 때, 오른쪽은 에스트로겐을 가했을 때.

4세 때 엄마들에게 자녀의 자폐 특성을 측정하는 설문지를 작성해달라고 요청해서 얻은 결과다. 결국 얼마나 많이 공감하는가, 얼마나 많이 체계화하는가, 얼마나 많은 자폐 특성을 가지는가는 모두 출생 전 자궁 속에서 얼마나 많은 테스토스테론에 노출되었는지에 영향을 받는다.

우리는 이런 결론을 궁극적으로 검증하는 데 착수했다. 조나나 다른 자폐 어린이처럼 남에게 공감하는 데 어려움을 겪지만 체계화 능력은 매우 뛰어난 사람, 즉 고도로 체계화하는 사람들이 실제로 출생 전에 높은 수준의 테스토스테론에 노출되었는지 알아보았다. 이 연구는 코펜하겐의 바이오뱅크를 이용했기 때문에 덴마크 출생 전 테스토스테론 연구Danish Prenatal Testosterone Study라고 부른다. 산과 의사인 벤트 뇌르고르페데르센Bent Norgaard-Pedersen은 우리를 초청해 1990년대 중반부터 급속 냉동고 안에 세심하게 보관해 온 2만 건의 양수 검체를 분석할 수 있게 해주었다. 우리는 나중에 자폐 진단을 받은 사람의 출생 전 검체를 비자폐인들의 출생 전 검체와 비교했다.

예상대로였다. 평균적으로 자폐 어린이는 비자폐 어린이보다 출생 전 테스토스테론 수치가 더 높았다. 흥미롭게도 이는 연쇄 반응에 의해 출생 전 에스트로겐 수치에도 영향을 미쳤다. 즉, 나중에 자폐 진단을 받은 사람은 평균적으로 출생 전 에스트로겐 수치 또한 더 높았다. 충분히 예상할 수 있는 일이다. 테스토스테론은 에스트로겐으로 변환되기 때문이다.[22] 이렇게 해서 우리는 생물학적 인자(출생 전 테스토스테론과 에스트로겐)가 사람의 공감 능력 또는 체계화 능력에 영향을 미친다는 증거를 확보하고, 고도로 체계화하는 사람과 자폐인을 호르몬 수준에서 연결할 수 있었다(그림 3-9).

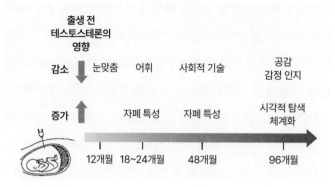

그림 3-9 출생 전 높은 수준의 테스토스테론에 노출되는 것은 더 높은 체계화 능력 및 더 낮은 공감 능력과 관련이 있다.

||||||

이 정도면 출생 전 호르몬이 뇌를 변화시킨다는 증거는 충분한 것 같다. 유전자는 어떨까? 유전자도 뇌를 변화시킬까?

유전자가 체계화나 공감 같은 특성과 관련이 있다고 하면 많은 사람이 몸서리를 칠 것이다. 올바른 학습 기회와 경험만 있으면 충분하다고 믿고 싶은 것이다. 아주 틀렸다고 할 수도 없다. 학습과 경험은 중요하다. 하지만 공감과 체계화가 진화했다는 말은 이런 심리학적 능력이 적어도 부분적으로는 유전적 기반을 지닌다는 뜻이다. 유전자가 공감과 체계화에 **조금**

이라도 기여하는지 알아보기 위해 우리는 야심차게 공감과 체계화 유전학 연구Genetics of Empathizing and Systemizing Study에 착수했다. 개인 게놈 검사 전문 기업인 23andMe와 협력해 자신의 유전자 데이터를 익명으로 연구자들과 공유하는 데 동의한 고객들에게 두 가지 공감 검사를 요청했다. 그리고 각 검사 점수의 개인별 차이와 유전자의 관계를 알아보았다. DNA를 제공한 사람 중 8만 8000명이 눈으로 마음 읽기 검사를 받았다(앞으로는 짧게 '눈 검사'라고 할 것이다).[23] 그들 중 4만 6000명은 또 다른 공감 검사인 EQ 검사를 받았으며, 5만 명은 SQ 검사를 받았다.

눈 검사는 우선 각기 다른 감정을 표현하는 다양한 배우들의 얼굴에서 눈 부위를 찍은 사진들을 보여준다. 그리고 사진 속의 사람이 생각하거나 느낀 것을 가장 잘 나타내는 네 개의 단어를 골라 달라고 요청한다. 남의 마음을 얼마나 잘 상상하는지 측정하는 것이다. 우리는 그 결과를 게놈 전체에 걸쳐 분석했다. 결과는 놀라웠다. 검사 점수에 유전성이 있었던 것이다. 쌍둥이에서 일치 비율이 28퍼센트에 달했다.[24] 그것만으로도 공감, 즉 마음이론이 부분적으로 유전의 영향을 받는다는 것을 입증하기에 충분했다. 나아가 우리는 3번 염색체에 존재하는 한 유전자의 염기서열이 여성에서 눈 검사 수행 능력과 관련이

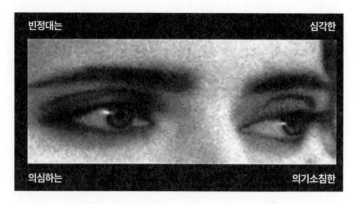

그림 3-10 눈 검사 중 한 항목. 네 단어 중 사진 속 인물의 생각 또는 느낌을 가장 잘 표현한 것은 무엇일까? 정답은 '의기소침한'이다. 사진 속 인물은 조금 슬퍼 보인다.

있음을 발견했다. 공감 능력이 얼마나 뛰어난지는 물론 부분적으로 사회적 경험의 결과이지만, 유전자 역시 어떤 역할을 한다는 뜻이다.

결론을 확실히 하기 위해 EQ 검사를 받은 4만 6000명의 DNA를 분석했다. 이번에도 게놈 전체를 검사했다. 그리고 역시 이번에도 흔한 유전자 변이가 EQ 점수와 관련이 있으며, EQ 점수 차이는 흔한 유전자 변이에 따라 부분적으로 설명할 수 있음을 발견했다.[25] 유전자가 공감 검사 점수와 관련이 있다는 말은 공감이 진화된 형질이며 선택압의 대상이었을 수 있다는 뜻이다. (선택압은 일부 개체가 살아남아 자신의 유전자를 후세에 전달할 가능성을 높이므로 진화의 원동력이 된다.)

우리는 체계화 역시 부분적으로 유전적 요소가 있는지 알아보았다. 이번에는 유전자형 분석과 체계화 지수 검사를 받은 5만 명을 대상으로 했다. 놀랍게도 SQ의 차이 역시 부분적으로 흔한 유전자 변이로 설명할 수 있었으며, 세 개의 유전자에 나타나는 흔한 변이는 다른 인자와 독립적으로 체계화와 관련이 있었다.[26] 체계화에 관심을 가지는 정도는 물론 환경 인자의 영향을 받지만(훌륭한 과학 교사를 만났다거나, 부모가 자연을 관찰할 기회를 자주 마련해주거나 기계 장치로 작동하는 장난감을 사주는 등), 동시에 체계화 능력은 부분적으로 DNA에 각인되어 있어 인간 진화 과정에서 자연선택되었을 수도 있음을 입증한 것이다.

어떤 형질이 부분적으로 유전되는지 알아보는 또 다른 방법은 쌍둥이 연구다. 특정 형질이 이란성 쌍둥이보다 일란성 쌍둥이에게 더 비슷하게 나타난다면 그 형질에 유전자가 관여한다는 단서가 된다. 쌍둥이를 대상으로 연구된 체계화의 척도 중 하나는 노벨경제학상을 수상한 심리학자 허버트 사이먼[Herbert Simon]이 '만족화'라고 부른 것이다.[27] 대부분의 사람은 '최소 만족형'이다. 처음 선택한 것이 문제를 해결해주면 별 불만 없이 계속 그것을 사용하면서 이렇게 생각한다. '충분히 좋은데, 뭐.'

끊임없이 일을 더 빨리 마칠 방법을 찾는 완벽주의자가 아니란 뜻이다. 대충 만족한다. 반면 체계화 성향이 강한 사람(최대 만족형)은 문제가 생길 때마다 **최적의** 해결책을 찾는다. 그 과정이 끝없이 지속되더라도.

뭔가를 꿰매야 한다고 생각해보자. 대부분 집에 있는 반진고리를 뒤져 쓸 만한 바늘을 찾을 것이다. 최소 만족형이다. 하지만 어떤 사람은 꿰매려는 소재에 완벽하게 맞는 바늘을 찾는다. 길이와 굵기는 어느 정도이며, 바늘귀는 얼마나 커야 하는지 안다. 그리고 몇 시간이 걸리더라도 반진고리를 샅샅이 뒤져 기어코 그 일에 딱 맞는 바늘을 찾아낸다. 바로 그가 최대 만족형이다. 최대 만족형 인간은 시스템을 최적화하려는 완벽주의자다.(이 예에서 시스템이란 바느질이다.) 따라서 고도로 체계화를 추구한다. 한 쌍둥이 연구에서는 참여자들을 최소 만족형에서 최대 만족형까지 점수를 매겼다. 일란성 쌍둥이는 이란성 쌍둥이보다 서로 훨씬 비슷했다. 따라서 어떤 사람이 체계화 정규분포곡선에서 어디에 해당하는지는 부분적으로 유전에 의해 결정된다고 볼 수 있다.

이런 비유는 체계화와 공감에 관련된 흔한 유전자 변이들이 서로 독립적이라는 공감과 체계화 유전학 연구 결과와 잘 들어맞는다. 이 연구를 통해 우리는 공감회로와 체계화 메커니즘이 서로 별개로 유전적 영향을 받는다는 점을 입증했다.

고도로 체계화하는 성향과 자폐 사이의 관계는 어떻게 이해해야 할까? 앞서 그 연관성이 자궁 내 호르몬과 관련이 있다고 했는데, 부분적으로 유전과도 관련이 있을까? 우리는 자폐가 부분적으로 유전과 관련이 있음을 이미 알고 있다. 다음 세 가지 이유에서다. 첫째, 전체 인구 중 자폐 진단을 받는 사람은 1~2퍼센트에 불과하지만 형제가 자폐 진단을 받은 가족에서 새로 태어난 아이는 자폐일 가능성이 10~20퍼센트에 이른다.[28] 둘째, 쌍둥이 중 한쪽이 자폐라면, 다른 쪽도 자폐일 가능성은 이란성보다 일란성에서 훨씬 크다. 마지막으로 자폐와 관련된 드문 유전자 변이 또는 돌연변이는 100가지가 넘는다.[29]

자폐와 수학 연구Autism and Math Study의 일환으로 우리는 케임브리지대학교 수학과 학생들(체계화 성향이 강하다고 가정할 수 있을 것이다)에게 물었다. "형제자매 중 자폐인이 있나요?" 수학과 학생의 형제자매 중 자폐인의 비율은 인문학과 학생의 형제자매 중 자폐인 비율보다 높았다.[30] 평균적으로 형제자매는 유전자의 50퍼센트를 공유하므로, 이런 결과는 자폐와 체계화가 일정한 유전적 기반을 공유함을 시사한다.

드문 유전자 돌연변이는 자폐인의 5퍼센트 미만에서 발견되므로, 95퍼센트의 자폐인에게서 자폐의 유전적 기반은 모든 사람이 지닌 흔한 변이일 것이다. 이런 변이들의 특정한 조합이 자폐란 현상을 일으키는 것이다. 우리는 기존에 자폐와 관련이 있다고 알려진 흔한 유전자 변이가 체계화와 관련된 유전자 변이와 겹치는지 알아보았다. 체계화 지수 검사를 받은 5만 명을 살펴본 결과, 높은 SQ 점수와 관련된 흔한 유전자 변이의 26퍼센트가 흔한 자폐 관련 유전자 변이와 상관관계를 보였다. 고도로 체계화하는 성향과 자폐가 공통의 유전적 기원을 지닌다는 점을 입증하기에 충분한 수치다. 다르게 표현하면 이렇다. **고도로 체계화하는 성향의 원인 유전자 중 일부와 자폐의 원인 유전자 중 일부는 동일한 유전자다.**

IIIII

SQ 점수가 매우 높고 EQ 점수가 매우 낮은 극단 S형 뇌를 지닌 사람, 즉 고도로 체계화하는 사람이란 대부분의 사람과 다르게 생각한다는 뜻이다. 그들의 마음은 대부분의 자폐인과 마찬가지로 **전혀 다른 운영 체제**를 가지고 있다. 사람에 덜 집중하고 사물, 패턴에 훨씬 더 집중하는 이 운영 체제가 어떤 환경에서는 제대로 기능하는 데 애를 먹지만, 다른 환경에서는 '슈퍼 파워'(자폐인 기후 운동가 그레타 툰베리Greta Thunberg가 쓴 표현이다)를 발휘할 수 있다. 그 슈퍼 파워란 조나가 어린 시절에 그랬듯 **만일-그리고-그렇다면** 패턴을 쉽게 알아차리는 재능을 말한다.[31]

4
발명가의 마음

수십 년간 나는 조나가 놀라운 능력을 지닌 멋진 어른으로 커가는 모습을 지켜보았다.

현대의 린네라도 되는 듯 조나 역시 식물계를 체계화하는 일에 깊이 빠져들었다. 어디를 가든 눈으로는 끊임없이 주변의 식물을 관찰했다. 각 식물을 마음속 스프레드시트라고 표현한 수많은 행과 열로 체계화된 목록과 비교해가며 확인한다고 했다. 각 행(**만일**)은 식물의 특징(잎의 모양, 꽃잎의 색깔), 각 열(**그리고**)은 환경적 변수(좋아하는 토양, 꽃이 피는 계절, 지리적 위치), 행과 열이 만나는 칸(**그렇다면**)은 식물의 이름이다. **만일-그리고-그렇다면**의 추론이다. 조나는 마음의 눈으로 식물 이름만 읽어내면 각 식물의 특별하고 독특한 점이 무엇인지 저절로 알 수 있다.

앞서 말했듯 조나는 여섯 살 때부터 운동장에서 나뭇잎의 유형을 분류했다. 현재 식물에 관한 그의 지식은 가히 백과사전에 버금간다. 마음속 스프레드시트를 이용해 다양한 식물이 서로 어떤 관계인지 안다. 모든 패턴이 **만일-그리고-그렇다면** 알고리듬에 따른다. 이런 식으로 그는 많은 자폐인과 똑같은 일을 한다. 체계적으로 정보를 기록하는 것이다. 현재는 전 세계에 존재하는 모든 종의 나무에 관한 정보를 모으는 데 완전히 빠져 있다. 총 6만 종이 넘는다.[1]

그의 기억력은 기억과다증hypermnesia(기억상실증의 반대말)의 특징을 나타낸다. 한계가 어딘지 알 수 없다.[2] 기억과다증을 겪는 사람에 관한 기록은 많지 않다. 그들은 성인이 된 후에도 최소한 열네 살 이후 모든 날을 생생히 기억한다. 조나의 기억력은 사물에 관한 사실적 정보, 특히 식물에 관해서만 그런 식으로 작동한다.[3] 또한 엄청나게 빠른 속도로 기억을 불러온다. 가족들은 그가 자연을 '읽는다'고 표현한다. 때때로 다른 사람에게 아무 식물이나 가리켜 그가 얼마나 많은 사실을 아는지 보여주기도 한다. 하지만 조나는 자랑하는 것 따위에는 아무 관심이 없다. 정확하고 철저하게 식물을 체계화하려는 강렬한 동기를 느끼고 **사실, 패턴, 진실**에 관심이 있을 뿐이다. 그 역시 많은 자폐인처럼 세 가지 단어가 정확히 같은 것을 가리킨다고 생각한다.

성인이 된 조나의 또 다른 열정적인 취미는 자동차 엔진이다. 차가 지나가면 소리만 듣고도 엔진에 문제가 생겼으며, 어떤 부품을 갈아야 하는지 안다. 엔진 속 부품이 내는 소리가 **만일**, 그것들이 약간 어긋난 것이 **그리고**, 자동차의 효율이 **그렇다면**인 셈이다. 끊임없이 **만일-그리고-그렇다면** 패턴을 찾는 것이다. 자동차 엔진 소리 역시 식물과 마찬가지로 마음속 스프레드시트에 기록해둔 패턴을 찾는다고 했다. 누군가 찾아와 차를 튜닝해달라고 부탁하는 것보다 더 기쁜 일은 없다. 이런 부탁을 받으면 조나는 며칠씩 세상과 완전히 단절된 채 사람들의 일에는 아랑곳하지 않고 자동차 엔진 구석구석을 확인, 또 확인, 3차로 확인하며 엔진이 최적 상태로 작동할 때까지 100퍼센트 집중한다. 때때로 차 주인에게 앞으로 어떤 문제가 생길 거라고 퉁명스레 말하기도 한다. 그 말을 들은 사람은 당연히 불안해지지만, 조나의 마음속에서 다른 사람의 감정은 그리 중요하지 않다. 그저 진실을 말해야 한다고 느낄 뿐이다. 가족들은 경험을 통해 그가 이런 식으로 예측할 때면 주의를 기울여야 한다는 것을 배웠다. 그의 말은 틀린 적이 없기 때문이다.

그런 재능이 있음에도 조나는 기술을 쓸 데가 없다. 부모의 도움을 받아 400장이 넘는 이력서를 냈지만 직업을 구하지 못했다. 부모는 계속 긍정적인 태도를 가지라고 격려하지만, 조나도 상황이 어떻게 돌아가는지 알기 때문에 종종 우울하고 무력한 기분이 든다. 서른두 살이나 되었는데 직업도 없이 부모와 함께 살고 있으니 세상에서 버려진 느낌이 드는 것이다. 우울감이 너무 심해 두 번이나 목숨을 끊으려고 했다. 그에게 물었다.

죽고 싶었니?

그는 고개를 끄덕였다. 이유를 묻자 이렇게 대답했다.

아무도 절 원하지 않아요. 전 이 세계에 속해 있지 않아요.

나는 그의 외로움을 이해한다. 사실 젊은 자폐 성인의 80퍼센트 이상이 부모와 함께 산다.[4]

어떻게 하면 달라질까, 어떻게 하면 삶이 살 만한 가치가 있다고 느껴질까?

그는 여전히 아래를 내려다보며 대답했다.

직업이요. 가치 있다고 느끼려면, 존엄한 존재로 살려면, 직업이 있어야 해요. 왜 아무도 제게 기회를 주지 않을까요? 그러면 뭔가 가치 있는 일을 할 수 있다는 걸 증명하고, 사회에 소속감을 느끼고, 돈을 벌어 부모님에게서 독립할 수도 있을 텐데요.

나는 고개를 끄덕였다. 그를 비롯해, 자기 자신은 물론 고용주와 사회를 위해 뭔가 의미 있는 일을 할 수 있음에도 직업을 가지지 못한 채 무력하게 살아가는 수많은 자폐인을 생각하니 너무나 슬펐다.[5] 그는 덧붙였다.

모든 인간이 그럴 권리가 있다고 믿어요. 스스로 어떻게 살 것인지 결정할 수 있도록 기본적인 재정적 수단을 가질 권리가 있다고요. 직업이 없다는 게 저를 서서히 죽이고 있어요. 그리고 저 같은 사람은 너무나 많아요.

전적으로 옳다. 조나처럼 케임브리지에 있는 우리 진료실을 찾았던 400명의 자폐 성인을 조사한 결과, 절망스럽게도 3분의 2가 자살을 생각해본 적이 있고 3분의 1이 실제로 자살을 시도했다.[6] 자폐인이 고통받고 있으며 당장 손을 써야 할 정도로 취약한 존재임을 사회에 알리는 데 이보다 확실한 지표가 있을까? 조나의 삶은 생생하게 보여준다. 이들 고도 체계화형 자폐인 사이에서 얼마나 엄청난 재능이 낭비되고 있는지, 직업을 구할 수 없다는 것이 그렇지 않아도 사회에서 배제당한 그들의 고통을 얼마나 증폭시키는지.

▊▊▊

직업이 없는 것은 조나가 겪는 어려움 중 하나일 뿐이다. 종종 그는 사회에서 완전히 길을 잃은 기분이 든다. 가까운 친구들을 간절히 원하고 진지한 교제도 하고 싶지만 살면서 한 번도 그런 관계를 맺어본 적이 없다. 대화를 나누다 보면 혼란스럽다. 무엇에 대해 말해야 할지, 언제 자기가 말할 차례인지, 대화 상대가 무엇을 기대하는지 알 수 없기 때문이다. 이런 어려움을 겪는 것은 인지적 공감이 부족하기 때문이다.[7] 그는 종종 대화의 스트레스를 피하기 위해 아예 다른 사람과 어울리지 않으려고 한다. 대화를 나눌 일이 있으면 또 일을 망치지나 않을지 걱정부터 한다. 식물이나 자동차 엔진의 세계를 체계화하는 데는 놀라운 능력을 가지고 있음에도, 대화를 이어 나가는 방법은 모르는 것이다.

대답하는 속도가 느려 여럿이 있을 때 사람들이 자신을 아예 무시하거나, 말이 끝나지 않았는데도 다른 말을 하거나, 자기가 하려던 말을 대신 말해주곤 한다. 그는 전화를 싫어한다. 뭐라고 말해야 할지 모르고, 침묵이 이어지면 고통스럽다. 목소리가 단조롭고, 너무 큰 소리로 말한다고 하는 사람도 있지만 그는 어떻게 다른 목소리로 말할 수 있는지 모른다. 다른 사람이 자기 말을 어떻게 듣는지, 어떻게 자신을 이해시켜야 할지 상상조차 할 수 없느냐고 물었더니 바로 그렇다고 했다. 그렇게 하려면 다른 사람이 어떻게 생각하고 느끼는지 상상해야 하는데, 그것이야말로 그에게는 완전한 수수께끼요, 자기 능력을 벗어나는 일이다.

사회적 집단 속에 있을 때 조나는 종종 모든 사람이 농담을 이해하고 동시에 웃음을 터뜨리는 순간을 경험한다. 아무리 생각해봐도 자신이 뭘 이해하지 못했는지 의아할 따름이다. 유머를 이해하는 데 어려움을 겪는 것은 심지어 걸음마를 시작한 자폐 어린이에서도 뚜렷하게 드러난다. 비자폐 어린이들은 서너 살만 돼도 예사롭게 농담을 하고, 진지한 대화와 장난스러운 의사소통 사이를 오가는 데 아무런 어려움이 없다.[8] 유머를 이해하려면 행간의 의미를 읽어야 한다고 하지만, 조나는 정보만 다룰 수 있을 뿐 내포된 의미는 짐작조차 할 수 없다. 사람들이 눈빛을 교환하고, 어깨를 으쓱거리고, 눈살을 찌푸리는 모습을 봐도 그런 신체 언어를 어떻게 해석해야 할지 전혀 모른다. 자기만 이해할 수 없는 비밀 언어로 말하는 것 같다. 그럴 때면 낯선 행성에 떨어진 기분이 든다. 절대 참여할 수 없는 게임을 즐기는 복잡한 생물종을 바라보는 방관자 같달까. 심지어 남들이 일부러 자기를 따돌리는 것처럼 느끼기도 한다.[9]

인지적 공감의 어려움은 자폐인이 겪는 전형적인 문제다.[10] 그럼에도 조나를 아는 사람들은 그가 항상 남을 배려한다고 입을 모은다. 누가 아프다는 소리를 들으면 조나는 그를 위해 무엇을 할 수 있을지 열심히 생각한다. 누군가 부당한 대접을 받았거나 고통받는다는 말을 들으면 몹시 마음 아파하면서 자신이 할 수 있는 일을 하려고 나선다. 많은 자폐인이 그렇듯 정서적 공감 능력은 온전한 것이다.[11] 이런 의미에서 자폐인은 인지적 공감 능력이 매우 높은 반면(그래서 남을 이용할 수 있다) 정서적 공감 능력은 무딘 사이코패스와 정반대라 할 수 있다. 자폐인과 달리 사이코패스는 남이 어떻게 느끼는지에 아무런 관심이 없다.

조나는 어린 시절을 쓸쓸하게 기억한다. 신체적, 언어적으로 끊임없이 괴롭힘을 당해 자신감에 큰 상처를 입었다. 성인기에 접어들어 우울증을 겪는 것이 그 때문이라고 믿는다. 아이들이 그냥 내버려두기만 했어도 그때는 물론, 지금도 행복했으리라 생각한다. 어린 시절부터 무자비한 놀림과 괴롭힘을 당한 끝에 그때도 삶에 실패했다고 느꼈으며, 지금도 그렇게 느낀다.

|||||

조나는 오래도록 고통받은 고도 체계화형 자폐인이다. 모든 자폐인이 그렇게 고통받는 것은 아니다. 우리 진료실을 찾은 대니얼 태밋Daniel Tammet 역시 고도로 체계화하는 사람이지만, 놀라운 성공을 거두었다.[12] 나는 그를 아스퍼거 증후군으로 진단했다. 당시에는 자폐 스펙트럼에 속하면서 언어와 지능이 평균 이상인 사람에게 그런 진단명을 사용했다.[13] 조나와 마찬가지로 대니얼도 놀라운 능력을 가지고 있다. 그는 파이π를 소수점 22514자리까지 외운다. 기억력 경연대회에 나가 심사관들이 보는 앞에서 다섯 시간 동안 그 숫자를 소리 내어 암송한 후 유럽 챔피언의 영예를 안았다. 나는 그에게 물었다.

왜 그런 도전에 나섰나요?

그는 미소 지으며 부드러운 목소리로 답했다.

파이처럼 연속된 숫자를 외우면 불안이 가라앉고 마음이 편안해집니다. 파이는 언제나 똑같기 때문이죠. 100퍼센트 예측 가능합니다. 원의 지름에 대한 원둘레의 정확한 비율이니까요. 아름답지 않나요? 자폐 어린이들이 색깔 블록이나 장난감 자동차를 논리적인 순서에 따라 길게 늘어 세우듯 저는 항상 똑같은, 신뢰할 수 있는 패턴에 들어맞는 숫자에서 평화와 기쁨을 느낍니다.

나는 그의 마음이 지닌 놀라운 능력에 감탄하며 고개를 끄덕였다.

숫자들은 당신에게 어떤 의미인가요?

그는 고개를 들며 말했다.

어렸을 때 저는 남들에게서 스트레스를 받았습니다. 사람들의 행동에는 아무런 패턴이 없었거든요. 절대 같은 일을 두 번씩 하지는 않죠. 그래서 반 아이들과 친구가 되는 대신 숫자와 친구가 되었습니다. 마음속으로 긴 숫자를 부분부분 나누어 패턴을 찾곤 합니다. 이런 기본 단위에서 숫자들을 다시 조합해 세 자리 숫자끼리의 곱셈을 때로는 휴대용 계산기보다 더 빨리 해낼 수 있습니다.

열 개 국어를 익힌 대니얼은 똑같은 방식으로 인간의 언어를 분석해 순식간에 문법 패턴을 파악하고 수만 개의 단어를 외운다. 조나가 식물 이름을 외우는 것과 비슷하다. 텔레비전 방송국에서 미리 알리지 않고 대니얼을 아이슬란드로 데려가 언어 학습 능력을 시험한 적이 있다. 그는 아이슬란드어를 전혀 못했지만, 일주일 뒤에는 아이슬란드어로 그곳 텔레비전 방송국과 인터뷰를 했다. 이렇듯 놀라운 기억력과 계산 능력과 언어 능력을 지닌 대니얼은 어린 시절에 자폐의 전형적인 증상을 모두 나타냈다. 조나처럼 학교에서는 외톨이였으며, 열두 살까지 남들과 눈을 맞추지 않았다. 그런 일이 중요하다고 깨닫지 못했기 때문이다.

대니얼과 이야기를 나누며 나는 자폐 어린이가 장난감 자동차를 눈앞에 처들고 바퀴를 돌릴 때 사실은 변치 않는 패턴을 파악하는 데 빠져 있을 가능성이 크다는 것을 깨달았다. 이런 행동은 지능이 평균 이상인 자폐 어린이는 물론, 학습 장애가 있거나 IQ가 평균 미만인 자폐 어린이에서도 흔히 볼 수 있다. 바퀴가 끊임없이 돌면서 일정한 패턴이 반복되는 것은 파이가 변하지 않는 숫자인 것과 같다. 일부 자폐인은 자동차 바퀴나 선풍기 날개, 세탁기가 돌아가는 모습 등 구체적인 반복 패턴에 마음이 끌리는가 하면, 파이처럼 추상적인 반복 패턴에 끌리는 자폐인도 있다. 구체적인 것에 흥미를 가지는지 추상적인 것에 흥미를 가지는지는 IQ의 영향을 받을 수도 있지만, IQ와 관계없이 자폐인은 모두 과학자나 수학자처럼 **만일-그리고-그렇다면** 패턴을 찾아 **항상 일정한 것**을 발견하는 일에 마음의 초점이 맞춰져 있다. 아무런 이유 없이 파이를 수학적 상수라고 부르는 게 아니다. 그 말은 **모든** 원에 **항상** 적용된다는 뜻이다. 나는 대니얼이 파이에 마음을 빼앗긴 이유가 2000년도 더 전인 기원전 250년에 시칠리의 수학자 아르키메데스가 거기에 매혹된 이유와 꼭 같다는 것을 깨달았다.

‖‖‖

고도로 체계화하는 성향의 장점은 **만일-그리고-그렇다면** 패턴을 파악하고 시스템을 분석 및 개선하고, 새로운 시스템을 발명하는 데 도움이 된다는 것이다. 단점도 있다. 패턴 찾기에 집착한 나머지 시야가 너무 좁아져 문제를 겪는다. 자신의 행동이 자신과 남에게 위험할 수도 있음을 깨닫지 못한다.

전기공학과 학생이었던 영국의 로리 러브Lauri Love를 보자. 그는 미군 컴퓨터 네트워크를 해킹해 데이터를 훔친 혐의로 5년간 범죄자 인도 요구를 받고 있었다. 나는 혹시 의뢰인이 자폐인이 아닌지 봐달라는 변호사의 요청으로 그를 만났다. 분명 자폐인이었다. 상황을 더 자세히 알아보고서 그를 범죄자라고 할 수 없음을 깨달았다. 적어도 다른 사람을 희생해 이익을 보려고 했다는 의미에서는 아니었다. 말하자면 그의 동기는 '윤리적 해킹'이었다. 강박적인 방식을 동원하기는 했지만 자신의 행동이 대중의 이익에 부합한다고 믿었던 것이다.

우리 해커들은 웹과 디지털 보안을 향상하려고 노력합니다. 열다섯 살짜리한테 해킹당한 톡톡TalkTalk을 보세요. 그 일을 계기로 회사 보안에 문제가 있다는 걸 알 수 있었죠. 해커들은 좋은 목적으로 기술을 사용하지만, 기술은 나쁜 목적에 사용할 수도 있습니다. 예를 들어 영국 정부통신본부GCHQ와 미국 국가안전보장국NSA은 모든 걸 감시할 수 있는 힘을 가지고 있어요. 심지어 당신의 SIM 카드를 해킹해서 비밀번호를 훔칠 수도 있습니다.

로리는 자기 랩톱을 보여주었다. 웹브라우저를 띄우자 수백 개의 웹사이트 탭이 열렸다. 나는 깜짝 놀랐다. 그는 그 웹사이트들의 이름은 물론, 각 사이트에서 읽은 정보를 모두 기억했다. 엄청나게 많은 식물 이름을 외우는 조나, 엄청나게 많은 숫자를 외우는 대니얼처럼 로리는 엄청나게 많은 웹사이트 정보를 외웠다. 그는 컴퓨터에 대한 관심을 '강박 행동'이라고 표현했다. 오직 정보만을 추구하는 그의 마음은 테러리스트로 간주될 수 있다거나, 평생 감옥에 갇힐 위험 따위는 전혀 고려하지 않았다. 남에게 피해를 주는 것은 그의 가치와 완전히 상반되는 일이었기 때문이다. 그는 퉁명스럽게 내뱉었다.

미국으로 인도되어 재판을 받는다면 그냥 자살하고 말 겁니다. 무자비한 미국 감옥에서 살아남을 수 없을 테니까요.

로리는 감옥에 갈 수도 있다는 생각에 완전히 짓눌려 있었다. 자폐인은 본디 소리, 빛, 낯선 사람들, 예측하지 못한 변화에 엄청나게 민감하기 때문이다.[14] 이 정도 말로는 그들이 겪는 고통이 얼마나 심한지 표현할 수 없다. 그는 감옥이 극히 폭력적이며, 자기처럼 민감한 사람에게 전혀 맞지 않는 곳임을 알고 있었다. 결국 영국 정부가 그를 미국으로 보내지 않기로 했으며, 영국법으로는 아무런 혐의가 없다는 말을 듣고 로리는 말할 수 없이 안도했다. 나 또한 영국 법원이 양식을 발휘해 고도로 체계화하는 젊은 자폐인이 감옥에 가는 것보다 가족과 지내는 편이 훨씬 나으며, 다시 그런 위반 행위를 할 가능성은 거의 없다고 판단한 데에 큰 반가움을 느꼈다.[15]

||||||

조나, 대니얼, 로리는 모두 고도로 체계화하는 젊은 자폐인이다. **천재**라고도 할 수 있을 것이다. 사실 나는 바로 이곳, 케임브리지대학교의 엄청나게 재능 있는 과학자 중에서 그들과 비슷한 자폐 여성을 많이 만났다. 때때로 천재란 지금까지 많은 사람이 보고 지나쳤던 정보를 보면서 모두가 놓친 패턴을 알아차리거나, 발명이라 할 만한 새로운 패턴을 찾아내는 사람이라고 정의된다.[16]

모든 자폐인이 천재라는 말은 아니다. 자폐란 학습 장애를 포함해 넓은 스펙트럼으로 존재하는 현상이다. 하지만 자폐인 중에는 고도로 체계화하는 사람이 일반 인구보다 훨씬 높은 빈도로 나타나며, 그런 사람들은 새로운 패턴을 파악하는 재능이 있기 때문에 발명가가 될 잠재력이 있다. 알과 그의 달빛 실험을 떠올려보자. 그 뒤로 그의 삶은 어떻게 펼쳐졌을까?

토머스 '알' 에디슨은 체계화를 멈출 수 없었다.[17] 또한 사람들을 이해하는 데 큰 어려움을 겪었으며, 사후에는 자폐인이라고 생각되었다. 물론 아직 살아 있다면 정식 진단을 받으려고 하지 않거나 필요로 하지 않을지 모르지만, 다양한 자폐 특성을 나타낸 것만은 분명하다. 어린 시절부터 지하실에서 강박적으로 실험에 매달렸으며 10대가 되어서도 실험을 계속했다. 심지어 기차에서 신문을 팔면서도 화물 차량 안에서 화학 실험에 몰두했다. 실험 말고는 어떤 것에도 눈을 돌리지 않았기에 자신이나 다른 사람이 위험해질 수도 있다고 생각하지 못했다. 한번은 기차 안에서 실험을 하다가 화학물질이 폭발하는 바람에 불이 나기도 했지만, 운 좋게도 쫓겨나지 않았다.

20대에 접어든 에디슨은 계속 발명가의 길을 추구하다 많은 빚을 졌다. 하루는 노점에서 차 한 잔만 달라고 간청해 마시다가 한 회사 사장의 주식 시세 표시기(실시간으로 주식 시세를 알려주는 장치)가 고장난 것이 눈에 들어왔다. 그는 도저히 참을 수 없어 바로 고쳐주었다. 사장은 고마운 마음에 즉석에서 에디슨을 고용했다. 그의 앞날에 전환점이 되는 행운의 순간이었다.

이후 20년간 에디슨은 쉴 새 없이 발명품을 쏟아냈다. 스물아홉 살에는 탄소 발신기를 발명했는데, 그 덕에 알렉산더 그레이엄 벨Alexander Graham Bell은 전화기를 완성할 수 있었다. 서른두 살에는 최초로 상업적 생산이 가능한 전구를 발명했다. 서른여섯 살에는 최초로 경제적 가치가 있는 중앙집중식 발전 및 송전 시스템을 개발해 조명과 난방, 전력을 공급했다. 마흔세 살에는 초기 형태의 영사기인 비타스코프를 발명해 무성 영화 탄생을 이끌었다. 실용적으로 사용 가능했던 최초의 딕터폰*, 등사기, 축전지 역시 그의 발명품이다. 고도로 체계화하는 성향은 그칠 줄 몰랐다. 그가 끊임없는 실험에 관해 남긴 말은 유명하다(그의 말이 아니라는 설도 있지만).

나는 실패한 것이 아니다. 그저 통하지 않는 1만 가지 방법을 발견한 것뿐이다.[18]

어떤 시스템에서 모든 변수를 시험하고, 그때마다 시스템에 어떤 변화가 생겼는지 끊임없이 관찰해야 한다는 점을 완벽하게 표현한 말이다. 사실 그런 과정이야말로 체계화 메커니즘의 핵심이다.

* 구술한 내용을 녹음하고 재생하는 기계.

이렇듯 고도로 체계화하는 마음에서 비롯된 빛나는 재능이 있었음에도 에디슨은 일에 지나치게 강박적으로 매달리고 사회적 기술이 부족해 끊임없이 어려움을 겪었다. 친밀한 인간관계도 거의 맺지 못했다. 1871년 첫 번째 아내 메리Mary Stilwell와 결혼했을 때, 그는 스물네 살이었고 신부는 불과 열여섯 살이었다. 슬하에 세 자녀를 두었는데, 첫째와 둘째를 도트(·)와 대시(-)라는 애칭으로 불렀다. 물론 어린 시절부터 지녀온 모스 부호에 대한 관심을 반영한 것이다. 메리가 스물아홉 살에 세상을 떠나자 그는 서른아홉 살에 미나Mina Miller와 결혼했다. 당시 그녀는 스무 살로 나이가 그의 절반에 불과했다. 미나와도 세 자녀를 낳았다.

결혼 생활 내내 에디슨은 이렇게 살았다.

몇 주씩 하루에 열여덟 시간 이상 밀어붙였다. 가장으로서 해야 할 일은 아랑곳하지 않은 채, 식사도 책상에 앉아서 했다. 맥이 끊길까봐 잠이나 샤워조차 건너뛰었다. 씻는 것을 싫어해 거의 항상 땀내와 화학용제 냄새가 뒤범벅된 악취를 풍겼다. 도저히 피로를 이길 수 없을 정도가 되면 탁자 밑에 기어 들어가 토막잠을 자거나, 아무 데나 드러누웠다. 결국 아내는 서재에 침대를 놓아주었다. 실험실에… 딸린 서재였다.

에디슨의 발명법은 고도로 체계화된 마음을 고스란히 드러낸다.

(그는) 끈질기고도 체계적인 탐구 과정을 이용했다. 쓸모 있는 재료는 항상 따로 갈무리해두었다. 물품 보관 창고에는 구리 전선에서 말발굽, 양의 뿔에 이르기까지 온갖 물건이 가득했는데, 그것들의 우연한 조합에서 특허 출원 및 상품화가 가능한 발명품의 아이디어를 얻곤 했다.

언젠가 머릿속에 떠오른 발명품에 유용하게 쓰일지도 모른다고 생각해서 모든 것을 보관해둔 방으로 걸어 들어가는 그의 모습이 떠오른다. 문제에 대한 답을 찾을 때 그는 그저 주위를 둘러보며 끊임없이 이런저런 요소들을 마음속으로 실험했을 것이다. 평범한 사람의 눈에는 쓰레기 더미처럼 보였겠지만, 고도로 체계화하는 그의 마음에 그곳은 진수성찬을 차려놓은 식탁이요, 온갖 신기한 물건으로 가득한 알라딘의 동굴이었다. '**만일** X를 측정한다면, **그리고** A를 B로 바꾼다면, **그렇다면** X는 증가한다. 하지만 **만일** X를 측정한다면, **그리고** A를 C로 바꾼다면, **그렇다면** X는 감소한다.' 이런 간단한 실험은 에디슨이 어린 시절 이후 계속해온 일이자, 호모 사피엔스가 7만~10만 년간 지속한 일이다. 진화는 우리 뇌 속에 발명을 가능하게 해주는 한 가지 알고리듬을 만들어냈고, 그 알고리듬은 에디슨의 뇌 속에서 가장 높은 수준으로 맞춰졌다.

그는 전기 사용을 두고 니콜라 테슬라Nikola Tesla와 오랜 논쟁을 벌였다. 테슬라는 에디슨과 어깨를 나란히 한 공학자이자, 역시 자폐인으로 추정되는 인물이다. 빛과 소리에 엄청나게 예민했으며, 3이라는 숫자에 강박적으로 집착했고, 사회적으로 어려움을 겪었다.[19] 그들은 극단적으로 다른 입장을 고집했기에 서로 협력할 수 없었다.(협력했다면 또 다른 놀라운 발명품들이 쏟아졌을 것이다.) 그들의 반목은 양쪽 모두 공감 능력이 부족했기 때문이었을지 모른다. 각자 자신의 관점이 유일한 답이며, 상대방은 절대로 옳지 않다고 믿었다. 공감 능력이 부족했기에 다른 관점을 수용하거나, 똑같이 타당한 다른 관점이 있음을 인정하려는 마음이 아예 없었을 것이다.

에디슨의 공감 능력이 상당히 제한적이었음을 보여주는 몇 가지 증거가 있다. 예컨대 그의 실험 중 일부는 사람들이 전혀 원하지 않는 발명으로 이어졌지만, 항상 고독하고 강박적이었던 그는 그런 결과를 전혀 예측하지 못했다. 누구도 원치 않았던 '에디슨의 말하는 인형'이 좋은 예다. 그는 어린이들이 그런 인형을 좋아할지 미리 알아볼 생각 따위는 전혀 하지 않았다.

인형이 노래하는 자장가를 들으려면 핸들을 돌려야 했고, 다른 자장가로 바꾸려면 인형의 몸을 열어 그 속에 든 작은 축음기 레코드를 갈아줘야 했는데 하나같이 성가신 일이었다.

같은 자장가를 반복해서 들으면 아이들이 금방 지루해할 것이라고 말해준 사람이 있었을지도 모르지만, 어쨌든 에디슨은 어린이들이 좋아할지 싫어할지, 기분이 어떨지에 관심이 없었다. 어떤 반응을 보일지도 예상해보지 않았다. 어린이들이 참을성 있게 레코드판을 교환하지 않으리라는 예측도 하지 않았다. 인형의 목소리가 고음인 데다 단조로워서 듣기에 유쾌하지 않으며, 심지어 무섭게 들릴 수 있다는 데도 생각이 미치지 않았다. 모두 남의 입장에 서 보지 않았음을, 즉 인지적 공감 수준이 낮았음을 나타내는 증거다. 당연히 인형은 상업적으로 완전히 실패했다. 상점을 통해 유통된 2500개 중 500개도 팔리지 않았으며, 몇 주 후에는 생산을 중단해야 했다.

에디슨의 제한적 공감 능력을 보여주는 다른 예는 콘크리트로 만든 집을 설계한 후, 정교한 틀을 이용해 대량생산할 수 있는 콘크리트 가구로 그 집을 채운 일이었다. 그는 무려 7년간 이 '놀라운' 아이디어를 팔아보려고 애썼다. 건축회사에 무료로 제공하기까지 했지만, 결국 애초에 성공 가능성이 없었음을 인정할 수밖에 없었다.

그러나 믿고 쓸 수 있는 전구를 떠올렸을 때처럼 에디슨의 많은 발명품은 대중의 간절한 필요를 충족했다. 지칠 줄 모르는 체계화 욕구는 때로 엄청난 실패로 이어졌지만(발명품을 아무도 원하지 않는다는 사실이 명백해진 뒤로도 한참 동안 밀어붙였기 때문에 더욱 그랬다), 빛나는 성공을 일궈내기도 했던 것이다. 그의 이야기는 체계화 메커니즘이 극대화된 동시에 공감회로가 낮게 맞추어졌을 때 어떤 일이 일어나는지 생생하게 보여준다.

모든 과학자나 공학자가 이런 극단에 속하는 것은 아니지만, 빌 게이츠Bill Gates 같은 현대의 발명가들 역시 공감보다는 체계화 쪽으로 크게 치우쳐 있다. 그는 20대에 마이크로소프트를 설립했던 당시를 이렇게 회고한다.

나는 광신자였다. 주말 따위는 믿지 않았다. 휴가도 믿지 않았다. 모든 사람의 자동차 번호판을 외우고 있었기에, 언제 나가고 들어오는지 훤히 알았다.[20]

수백 명의 직원과 자동차 번호판 사이의 **만일-그리고-그렇다면** 패턴을 파악하는 일람표를 마음속에 그려놓았던 것이다. 그의 삶을 다룬 다큐멘터리 〈인사이드 빌 게이츠〉를 보면 분명 그는 사회적으로 고립된 상태로 불편한 어린 시절과 10대를 보냈으며, 자신을 도우려고 그토록 노력한 어머니의 감정과 생각을 이해하는 데 어려움을 겪었다. 그의 어머니는 보통 아이들이 자연스럽게 익힐 나이가 훨씬 지나서도 인내심을 가지고 아들에게 사회적 기술을 가르쳤다. 다양한 상황에서 어떻게 행동해야 하는지에 관한 규칙을 일일이 정해주는 방식이었다. 이런 기록을 볼 때 게이츠의 정서적 공감은 분명 온전했지만(지금도 세계에서 가장 가난한 지역 사람들이 겪는 고통을 해소하기 위해 재산을 엄청나게 기부한다) 사회적 기능 발달은 지연되었으며, 대조적으로 체계화 능력은 또래를 훨씬 앞섰음을 알 수 있다.《와이어드》에 다큐멘터리에 대한 평을 싣고, 그를 여러 차례 인터뷰했던 스티븐 레비Steven Levy는 말했다. "빌 게이츠는 지구에 착륙한 화성인이었다." 그러나 그의 여러 가지 특징은 고도로 체계화하는 사람과 정확히 들어맞는다.

|||||

에디슨이 **만일-그리고-그렇다면** 패턴을 1만 번 검토, 재검토하면서 중요한 실수를 찾아내거나 새롭고 가치 있는 패턴을 발견했다는 사실은 유명하다. 그 과정은 오늘날 엔지니어들이 제조 공정을 검토, 재검토해서 시스템이 100만 번 수행될 때 한

번꼴로 생기는 오류까지 없애려는 시도와 흡사하다. 그들은 **만일-그리고-그렇다면** 패턴 주기를 1만 번이 아니라 **100만 번** 반복해가며 새로운 시스템에서 매번 거의 같은 결과가 나오는지 확인한다. 이 과정을 '식스 시그마'라 하며, 그리스 철자 시그마를 써서 이렇게 적는다.[21]

$$6\sigma$$

식스 시그마라고 부르는 이유는 평균에서 6 표준편차에 해당하기 때문이다. 극단적으로 평균에서 벗어난 수치다. 고도로 체계화하는 사람인 엔지니어들은 기계적 시스템을 반복 작동했을 때 99.99966퍼센트에서 오류가 발생하지 않기를, 즉 100만 기회당 결함 수defects per million opportunities, DPMO가 3.4에 불과하기를 기대한다.[22] 완벽에 가깝다. 나는 비행기가 이륙하는 순간, 또는 스키장에서 의자식 리프트에 앉는 순간 그 기계 장치가 100만 번 중 99만 9996.6번 이상 아무 문제없이 작동할 것이라고 생각하면서 큰 안도감을 느낀다. **식스 시그마** 원칙은 승객이나 소비자를 안심시키는 데 그치는 것이 아니라, 큰 이익을 창출한다. 예컨대 제너럴일렉트릭은 **식스 시그마**를 사용한 첫해에 이익이 10억 달러 이상 늘었다.

훌륭한 공학이나 발명에는 **만일-그리고-그렇다면** 단계뿐 아니라, **반복**iteration과 **정제**refinement라는 쌍둥이 같은 과정을 포함한 피드백 회로가 작용한다. 사실 이 과정은 체계화 메커니즘의 3단계와 4단계에 해당한다(그림 2-1). 반복은 물론 되풀이한다는 뜻이지만, 그 횟수가 사실상 무한하다. 정제는 **만일** 또는 **그리고**라는 변수를 바꿔가며 시스템을 조금씩 미세 조정하거나, 최적화하거나, 새로운 산출물을 얻는 것이다. 엔지니어는 시스템의 구성 요소를 보면서 잠재적 문제는 없는지, 최악의 경우에 시스템 전체가 망가질 가능성은 없는지 분석한다.

흔히 엔지니어를 '어디에나 있지만 보이지 않는다'라고 한다. 공학적 산물은 문자 그대로 인간 사회 모든 곳에 존재한다.(동물의 세계에서는 특이할 정도로 눈에 띄지 않는다. 흰개미언덕이나 새 둥지 등 드문 예외가 있지만, 여기서도 각 개체가 능동적으로 조건을 바꿔가며 실험한다는 증거는 전혀 없으며, 그저 융통성 없는 유전적 프로그램의 결과일 가능성이 크다.)[23] 우리는 뭔가 잘못됐을 때만 그간 공학이라는 것이 존재했음을 깨닫는다. 매일 전 세계에서 이착륙하는 비행기는 약 10만 대로 추정하지만, 우리가 비행기에 관한 소식을 듣는 것은 그중 한 대가 추락했을 때뿐이다. 고맙게도 2018년 한 해 동안 추락한 비행기는 15대로

300만 회 비행당 1대꼴에 불과하다.[24] 현대 공학의 산물들이 성공적이라고 하는 까닭은 제대로 작동할 뿐 아니라, 그것들을 설계하고 설치하면서 고도로 체계화를 추구한 엔지니어들이 익명 상태로 눈에 보이지 않기 때문이다.

후추 분쇄기 때문에 짜증을 낸 적이 있는가? 아무리 힘주어 돌려봐도 핸들이 고장 났는지 아무것도 나오지 않는다. 이런 현상은 분쇄기의 문제가 아닌 경우도 많다. 후추알이 너무 많이 몰리면 핸들이 돌아가지 않는다. 1973년 전자통신 시스템 규약인 TCP/IP 프로토콜을 발명한 빈트 서프Vint Cerf는 집에서 쓰는 후추 분쇄기에 어떻게 후추알이 몰리는 현상이 생기는지 궁금해졌다.[25] 우선 후추알을 **한줌 가득** 넣어 보았다. 분쇄기는 꽉 막혀 움직이지 않았다. 이어서 **한 번에 한 알씩** 떨어뜨려 보았다. 분쇄기는 원활하게 후춧가루를 쏟아냈다.

서프가 보기에 후추 분쇄기 문제의 해법은 시간에 따라 흐름의 속도가 달라지는 **모든** 시스템의 정체를 해결하는 데 응용할 수 있을 것 같았다. 도시에서 차가 막히든, 우편물이 너무 많이 접수되어 우체국 업무가 마비되든, 온라인 서비스 제공자에게 처리해야 할 이메일이 너무 많이 밀려들든 똑같은 방법으로 해결할 수 있다는 뜻이다. 서프의 체계화 아이디어는 사실 대부분의 과학자, 엔지니어, 발명가들이 문제를 해결하기 위해 사용

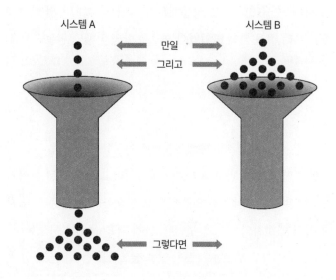

시스템 A

시스템 B

만일

그리고

그렇다면

그림 4-1 정체 문제를 해결하기 위한 후추 분쇄기의 체계화

하는 방식과 똑같다.

오늘날 일상적인 일(아침에 커피 원두를 가는 것)에서 대단한 성취(달 착륙 로켓)에 이르기까지 인류가 문제를 해결하기 위해 만들어낸 복잡한 도구들에 대해 생각해보자. 이때도 사고 과정은 정확히 일치한다. **만일-그리고-그렇다면** 패턴을 찾은 후 되먹임 회로를 끊임없이 반복하는 것이다.[26] 이것이야말로 인간의 뇌 속에서 단순하면서도 무한한 힘을 지닌 체계화 메커니즘

이 지난 7만~10만 년간 작동해온 방식이자, 그보다 훨씬 오랫동안 우리 종을 위해 끊임없이 새로운 발명을 해낼 원동력이다.

‖‖‖‖

　높은 수준의 체계화 메커니즘으로 이익을 기대할 수 있는 시스템 기반 분야는 과학과 기술만이 아니다. 보통 STEM 분야가 체계적인 사고방식을 필요로 한다고 생각하지만, 많은 예술 분야 역시 체계화의 이익을 누린다. 아예 STEAM(A는 예술, arts의 머릿글자)이라고 부르는 사람이 있을 정도다.[27] 음악, 댄스, 공예, 디자인 등 예술 분야는 모두 체계화 메커니즘이 작동해 새로운 것이 발명된다. 앞에서 보았듯 영화 제작, 극본·문학·코미디를 쓰는 것, 공연 예술도 체계화를 통해 발명으로 이어질 수 있다.

　피아노의 거장 글렌 굴드Glenn Gould를 생각해보자. 그는 놀라운 기억력뿐 아니라 강박적인 연습 일정을 지킨 것으로도 유명하다.[28] 한 가지 악구나 악절을 끊임없이 반복한 것은 분명 **만일-그리고-그렇다면** 알고리듬이 작동한 증거다. 심지어 그는 피아노가 없을 때면 마음속으로 쉬지 않고 연습했다. 재즈나 다른 장르의 작곡 및 즉흥 연주에서 보는 창의성 또한 **만일-그리고-그렇다면** 패턴을 적용하는 과정에서 4단계를 변형한 것이다.

어린 시절 굴드는 글보다 악보 읽는 법을 먼저 배웠다. 그의 아버지는 아들이 한 곡을 모두 외우기 전에는 침실에서 나오려 하지 않았다고 회상했다. 성인이 된 그는 삶의 모든 측면을 통제해야만 했다. 실내 온도가 약간만 변해도 불평을 늘어놓았다. 건반 앞 매우 낮은 곳에 앉을 수 있도록 특수 제작된 의자가 없으면 절대 연주하지 않았다. 언제나 바닥에서 정확히 35센티미터 위에 앉아야 했다. 피아노를 연주할 때는 물론, 심지어 공연 중에도 몸을 앞뒤로 흔들었다. 이런 반복 행동은 **만일-그리고-그렇다면** 패턴을 반복할 때 마음을 가라앉히는 힘이 있다. 완벽한 통제를 위해 그는 공연을 포기하고 녹음에 주력했다. 또한 추위를 매우 싫어해서 종종 따뜻한 곳에서도 장갑을 끼곤 했다. 신체 접촉을 싫어해 악수를 하지 않았으며, 사회적 상호작용을 꺼려 나이가 들어서는 오직 편지로만 소통했다. 고향인 토론토에 있을 때면 새벽 2시에서 3시 사이에 항상 같은 식당의 같은 자리에 앉아 똑같은 메뉴를 주문했다. 스크램블드에그였다. 이런 점을 들어 굴드가 정식 진단을 받은 적은 없지만 사실은 자폐인이었을 것이라고 생각하는 사람도 있다. 그가 예술가로서 아무 문제 없이 살았다면 그런 추측을 한다는 것 자체가 우리를 그릇된 방향으로 이끌 수 있다. 진단이란 오직 삶을 살아가기 힘들어 주변의 도움을 찾는 사람을 위한 것이기 때문이다.

굴드와 달리 뛰어난 베이스 기타 주자인 조너선 체이스 Jonathan Chase는 정식 자폐 진단을 받았다. 그가 음악에 접근하는 방식 역시 고도로 체계화하는 발명가의 마음이 어떻게 작동하는지 고스란히 보여준다. 체이스는 기타 지판을 시각화하는 패턴에 대해 명확하게 설명한다. 다장조를 지판의 격자 위에 연속적으로 찍힌 점으로 본다는 것이다. 체이스의 마음속에서 지판 사이를 가로지르는 이 점들은 상상 속의 선들과 만나 뚜렷하게 식별할 수 있는 형태를 만들어낸다. 두 개의 날카로운 스파이크다. 이런 식으로 형태들을 사용해 반복 가능한 **만일-그리고-그렇다면** 패턴을 구축하고, 그것들을 모아 리프를 만든다. 그는 연주할 때마다 이런 리프들을 정확하고 빠르게, 완벽하게 똑같은 형태로 반복할 수 있다. 똑같은 회로를 1만 번 돌릴 수 있는 것이다.[29]

그리고 체이스는 연속된 패턴을 체계적으로 변화시켜 재즈 즉흥 연주를 끝없이 이어갈 수 있다. 아름다운 반복 패턴을 계속 만들어내는 일이다. '**만일** 맨 아랫줄의 여덟 번째 지판을 짚는다면 라 음을 연주하고, **그리고** 바로 옆줄의 여덟 번째 지판으로 옮겨간다면, **그렇다면** 레 음을 연주한다.' 모든 새로운 음은 바로 그 앞에 있는 음과 합쳐져 하나의 패턴이 되고, 하나의 리프에서 연속되는 음표들은 또 다른 패턴을 만든다.[30]

고도로 체계화하는 모습을 가장 잘 볼 수 있는 곳은 게임의 세계다. 맥스 박Max Park은 자폐인으로 두 살 때 사회적 기능과 소근육 운동 발달 지연 진단을 받았다. 열 살 때 처음 루빅큐브*를 선물 받았는데, 열다섯 살이 되어 3×3 루빅큐브와 한손으로 맞추기 등 두 분야에서 모두 세계 챔피언이 되었다. 완전히 맞추는 데 걸리는 평균 시간은 양손 6.85초, 한 손은 10.31초였다. 3×3 큐브를 완전히 체계화한 것이다. 최상의 상태에서 큐브를 맞추는 데는 최소한 스물두 번의 움직임이 필요하다. 여기서 **만일-그리고-그렇다면** 추론이 큐브라는 문제를 빨리 해결하는 데 얼마나 도움이 되는지 알 수 있다. '**만일** 옆면이 초록색인 빨간색 큐브가 맨 위층 오른쪽에 있다면, **그리고** 맨 위층을 시계 반대 방향으로 90도 돌리면, **그렇다면** 맨 위층은 모두 같은 색깔이 된다.' 이런 경지라면 빠르다는 말조차 절제된 표현이다.[31]

엘리트 운동선수들에서도 고도로 체계화하는 경향과 발명을 볼 수 있다. 2020년 비극적인 헬리콥터 사고로 세상을 떠난 로스앤젤레스레이커스 올스타 코비 브라이언트Kobe Bryant를 보자. 그는 자신의 플레이에서 패턴을 찾아낸 뒤 엄격한 규칙에 따랐다. 고등학교 때 새벽 5시부터 저녁 7시까지 매일 열네 시

---

* 에르뇌 루비크Ernö Rubik가 고안한 여러 가지 색깔의 사각형으로 구성된 정육면체의 각 면을 동일한 색깔로 맞추는 장난감.

간 동안 농구 동작을 연습했다. 프로 선수가 된 뒤로는 자기 집의 방 하나를 개조해 어떤 것에도 방해받지 않고 상상 속 여러 가지 슈팅과 관련된 동작을 수십, 수백 번 연습할 수 있는 환경을 만들었다. 그 방에는 농구공도, 골대도 없었다. 심지어 **만일** 농구화 밑창을 면밀히 조사한다면, **그리고** 필요한 부분을 몇 밀리미터 깎아낸다면, **그렇다면** 반응 시간을 100분의 1초 정도 단축할 수 있다는 계산까지 해냈다. 브라이언트는 취미인 음악도 체계화해 베토벤의 〈월광 소나타〉를 무한 반복하면서 귀로 듣고 악보를 완성하는 방법을 배웠다. 농구와 음악에 대한 브라이언트의 접근 방법을 보면 그의 행동이 체계화 메커니즘을 고도로 끌어올린 결과임을 알 수 있다.[32]

다양한 분야에서 고도로 체계화를 추구한 사람들은 종종 자폐인이라고 생각된다. 예술에서는 앤디 워홀Andy Warhol, 철학에서는 루트비히 비트겐슈타인Ludwig Wittgenstein, 문학에서는 한스 크리스티안 안데르센Hans Christian Andersen, 물리학에서는 알베르트 아인슈타인Albert Einstein과 헨리 캐번디시Henry Cavendish가 자폐인으로 알려져 있다.[33] 내 생각에 살아 있든, 세상을 떠났든 누군가 자폐인일지 모른다고 추정하는 것은 도움이 되지 않는다. 진단이란 자신에게 필요한 기능을 수행하기가 매우 어려워 적극적으로 도움을 받고자 할 때만 유용하기 때문이다. 인물에 관한 파편적인 정보를 근거로 누군가를 진단한다는 것은 신뢰할 수 없을 뿐 아니라, 비윤리적인 일이 될 수도 있다. 진단이란 언제나 당사자의 동의를 기반으로, 당사자에 의해 시작되어야 한다.

과학적인 관점에서 볼 때, 고도로 체계화를 추구한다고 해서 자동적으로 자폐인인 것은 아니다. 이 두 가지는 인지(정보를 처리하는 방식)라는 면에서든, 유전과 출생 전 성호르몬(원인적 인자의 극히 일부로서)이라는 면에서든 단순히 겹칠 뿐 동의어가 아니다. 마찬가지로 고도로 체계화를 추구한다고 해서 자동적으로 뛰어난 발명가나 음악가나 운동선수가 되는 것도 아니다. 하지만 그런 경향이 있다면 뭔가를 발명할 확률이 높아지는 것은 사실이다. 새로운 **만일-그리고-그렇다면** 패턴을 계속 실험하다보면 획기적인 결과를 낳는 패턴을 발견할 가능성이 크다. 고도로 체계화하는 사람은 **만일-그리고-그렇다면** 패턴을 찾는 어떤 분야에서든 두각을 나타낼 수 있다. 물론 새로운 시스템이 상업적으로 성공할 것인지는 아이디어를 적용할 기회와 자원과 기술을 가지고 있느냐에 달려 있다. 앞서 논의했던 발명과 혁신의 차이를 다시 떠올리게 된다. 이런 일에는 종종 널리 퍼뜨리거나 제품을 상용화 수준으로 발전시킬 수 있는 자원이 필요하다.

근대에 들어와 나타난 체계화 메커니즘에 초점을 맞추었지만, 책 전체를 통해 나는 체계화 메커니즘이 7만~10만 년을 거슬러 올라간 역사를 지니고 있으며 인간 진화의 산물임을 계속 주장했다. 주장을 입증하려면 호미니드 조상들에게는 체계화 능력이 없었음을 입증해야 한다. 이제 까마득히 먼 옛날에 존재했던 우리 조상 중 호모 하빌리스*Homo habilis*, 호모 에렉투스*Homo erectus*, 호모 네안데르탈렌시스*Homo neanderthalensis*를 살펴볼 차례다. 이를 통해 인간의 뇌 속에서 실제로 혁명이 일어났음을 알게 될 것이다.

5
뇌 속의 혁명

첫 번째 석기, 즉 돌로 된 도구는 330만 년 전에 출현했다. 이후 상당 기간에 걸쳐 수많은 호모 종이 나타났고, 그들이 사용한 도구들도 약간 복잡해졌다. 하지만 내가 보기에 진정한 **생성적 발명** 능력이 나타났다는 증거는 없다.

지난 200만 년 동안 나타난 호모 종 중에서 호모 하빌리스, 호모 에렉투스, 호모 네안데르탈렌시스를 생각해보자. 모두 돌도끼나 돌망치 등 간단한 도구를 만들어 으깨거나 자르거나 긁어내는 작업에 이용했다. 하지만 그걸 발명이라고 할 수 있을까? 이들이 사용한 도구를 보면 선뜻 그렇게 말하기가 망설여진다. 그야말로 **단순한** 도구이기 때문이다. 여기서 단순하다는 말은 그저 돌을 한 개 골라 그것을 다른 돌로 조금씩 깎아내면 만들 수 있었다는 뜻이다. 물론 세 가지 종의 조상을 거치면서 단순한 석기도 **작은** 변화를 거쳤지만, 200만 년이라는 긴 기간 동안 도구의 복잡성이 진정 **큰** 변화를 겪었다고는 할 수 없다. 다시 말해 도구 제작자들이 체계화 메커니즘을 갖추었다는 증거가 전혀 보이지 않는다.

'발명'이란 말을 **두 번 이상** 새로운 도구를 만들어낼 수 있는 능력이라고 정의한다면, 나는 이 호미니드 중 어떤 종도 발명 능력이 없었다고 주장할 것이다. 이렇게 엄격한 정의(나는 그런 능력을 '생성적 발명'이라고 부른다)를 사용하는 까닭은 동물도 우연(바위로 코코넛 껍데기를 깬다)과 연상 학습이 겹쳐진 결과 새로운 도구를 사용하는 일이 있기 때문이다. 연상 학습이란 보상이 주어지면(코코넛 안에 든 즙을 마신다) 일정한 순서에 따라 행동을 반복한다는 뜻이다.[1] 연상 학습은 동물계에 널리 퍼져 있으며 일정 수준의 지능이 필요하지만, 나는 연상 학습이 생성적 발명과 동일하지 않다고 주장한다.

이제 우리의 조상인 세 가지 호미니드 종을 더 자세히 살펴보자.

호모 하빌리스는 210만 년 전부터 150만 년 전까지 사하라 사막 이남 지역 아프리카에 살았다. 이들은 올두바이 도구(탄자니아 올두바이협곡에서 처음 발견되어 이런 이름이 붙었다)를 만들어 썼다. 호모 하빌리스는 현생 인류보다 키가 작았으며, 뇌의 용적은 우리의 절반에도 못 미쳤다.(우리의 뇌 용적은 1496.5세제곱센티미터인데, 호모 하빌리스의 뇌 용적은 610.3세제곱센티미터에 불과했다.) 전체적으로 그들은 정확히 똑같은 도구를 계속 만들어 썼으며, 발명 능력을 보였다는 증거는 없다.[2] 매우 단순한 그 도구들로 할 수 있는 일은 으깨기, 자르기, 긁기 등 세 가지밖에 없었다.

210만 년 전부터 25만 년 전까지 존재했던 호모 에렉투스는 호모 하빌리스보다 뇌가 더 컸으며(뇌 용적 1092.9세제곱센티미터), 몇 가지 인상적인 점을 보여주었다. 우선 우리 조상 중 최초로 아프리카를 벗어나 유럽과 아시아로 퍼졌다. **에렉투스** erectus란 말은 '직립인'이란 뜻으로, 이들은 나무 위에서 살아가던 생활 형태를 포기하고 거의 전적으로 땅 위에서 살았다. 가장 중요한 점은 이족보행을 했다는 것이다. 역사가 유발 하라리 Yuval Harari는 이들이 손으로 더 많은 소근육 운동을 하면서 신경 분포가 더 풍부해졌다고 주장한다. 직립보행으로 손을 여러 가지 다른 목적에 사용할 수 있게 되자 도구를 만들 뿐 아니라 가지고 다닐 수도 있었다. 이들은 아슐리안 도구(파리 북쪽 생아슐에서 처음 발견되었다)라는 새로운 돌도끼를 제작했다.[3] 하지만 그것을 호모 에렉투스가 발명을 할 수 있었다는 증거로 받아들여야 할까?

그렇게 주장하는 사람도 있다. 호모 하빌리스의 도구는 돌을 망치처럼 사용해 다른 돌을 내리쳐서 만든 반면, 호모 에렉투스의 석기는 다른 종류의 망치, 즉 뼈나 뿔이나 나무로 돌을 내리쳐 만들었다는 것이다. 이렇게 새로운 망치들을 이용해 더 정밀한 방식으로 돌도끼를 만들 수 있었다. 그러나 나는 이런 행동을 발명이라고 보는 시각에 회의적이다. 내가 정한 생성적 발명 능력의 정의에 비추어 볼 때 새로운 것을 반복적으로, 즉 **두 번 이상** 만들었다는 증거가 없기 때문이다. 호모 에렉투스는 도구를 이용해 뼈에서 골수를 꺼내 먹었다. 딱따구리가 나무를 쪼아 수액을 마시는 것과 똑같다. 새로운 도구를 새로운 기능으로 썼기 때문에 발명으로 봐야 한다는 사람도 있을지 모르지만, 엄격하게 해석한다면 딱딱한 것으로 둘러싸인 물체에서 식량을 얻는다는 명확한 보상이 있었으므로 도구 제작 행동이 나타난 것이다. 많은 동물이 그런 행동을 한다. 딱 한 번 새로운 것을 만들었다고 해서 생성적 발명이라고 할 수는 없다. 다시 강조하건대 그런 행동은 우연과 연상 학습이 더해지면 얼마든지 나타날 수 있다.

마지막으로 호모 네안데르탈렌시스, 즉 네안데르탈인을 보자. 이들은 30만 년 전부터 4만 년 전까지 지구에 살았다.[4] 명칭은 최초로 유골이 발견된 독일 네안데르탈 지방에서 따왔다. 뇌용적은 1500세제곱센티미터로 1496.5세제곱센티미터인 우리보다 약간 컸으며, 눈 위로 뼈가 솟아오른 부분이 넓고, 얼굴과 턱이 약간 앞으로 튀어나와 있었다. 네안데르탈인이 사용한 석기는 프랑스 도르도뉴의 르무스티에 유적에서 처음 발견되었으므로 무스테리안 석기라고 부른다. 이 도구는 그 전에 살았던 인류가 사용했던 것보다 더 날카롭고 정교했다. 하지만 생성적 발명 능력을 의미한다기보다 도구를 움켜잡는 힘이 더 강했음을 반영하는 데 불과한 것 같다. 일각에서는 이들이 불을 사용했고 불무지를 만들었다는 점에서 더 복잡한 도구를 사용했다고 주장하는데, 이 점에 대해서는 나중에 살펴볼 것이다. 네안데르탈인의 도구가 그리스의 여러 섬에서도 발견된다는 점을 들어 이들이 보트를 발명했다고 추정하는 사람도 있지만, 그저 섬 사이를 헤엄쳐 건넜으리라 생각하는 것이 더 신중한 해석일 것이다. 네안데르탈인이 접착제로 버치 타르*를 만들었다거나 매장 의식을 치렀다고 생각하는 사람도 있지만, 증거에 의문을 제기하는 사람도 많다.[5] 발명을 할 수 있었다는 명확한 증거는 없는 셈이다.

종합하면 어떤 동물의 발명 능력을 '오롯이 실험하려는 욕구에서 비롯되어 뭔가를 **생성하는** 것'이라고 정의할 때, 우리의

---

* 자작나무껍질에서 추출한 진액.

호미니드 조상들은 발명을 하지 않았다는 것이 나의 결론이다. 어떤 동물이 생성 능력을 지니고 있다는 말은 그저 단순한 형태의 돌도끼나 돌망치를 만든다는 것이 아니라, 수많은 새로운 것들을 고안할 수 있다는 뜻이다. 호미니드 조상들에게는 이런 능력을 찾을 수 없다. 진정한 발명이란 진정한 언어와 비슷한 모습이라야 한다. 일단 한 문장을 구사할 수 있게 되면, 수백 수천 가지 새로운 문장을 만들어낼 수 있다. 앵무새가 **동일한** 문구를 수없이 반복한다고 해서 진정한 언어 능력을 지녔다고 할 수 있을까? 마찬가지로 새로운 특성을 전혀 고안하지 않은 채 그저 **동일한** 도구를 수없이 반복 사용했다고 해서 진정한 발명 능력이 있었다고 생각할 수는 없다.

호미니드 조상들을 깎아내리려는 것이 아니다. 단순한 석기를 이용해 으깨고 자르고 긁어내는 행동은 분명 학습 능력을 갖추었다는 증거다. 호미니드 조상들은 도구를 사용하면 보상이 따름을 학습했으며, 이것만으로도 왜 그들이 계속 도구를 만들었는지 설명할 수 있다. 하지만 학습 능력이 실험이나 발명을 통해 새로운 것을 생성하는 능력과 같다고 할 수는 없다. 수많은 동물종이 새로운 것을 전혀 발명하지 않고도 뭔가를 배울 수 있다.

그러다가 모든 것이 변했다.

호모 하빌리스의
올두바이 돌도끼

호모 에렉투스의
아슐리안 도구

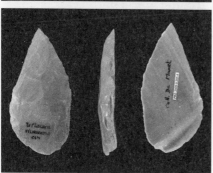

호모 네안데르탈렌시스의
무스테리안 석기

그림 5-1 최초의 석기

약 20만 년 전 아프리카 동부에서 호모 사피엔스가 진화했다.[6] 크리스토퍼 헨실우드Christopher Henshilwood 같은 고고학자는 7만~10만 년 전 인류의 도구 제작과 생각하는 방식에 혁명이 일어났다고 주장한다. 실험과 발명을 시작했으며, 이를 생성적으로 활용했다. 그런 큰 변화가 일어났다는 고고학적 단서는 무엇일까?

첫째, 약 7만 7000년 전부터 인류가 특정한 모양을 **새기기** 시작했다는 증거가 아프리카 남부에서 발견되었다. 인류가 특화된 도구들을 만들었다는 뚜렷한 증거다. 반드시 바위에만 새긴 것도 아니었다. 오래 지나지 않아 6만 년 전 것으로 추정되는 문양을 새긴 타조알 껍데기가 발견되었다.

생성적 발명이 시작되었다는 두 번째 단서는 고고학자들이 구슬이라고 여기는 것들이 한 세트로 발견된 것이다. 최초의 목걸이, 즉 장신구다.[7] 약 7만 5000년 전 것으로 추정되는 조개껍데기 구슬 세트는 아프리카 남쪽 끝 인도양을 굽어보는 블롬보스동굴에서 발견되었다. 이 역시 한 번으로 그치지 않았다. 더 이른 시기, 즉 약 8만 2000년 전 것으로 추정되는 구멍 뚫린 조개껍데기 세트가 북아프리카 모로코의 소위 '비둘기 동굴'에서

그림 5-2 가장 이른 시기의 아로새김. 왼쪽은 7만 7000년 전. 오른쪽은 문양이 아로새겨진 6만 년 전의 타조알껍데기.

발견되었다. 이것이 목걸이라는 데 모든 고고학자가 동의한 것은 아니지만, 비합리적인 해석이라고 할 수는 없다. 멀리 떨어진 곳에서 달팽이 껍데기를 가져다 세심하게 구멍을 뚫어 만든 것으로 보이기 때문이다. 그러니 정말 목걸이였다고 가정하기로 하자.

세 번째 단서도 있다. 7만 1000년 전 아프리카 남부에서 활과 화살을 이용한 사냥이 시작된 것이다.[8] 호모 사피엔스만 가능했던 살상 기술이다. 이 사실을 안 것은 당시 현재의 케냐 투르카나호수 주변에 살았던 수렵채집인 집단이 머리 위로 빗발치듯 쏟아지는 작고 날카로운 흑요석 조각에 맞아 치명상을 입었다는 고고학적 증거가 발견되었기 때문이다.[9] (흑요석은 화산에서 생성되는 유리질 광물로 매우 단단하고 날카롭다. 지금도 때때로 흑요석 수술칼을 선택하는 외과 의사가 있을 정도다.) 아프리카 남부에서는 비슷한 시기의 것으로 추정되는 뼈와 돌로 만든 화살촉들이 발견되었다. 활과 화살은 세 가지 두드러진 장점이 있어 사냥은 물론 치명적인 신무기로도 사용되었을 것이다. 소리가 나지 않고, 원거리에서도 사용할 수 있으며, 강력하다는 것이다. 하나같이 사냥과 살상에서 빼놓을 수 없는 장점이다. 활과 화살의 발명자가 누구인지는 몰라도 분명 활과 화살대를 어떤 나무로 만들면 가장 좋은지, 활시위의 길이는 어느 정도가 적당한지, 화살촉의 재료로는 무엇이 좋은지 실험해가며 발사 거리와 속도를 최적화했을 것이다. 그 과정을 분석해보면 활과 화살을 만드는 데 똑같은 체계화가 필요했으리라 유추할 수 있다. '**만일** 신축성 있는 섬유에 화살을 메긴다면, **그리고** 그 섬유를 팽팽하게 당겼다가 놓는다면, **그렇다면** 화살은 날아갈 것이다.'

따라서 적어도 7만 년 전부터 인류는 수백만 년간 해왔듯이 돌도끼, 돌망치, 돌송곳 등 단순한 도구를 만드는 데 그치지 않

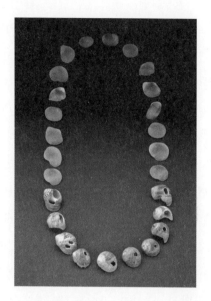

그림 5-3 7만 5000년 전 것으로 추정되는 최초의 장신구. 열 개의 조개껍데기에 구멍을 뚫었다. (목걸이 모양을 완성하기 위해 위쪽은 모조품을 사용했다.)

게 되었다고 결론 내릴 수 있다. (나는 시간 범위를 조심스럽게 10만 년 전까지로 넓혀 잡았다. 위에서 예로 든 일부 단서의 제작 연대가 8만 2000년 전까지 거슬러 올라가는 데다, 세심하게 구멍을 뚫은 조개껍데기나 아로새김 장식보다 더 이른 시기에 제작된 복잡한 도구나 유물이 발견될 가능성이 매우 크기 때문이다.)

도구 제작 혁명은 어떻게 가능했을까? 왜 인류는 생성적 발명을 시작했을까? 7만~10만 년 전 인류가 복잡한 도구를 제작하는 쪽으로 엄청난 혁명을 일으킬 수 있었던 이유를 체계화 메커니즘이 진화했다는 개념을 통해 가장 잘 설명할 수 있다는 것이 내 이론이다.

그 이유는 이렇다. 내가 보기에 아로새김 기법은 체계화 메커니즘의 결정적 특징인 **만일-그리고-그렇다면** 사고를 보여주는 명백한 증거다.[10] 주목할 점은 이제 인류가 사고력을 보인다는 것이다. '**만일** 표면이 매끈한 돌을 고른다면, **그리고** 날이 섬세한 도구를 사용한다면, **그렇다면** 돌에 문양을 새길 수 있다.' 마찬가지로 목걸이를 만드는 데도 **만일-그리고-그렇다면** 사고가 필요하다. '**만일** 조개껍데기가 많다면, **그리고** 조개껍데기 하나하나에 구멍을 뚫는다면, **그리고** 긴 실로 구멍 하나하나를 꿴다면, **그렇다면** 목걸이를 만들 수 있다.' 이렇듯 간단한 목걸이조차 **만일-그리고-그렇다면**의 추론 능력을 보여준다.

진정한 발명 능력에 대한 엄격한 정의를 다시 떠올려보자. **단 한 개**의 인공물이 아니라, 생성적 능력이 작동한다는 증거가 있어야 한다. 그 특징이야말로 체계화 메커니즘을 정의한다. **많은** 새로운 인공물이 활발하게 만들어져야 진정한 발명이 실현되었다고 할 수 있다.

생성적 발명이 폭발했다는 증거가 더 필요하다면, 호모 사피엔스가 대략 비슷한 시기, 즉 6만 5000년 전에 인도양의 안

다만제도*로, 이어서 6만 2000년 전에 호주로 넘어갔음을 지적할 수 있다. **배**를 발명했다는 상당히 믿을 만한 증거다. 인도네시아의 섬에서 호주까지 가려면 100킬로미터가 넘는 물길을 건너야 하기 때문이다.[11] 4만 2000년 전에 호모 사피엔스가 물고기를 잡았다는 증거도 있다.[12] 가장 오래된 **낚싯바늘**은 2만 3000년 전 것으로 추정하지만, 원양 어류(참치) 뼈를 분석한 결과 심해 어업의 증거는 4만 2000년 전으로 거슬러 올라간다. 인간은 어떻게 다른 동물을 잡는 데 성공을 거두었을까? 이런 발명으로 그들의 건강이 얼마나 놀랍게 향상되었을까? 오직 상상만 할 수 있을 뿐이다.

결국 도구 사용이란 면에서 200만 년 이상 놀랄 정도로 느린 변화를 거친 끝에 실험과 발명에 관한 인간의 욕구는 갑자기, 놀랄 정도로 꽃피기 시작했다. 이때 인간의 발명이 생성적 특성을 지녔다는 걸 부정할 수 없다. 4만 2000년 전 인류는 의도적으로 **무덤을 꾸몄으며**, 4만 년 전 인도네시아에서는 동굴 벽에 **손자국을 찍어 남겼다.**[13] 모두 오늘날 인류와 똑같이 그칠 줄 모르는 생성적 발명 및 실험 욕구를 보여주는 증거다. 이런 욕구는 7만~10만 년 이전에 존재했던 모든 호미니드는 물론,

---

* 말레이반도 서쪽의 섬들.

그림 5-4 4만 년 전의 동굴 벽화(손자국 찍기)

다른 어떤 동물에서도 나타나지 않았다. **의도적으로 건설된 주거지**의 흔적도 발견되었다. 역시 호미니드 조상에서 나타나지 않은 특징이다. 프랑스 동부에서 원형 오두막이 처음 나타난 것은 약 3만 년 전이었다.[14]

2만 3000년 전에 이르면 또 다른 특화된 도구가 출현한다. 뼈로 만든 **바늘**이다. 당시 인류는 이 바늘로 동물 가죽을 꿰매 옷을 지었을 것이다.[15] 옷을 짓는 도구를 발명한 동물종은 인간이 유일하다고 생각한다. 역시 옷을 꿰매는 데 쓰는 도구로 끝이 뾰족하지만 바늘귀가 없는 송곳의 역사는 6만 1000년 전까

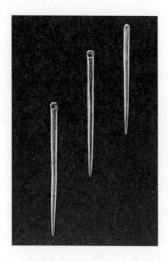

그림 5-5 옷을 짓는 데 쓰인 초기 바늘(2만 3000~3만 년 전, 중국)

지 거슬러 올라간다.

정말로 인간이 진정한 발명 능력을 보이는 유일한 동물종일까? 일각에서는 6만 4000년 전 것으로 추정되는 스페인 동굴의 손자국 벽화와 3만 4000년 전 것으로 추정되는 지브롤터의 식각(에칭)이 네안데르탈인의 작품이라고 주장한다.[16] 여기에 대해서는 여전히 논란이 분분하다. 보수적으로 볼 때 제작 주체가 분명한 **많은** 새로운 인공물을 통해 진정한 발명의 강력한 증거를 확인할 수 있는 동물종은 호모 사피엔스가 유일하다.

이렇게 호모 사피엔스가 발명한 모든 것이 **만일-그리고-**

그렇다면 패턴으로 작동하는 마음, 즉 새로운 체계화 메커니즘의 작동 방식이 드러난 것이라고 나는 주장한다. 동굴 벽화를 그리려면 얼마나 다양한 **만일-그리고-그렇다면** 추론이 필요한지 생각해보자. 우선 벽에 흔적을 남길 방법을 궁리해야한다.('**만일** 황토를 가져온다면, **그리고** 그걸로 벽에 흔적을 남긴다면, **그렇다면** 동굴 벽에 노란 흔적이 오래도록 남을 것이다.') 그 뒤에는 체계적인 방식으로 벽에 흔적을 남기는 실험을 계속해야 한다.('**만일** 벽에 흔적을 남긴다면, **그리고** 그때 특정한 순서에 따른다면, **그렇다면** 흔적들은 들소의 형상을 나타낸다.') 인간이 돌을 깎아 조각을 시작했던 3만 5000년 전 독일에서 나타난 패턴에서도 그런 실험을 확인한다. 성적性的 특징을 과장해 표현한 비범한 상아 조각품 '사자 남성상'과 '비너스 상'이다.[17]

가장 기초적인 수준에서 사자 남성상 같은 조각품을 발명하려면 이런 추론 능력이 필요하다. '**만일** 위쪽 절반을 사자 형상으로 조각한다면, **그리고** 아래쪽 절반에는 사람 형상을 조각한다면, **그렇다면** 사자 남성상을 만들 수 있다(조각, 그림, 언어, 마음속 상상 무엇으로든).' 물론 체계화 말고도 많은 능력이 필요하다. 여기에 대해서는 7장에서 상상하는 능력과 가상의 존재를 상상하는 능력이라는 개념에 초점을 맞춰 다시 살펴볼 것이다. 조각품이나 그림을 만들겠다는 아이디어와 함께, 창작자는 재

비너스 상
(맘모스 상아 조각,
2만 5000년 전)

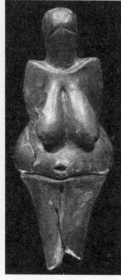

왼쪽: 사자 남성상
(상아 조각,
3만 2000년 전)

오른쪽: 비너스 상
(세라믹 조각,
2만 9000년 전)

그림 5-6 최초의 조각품들

료를 깎거나 그림을 그리는 데 필요한 도구를 만들 수 있어야 한다. 아주 복잡하고 특화된 도구들이다. 체계화 메커니즘이야 말로 이런 발명의 전제 조건이라고 나는 주장한다.[18]

내가 보기에 인간의 뇌에서 인지혁명이 일어났다는 가장 결정적인 증거는 도구 제작 연대표에서 발명 속도가 갑자기 변했다는 점이다. 260만 년간 거의 변화가 없다가 7만~10만 년 전 사이에 어떤 변곡점에 도달했던 것이다.[19]

유발 하라리도 인지혁명의 시점을 7만 년 전으로 본다. 나는 7만~10만 년 전 사이로 약간 넉넉하게 잡았는데, 고고학적 증거들로 보아 인지혁명이 이 기간 전체에 걸쳐 서서히 일어났으며, 고고학 분야에서 이 기간 중 제작된 복잡한 도구들을 새로 발견하리라 예측하기 때문이다. 고고학자 리처드 클라인Richard Klein은 4만~5만 년 전 어떤 유전자 돌연변이가 일어나 인류의 인지와 행동에 급작스러운 변화를 초래했다고 주장했다.[20] 나는 그가 제시한 시점에 동의한다. 그 시점 이후로 발명의 증거가 훨씬 뚜렷해지기 때문이다. 하지만 체계화 메커니즘의 진화를 단일 유전자의 변화로 설명할 수 있을 가능성은 거의 없다. 몇 가지 큰 유전적 변화가 체계화 메커니즘의 진화를 추동했을지도 모르지만, 수천 개까지는 몰라도 수백 개의 흔한 유전자 변이가 한데 모여 이런 능력을 진화시켰을 가능성이 훨씬 크다.

유전적 증거는 나중에 살피기로 하고, 우선 다유전자성 형질(수많은 유전자가 관여해 각기 작은 영향을 미치는 형질)은 갑자기 변하지 않고 서서히 진화하는 것이 보통이라는 점만 짚고 넘어간다.[21]

인지혁명의 시점을 약 10만 년 전 어간으로 넓게 잡을 때, 인류가 두 차례 아프리카를 벗어나 대규모로 이동한 사건에 인지혁명이 어떤 영향을 미쳤는지 생각해보는 것은 흥미롭다. 인류는 10만 8000년 전 레반트* 지방으로 진출해 네안데르탈인과 공존했으며, 5만 년 전 다시 대이동을 시작해 4만 년 전까지 네안데르탈인을 완전히 대체했다.[22] 인류가 오늘날 호주 땅에 당도한 것은 4만 년 전이며, 오늘날의 북미에 이른 것은 1만 6000년 전이다. 인류가 아프리카를 벗어나 전 세계로 퍼진 것이 인지혁명의 결과일까? 새로운 복잡한 도구(배 등)와 자연계의 복잡성에 대한 이해(별을 보고 길을 찾는 방법 등)를 발명해 대륙 사이를 오갈 수 있게 되었을까?

이렇게 복잡하고 특화된 도구들이 모두 체계화 메커니즘에서 나왔다는 것이 내 주장의 요점이다. 인류의 마음속에는 끊임없이 패턴을 찾는 새로운 엔진이 생겨났다. 이 엔진은 생성적

---

* 지중해 동부 지역. 팔레스타인, 시리아, 요르단, 레바논 등의 국가가 위치한다.

알고리듬을 이용해 무한한 수의 새로운 **만일-그리고-그렇다면** 패턴을 떠올리고 검증해가며 놀라운 속도로 새로운 발명을 쏟아냈다. 그 덕분에 인간은 이렇게 추론할 수 있었다. '**만일** X를 선택한다면, **그리고** 거기서 한 가지를 변화시킨다면, **그렇다면** X는 Y가 된다.' 패턴을 찾는 존재, 그것도 매우 특별한 존재가 된 것이다. 단순한 돌도끼나 망치를 만드는 존재에서 시작해 무엇이든 발명할 수 있는 존재가 되었다. 또한 체계화 메커니즘 덕분에 최초의 인간은 상당히 특이한 뭔가를 할 수 있었다. 다른 동물에서는 전무후무한 일이었다. 리듬과 음악을 발명했던 것이다.

▐▐▐▐▐

약 4만 년 전 지금의 독일 지역에 살았던 누군가가 기다란 뼈 한 조각으로 피리를 만들었다. 현존하는 가장 오래된 악기다. 체계화 메커니즘 덕분에 뼈로 된 피리(음악을 연주하는 도구)를 만들고, 뼈로 된 피리를 만들 수 있는 도구를 만들고, 음악 자체(소리로 실험할 수 있는 도구)를 만들 수 있었다.[23] 하나같이 복잡한 도구로, 각각이 **만일-그리고-그렇다면** 패턴을 특징으로 하는 하나의 시스템이다. 어떻게 보면 음악은 **만일-그리고-**

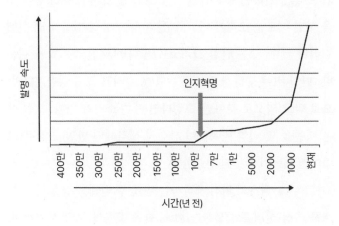

그림 5-7 도구 제작으로 본 인지혁명

그렇다면 규칙을 이용해 의도적으로 변화시킬 수 있는 일련의 (리듬과 음조의) 패턴에 불과하지만, 정서에 놀라운 영향을 미친다. 하지만 그런 정서적 경험을 하려면 먼저 음악을 패턴으로 인식할 수 있어야 한다.

뼈피리는 체계화 메커니즘이 작동한다는 것을 아름다울 정도로 분명히 보여준다. 4만 년 전, 가운데가 텅 비고 측면에 구멍이 하나 뚫린 뼈를 집어 든 사람은 고개를 갸웃거리며 이렇게 자문했을지 모른다. "이걸로 무슨 소리를 낼 수 있을까?" 한쪽에 숨을 불어넣고, 구멍을 손가락으로 막기도 해가며 그는 소리가 어떻게 변하는지에 귀를 기울였다. 한 가지 행동(구멍 막기)을 하면 새로운 소리가 나고, 다른 행동(구멍 열기)을 하면 원래 소리가 났다. 그는 **만일-그리고-그렇다면** 패턴의 가설을 세운다. '**만일** 뼈에 구멍을 하나 뚫는다면, **그리고** 그 구멍을 손가락으로 막고 입으로 분다면, **그렇다면** 다른 소리가 난다.' 그는 같은 행동을 몇 번씩 반복하며 자신이 생각해낸 **만일-그리고-그렇다면** 패턴이 맞는지 검증한다.

그 뒤로 최초의 피리 제작자는 뼈에 두 번째 구멍을 뚫고 체계화 과정 전체를 반복한다. 뼈의 한쪽 끝을 입으로 불면서 손가락으로 한 개 또는 두 개의 구멍을 따로 또는 같이 막아가면서 무슨 소리가 나는지 귀를 기울인다. 그다음에는 가운데가 텅빈 다른 뼈를 찾아 똑같은 일을 반복했으리라. 또 다른 뼈를 찾아 새로운 **만일-그리고-그렇다면** 패턴을 실험했으리라. 가장 마음에 드는 소리를 내는 조합을 발견할 때까지 구멍 사이의 간격을 바꿔봤으리라.

뼈피리 기사를 읽고 나는 즉시 고고학자 니콜라스 코나드Nicholas Conard에게 이메일을 보내 직접 피리를 살펴볼 수 있을지 문의했다. 그는 피리를 소장한 독일 블라우보이렌의 작고 아름다운 박물관 관장이다. 기쁘게도 거의 즉시 답장을 받았다. 먼저 홀레펠스동굴에서 만나 뼈피리가 정확히 어디서 발견되

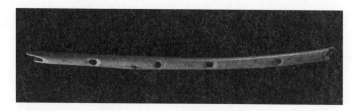

그림 5-8 동물의 뼈로 만든 피리(4만 년 전)

없는지, 그것을 만든 조상들은 어디서 살았는지 살펴보는 게 좋을 것 같다고.

슈투트가르트공항에서 택시를 타고 전원 깊숙이 자리한 홀레펠스동굴을 찾았다. 어두운 동굴 안에 들어서자 타임머신을 타고 과거로 날아가 예술과 음악이 기원한 순간을 엿보는 듯한 느낌이 들었다. 입구에서 사다리를 타고 동굴 가장 깊은 곳으로 내려갔다. 미리 와 있던 니콜라스가 악수를 청하며 따뜻하게 맞아 주었다. 그가 손가락을 들어 바위에 새겨진 지층을 가리켰다.

바로 여기가 2만 년 전에 형성된 지층입니다.

그리고 그는 1미터쯤 아래 바닥 가까이에 나 있는 인접한 지층을 가리켰다.

흥분으로 몸이 떨렸다. 발밑을 내려다봤다. 내가 신고 있던 현대적인 가죽 신이 눈에 들어온 순간, 갑자기 4만 년 전 초기 인류가 일어서고, 앉고, 잠들고, 음식을 먹던 바로 그 자리에 서 있음을 느꼈다. 퍼뜩 정신을 차렸다. 니콜라스가 수많은 잔돌을 뒤져가며 인간이 만든 물건이나 도구의 일부였을 뼈나, 세월의 흐름을 견딜 만한 재질로 된 작은 조각들을 찾느라 그와 연구팀이 얼마나 고생했는지 설명하고 있었다.

우리는 차로 박물관을 찾았다. 뼈피리는 속이 텅 빈 흰목대 머리수리의 날개뼈로 만든 것으로 새끼손가락만큼 작고 가늘었다. 피리의 길이를 따라 뚫린 구멍들을 보며 다시 한번 과거와 연결되는 강렬한 느낌을 받았다. 피리를 만든 사람은 틀림없이 손가락을 이 구멍들 위에 올려놓았으리라. 니콜라스가 오늘날의 연주자가 뼈피리 부는 소리를 녹음으로 들려주었다. 피리를 만든 사람은 우리와 비슷한 음악적 귀를 가지고 있었다! 그는 뼛조각에 일정한 패턴에 따른 간격으로 **다섯 개**의 구멍을 뚫어 오음계를 연주했다.[24] 오음계란 한 옥타브 안에 다섯 개의 음정이 있는 것으로, 많은 고대 문명권에서 독자적으로 개발되었으며 블루스와 재즈를 비롯해 다양한 음악 장르의 기초가

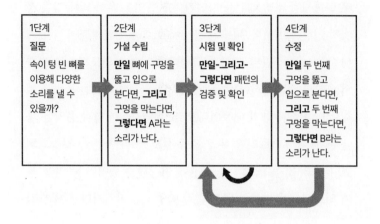

그림 5-9 체계화 메커니즘을 이용한 악기의 발명

되었다. 1600세대가 흐른 오늘날에도 그 음정들을 기반으로 한 음악을 즐기는 것이다.[25]

박물관에서 케임브리지에 있는 아들에게 내가 느낀 흥분을 문자 메시지로 보냈다. 아들은 거의 즉시 답했다. 새삼 뼈피리의 발명을 이끈 체계화 메커니즘이 어떻게 문자 메시지를 발명했는지 돌아보았다.

생각은 다시 옮겨갔다. 어떻게 해서 우리는 음악을 만들고, 음악에 반응하는 유일한 종이 되었을까? 여기서 음악이란 좁은 정의, 즉 일정한 체계 속에서 리듬과 화성과 멜로디를 의도적으로 변화시킨 소리 패턴을 가리킨다.[26] 음악은 우리 뇌에 깊은 정서적 영향을 미친다. 누군가 감정에 호소하기 위해 체계화 메커니즘을 이용해 **만일-그리고-그렇다면** 패턴을 의도적으로 변화시키고 있음을 알거나(음악을 듣는 경우), 스스로 그런 목적을 위해 음악을 연주하기 때문이다. 뇌의 fMRI 스캔 결과 음악을 들을 때는 보상회로의 일부인 복측 선조ventral striatum가 활성화되었다. 음악을 듣는 행위를 즐겁게 여긴다는 뜻이다. 음악을 통해 의도적으로 다른 사람의 감정에 영향을 미치거나, 작곡자가 어떤 감정을 전달하려고 했는지 상상하려면 공감회로가, 음악적 **만일-그리고-그렇다면** 패턴을 인식하고 만들어내려면 체계화 메커니즘이 필요하다.

많은 동물종이 서로를 부른다. 이때 내는 소리 중 일부는 멜로디가 있기 때문에 노래라고 한다. 가장 많이 연구된 것은 새소리일 것이다. 새의 노래가 귀 기울이는 사람에게 감정적 영향을 미친다는 점은 의심의 여지가 없다.[27]

예컨대 암컷 참새를 음향실에 넣고 수컷 참새가 짝짓기를 위해 지저귀는 소리를 녹음으로 들려주면 암컷의 뇌 속 보상회로에서 *Egr-1*이라는 유전자 발현 수준이 상승한다. 다른 종류의 보상을 제공했을 때도 같은 보상회로에서 *Egr-1* 발현 수준이 상승하는 것을 볼 수 있다. 바로 코카인이다. 놀랍게도 수컷의 노래를 들려주기 전에 암컷 참새에게 에스트라디올(에스트로겐의 일종)이 들어 있는 작은 캡슐을 주어 호르몬 수치를 짝짓기 철과 비슷하게 올려주면 수컷 참새의 노래를 들었을 때 뇌 속 보상회로에 훨씬 많은 유전자가 발현된다. 따라서 암컷 참새에게는 수컷 참새의 노래를 듣는 것이 즐거운 일이라고 추론할 수 있다.

반면 **수컷** 참새를 음향실에 넣고 수컷 참새의 짝짓기 노래를 들려주면 뇌 속 보상회로에 동일한 유전자 발현 패턴이 나타나지 않는다. 대신 위험을 인식하는 데 관련된 부위인 편도체에서 유전자가 발현된다. 수컷 참새에게 다른 수컷의 노래를 들려주기 직전에 테스토스테론 캡슐을 주어 호르몬 수치를 짝짓기 철 전형적인 수컷들의 수치와 똑같이 맞춰주면, 수컷의 노래를 들었을 때 뇌에서 일어나는 반응이 강화된다.(위약을 주었을 때는 같은 정도로 반응이 나타나지 않는다.) 따라서 수컷 참새에게는 다른 수컷의 노래가 즐겁지 않으며, 오히려 다른 수컷이 영역을 침범했다는 경고 신호로 작용한다고 추론할 수 있다.

이렇듯 우리와 다른 생물종에서는 노래가 그 소리를 듣는 개체의 뇌에 긍정적 또는 부정적 영향을 미칠 수 있다. 하지만 그것은 새나 다른 동물이 그런 소리를 **음악**으로 인식한다는 것과 전혀 다른 얘기다.[28] 다시 한번 음악에 대한 나의 정의를 떠올려보자. 음악이란 음정이나 박자를 의도적이고 체계적으로 변화시켜 **만일-그리고-그렇다면** 소리 패턴을 탐색하는 것이다. 그것이 전혀 새롭다면 소리 패턴의 생성적 발명이라 할 수 있다. 반면 대부분의 새는 뚜렷한 변화 없이 그저 똑같은 멜로디를 만들어낼 뿐이다. 영장류학자 발레리 뒤푸르^{Valérie Dufour}는 침팬지가 나무뿌리나 자기 몸을 북 치듯 손으로 두드리는 것을 음악이라고 해야 할지 판단하기 위해 여러 가지 증거를 살펴보았다.[29] 그녀는 음악의 핵심적인 특징인 동시성(즉 일률성)이 없다고 결론 내렸다. 의도적인 박자의 체계적 변화에 의해 **만일-그리고-그렇다면** 소리 패턴을 탐색한다는 증거도 없었다. 다른 동물 연구에서 나온 결론도 비슷했다. 동물의 음악에는 박자가 없다.

동물과 달리 인간은 아주 어릴 때부터 자석처럼 음악에 끌린다. 막 걸음마를 시작한 유아에게 드럼이나 키보드를 주면 즉시 음을 음악적 순서로 배열하거나 적어도 그런 흉내를 내며, 조금 지나면 그 순서를 **변화시키기** 시작한다.[30] 드럼이 없으면 그저 손뼉을 쳐서 리듬을 들려주어도 좋다. 아이는 금방 규칙을 깨닫고 똑같은 박자에 맞춰 손뼉을 치거나 박자를 바꾼다. 아이는 소리를 듣고 그 속에서 **만일-그리고-그렇다면** 패턴을 찾아내지만, 유인원이나 원숭이가 그렇게 한다는 증거는 전혀 없다.[31] 주인이 휴가를 가면서 소위 애견 호텔에 맡긴 개에게 음악을 들려주었더니 스트레스 행동이 줄었다는 연구도 있지만, 개들이 리듬을 파악했다고 해서 다른 음악적 패턴을 인식했다는 증거는 없었다.[32] 갯과 동물(개, 늑대)은 서로 소리를 맞춰 울부짖기도 하지만 실제로 음악을 만들기 위해 이런 행동을 하는지는 분명치 않다. 요컨대 동물은 (좁은 의미로 정의한) 인간의 음악에 반응하지 않는다.

호미니드 조상들에게로 돌아가 보자. 네안데르탈인이나 다른 호미니드 조상들이 음악을 만들었다는 믿을 만한 증거 역시 없기는 매한가지다.[33] 고고학자 스티븐 미텐Steven Mithen에 따르면 네안데르탈인은 악기를 만들지 않았다. 흥미롭게도 1996년 고고학자 이반 터크Ivan Turk는 슬로베니아의 한 동굴에서 악기를 찾았다고 발표해 이 이론에 도전장을 던졌다. 그 물건은 곰의 넙다리뼈에 두 개의 동그란 구멍을 뚫은 것으로, 터크는 그것이 피리라고 주장했다. 하지만 그 뒤로 몇 가지 증거가 더 밝혀지면서 의문이 제기되었다. 역시 고고학자인 프란체스코 데리코Francesco D'Errico가 같은 동굴에서 더 많은 뼈를 찾았는데, 똑같은 구멍이 뚫려 있었지만 육식동물이 씹은 자국이 있는 데다 구멍 반대편에 이빨 자국이 나 있어 턱으로 뼈를 물었음을 시사했다. 구멍 뚫린 넙다리뼈는 네안데르탈인이 소리 패턴의 의도적 변화를 위해 **일부러** 뼈에 구멍을 뚫어 만든 피리가 아니었다는 뜻이다. 결정적인 증거는 양쪽 끝이 여전히 뼈 조직으로 막혀 있었다는 점이다. 누구도 양쪽 끝이 막힌 뼈를 입으로 불었을 리 없으므로, 비록 가운데가 텅 비었다고 할지라도 악기로 쓰였을 가능성은 없다. 간단히 말해 지금까지 호미니드 조상들에게서 찾아낸 증거에 따르면 음악과 그것을 가능케 하는 체계화 메커니즘은 오직 현생 인류에게 국한된 능력이다.[34]

|||||

4만 3000년 전, 또 다른 인간이 지금의 남아프리카공화국과 스와질란드 사이 레봄보산맥에서 개코원숭이의 뼈를 집어 들고 상당히 놀라운 것을 발명했다. 바로 **계산** 도구다.[35] 그는 상당한 시간을 들여 스물아홉 개의 자국(홈)을 뼈에 새겨 넣었는데, 고고학자들은 이 물건이 모종의 의식을 위해 만들어졌거나, (가장 가능성이 크게는) 일종의 장부였다고 추측한다. 숫자를 세는 방편이었던 것이다. 숫자를 세는 것, 더 넓게 보면 수학은 **만일-그리고-그렇다면** 패턴의 사고를 필요로 한다. '**만일** 매끈한 뼈를 고른다면 **그리고** 매일 아침 거기에 자국을 하나씩 남긴다면, **그렇다면** 그 뼈를 보고 지난번 보름달이 뜬 뒤로 며칠이

그림 5-10 4만 3000년 전 제작된 레봄보 뼈. 표면에 스물아홉 개의 자국이 새겨져 있어 초기의 숫자 세기 도구로 추정한다.

나 지났는지 알 수 있다.' (예컨대 얼마나 많은 물건을 교환했는지 표시해 일종의 장부를 만드는 등 인류 초기에 숫자 세기를 어떻게 사용했을지 상상하기는 어렵지 않다.)

체계화 메커니즘은 그저 음악이나 숫자 속에서 **만일-그리고-그렇다면** 패턴을 보는 데서 그치는 것이 아니다. 그 진정한 힘은 무한한 수의 물체, 사건, 또는 정보 세트를 체계화하고, 그 메커니즘을 통해 뭔가를 생산함으로써 엄청난 유용성을 발휘하는 데 있다. 이제 인간은 전에 만든 도구를 이용해 새로운 것을 만들거나 기존 도구를 개량할 수 있었고, 이런 식의 변화를 끝없이 반복할 수 있었다. '**만일** 이 도구를 택한다면, **그리고** 한 가지 변수를 바꾼다면, **그렇다면** 이 도구의 새로운 버전을 만들 수 있다.' 이런 작업만으로도 수많은 발명을 해낼 수 있었을 것이다. 지금까지와는 완전히 다른 새로운 형태의 패턴 찾기, 인간의 마음속에 생겨난 새로운 알고리듬에 의해 인류는 다른 모든 동물과 분리되었고, 발명은 멈출 수 없는 과정이 되었다.

예컨대 1만 2000년 전에는 농업이 발명되어 서서히 보급된다. 식물과 동물을 배불리 먹기 위한 복잡한 도구나 시스템으로 바라보게 되면서 인류는 식량을 대량생산할 수 있었다. 농업, 즉 식물과 동물을 길들인 이야기는 놀랍기 그지없다. 농업은 지구상 여러 지역에서 독립적으로 발명되었다. 시작은 터키 남동부, 레반트 서부와 레반트 자체에서였지만, 얼마 안 가 중국, 중남미에도 출현했다. 9000년 전 밀을 재배하면서 최초로 빵을 만들었고, 새로운 식품이 대거 쏟아졌다. 머지않아 인류는 완두콩, 보리, 렌틸콩을 재배했고(8000년 전), 올리브나무를 길렀으며(5000년 전), 포도, 캐슈너트, 쌀, 옥수수, 감자, 수수가 그 뒤를 이었다(3500년 전). 또한 비슷한 시기에 말, 낙타, 양, 염소를 기르기 시작했다.[36]

농업에 체계화 메커니즘이 필요하다는 사실은 명백하다.[37] **만일-그리고-그렇다면** 패턴에서 **그리고**를 여러 개 사용한 예를 보자. '**만일** 밀 씨앗을 뿌린다면, **그리고** 괭이로 흙 속 깊이 그것들을 심는다면, (**그리고** 밭의 잡초를 뽑는다면, **그리고** 밭에 해충이 번지지 못하게 막는다면, **그리고** 매일 밭에 물을 준다면, **그리고** 그

위에 거름을 뿌려 준다면,) **그렇다면** 풍성한 수확을 거둘 것이다.'
(여기서 보듯 **만일-그리고-그렇다면** 패턴에 원하는 만큼 그리고 변수
를 추가할 수 있다.) 농업은 식물뿐만 아니라 동물을 통제하는 것
이기도 했다. '**만일** 황소를 기른다면, **그리고** 그 소를 거세한다
면, **그렇다면** 소는 더 온순해질 것이다.' 또는, '**만일** 수탉을 기른
다면, **그리고** 그 닭을 거세한다면, **그렇다면** 질이 더 좋은 고기
를 얻게 될 거야.' 한마디로 농업은 인간이 자연을 체계화해 통
제하기 시작했다는 징표였다.[38]

|||||

체계화는 생성적 발명의 끝없는 원동력이었다. 4000~5500년
전 사이에 인간이 개발해 세상을 뒤바꾼 시스템 중 네 가지만
예를 들어보자.

첫 번째는 **바퀴**다. '**만일** 나무 조각이 있다면, **그리고** 그것을
원형으로 자른다면, **그렇다면** 그것은 굴러갈 것이다.'[39] 가장 초
기 형태의 바퀴는 신석기 시대 후반의 것으로 메소포타미아에
서 발견되었다. 약 1만 1000년 전에 시작되어 약 5500년 전까
지 지속된 신석기 시대에 인류는 수렵채집 생활을 버리고 농업
을 기반으로 정착 생활을 시작해 초기 문명을 건설했다. 그 모

든 과정에서 바퀴는 결정적인 역할을 했다. 배의 타륜(배의 방향을 바꿈), 옹기장이의 돌림판(옹기를 만듦), 플라이휠(낚싯바늘을 멀리 던짐), 톱니바퀴(다른 바퀴를 구동함) 등 바퀴의 수많은 응용을 생각해보면 하나같이 매우 중요한 도구였음을 알 수 있다.

두 번째 혁신적인 시스템은 5500년 전 유프라테스계곡의 수메르에서 발명된 **문자**다.[40] 점토판에 기호를 쓰는 것은 애초에 숫자를 세기 위한 방편으로 개발되었다. 누가 세금을 냈으며 누가 곡식을 꿔갔는지 기록하기 위해서였다. 하지만 약 3000년 전에 쓰인 설형문자, 즉 이집트 상형문자는 '완전한 기록'이었다. 어떤 의미든 전달할 수 있었다는 뜻이다. 다시 한번 **만일-그리고-그렇다면** 알고리듬이 작동하는 모습을 볼 수 있다. '**만일** 깨끗한 표면이 있다면, **그리고** 그 표면에 어떤 표시를 한다면, **그렇다면** 여러 가지 표시로 사물이나 생각을 나타낼 수 있을 것이다.' 물론 이런 알고리듬은 생각을 떠올리고 표현하는 능력이 있어야 가능하며, 이를 위해서는 다시 공감회로가 필요하다. 하지만 쓴다고 하는 기계적 행위에는 동시에 체계화 메커니즘도 필요하다. 문자는 너무나 중요해서 결국 선사시대와 역사시대를 갈라놓았다.

세 번째는 역시 5000년 전에 발명된 **수학**이다.[41] 물론 그저 연산만이 아니라 연산과 관련된 놀라운 분야와 응용을 모두 합쳐 이르는 말이다. 대수와 기하에서 천문학과 공학을 거쳐 조세 제도와 시간 기록이 모두 수학의 영역이다. '**만일** 3이란 숫자를 선택한다면, **그리고** 거기 세제곱을 한다면, **그렇다면** 27이라는 숫자가 나온다.'

마지막은 **종교**다.[42] 예컨대 힌두교는 적어도 4000년 전에 나타났다. 힌두교에는 카스트를 지배하는 정교한 규범 체계가 있으며, 순수한 것과 더럽혀진 것에 대한 **만일-그리고-그렇다 면** 법칙이 있어 사람들을 수많은 계급으로 나눈다. 브라만과 수드라는 3000개에 이르는 카스트의 일부일 뿐이며, 거기 속하지도 못하는 '아웃카스트', 즉 불가촉천민도 있다. 마음을 지녀 생각하고 느끼는 신을 상상하려면 공감회로가 필요했겠지만, **만일-그리고-그렇다면** 규칙 체계를 만들기 위해서는 체계화 메커니즘도 필요했다.

4000년 전에 이르면 수메르, 이집트, 중국, 남미의 잉카제국 등 세계 곳곳에서 목록 작성 및 관리법이 발명되어 문자로 기록된 정보를 보관하고 검색할 수 있게 되었다. 3700년 전에는 체계화 메커니즘을 이용해 구리 같은 새로운 재료를 제련할 수 있었다.[43] 기원전 1776년 바빌로니아 제1왕조의 함무라비 Hammurabi 대왕은 **만일-그리고-그렇다면** 형식을 이용해 판례를 정리한 법전을 펴냈다. '**만일** 귀족이 귀족 계급의 여성을 때렸

다면, **그리고** 여성이 죽었다면, **그렇다면** 그의 딸을 죽인다.'[44]

이렇게 체계화는 기계 장치의 발명뿐 아니라, 도덕률과 정의의 기준을 정한 법체계 등 모든 시스템의 발명을 이끌었다.[45]

|||||

체계화 메커니즘 이론에 도전하는 사실을 살펴보자. 호모 에렉투스는 인지혁명이 일어나기 훨씬 전부터 불을 사용했다. 적어도 40만 년 전에 불을 쓰기 시작했으며, 몇 가지 증거에 따르면 30만 년 전쯤에는 일상적으로 사용한 것 같다. 네안데르탈인도 불을 사용했다. 그렇다면 이렇게 주장할 수도 있을 것이다. 불의 사용이 발명과 실험 능력을 보여주는 징표가 아니라면 무엇인가? 호모 에렉투스가 그토록 오래전부터 불을 사용했다면, 발명 능력이 체계화 메커니즘과 함께 겨우 7만~10만 년 전에 진화했다는 이론은 틀린 것 아닌가?[46]

두말할 것도 없이 최초로 불을 통제하게 된 것은 엄청난 진보였다. 불을 마음대로 부린다는 것은 무수한 이점을 가져다주었다. 첫째, 불이 없었다면 먹을 수 없었을 식품들을 먹을 수 있게 되었고(쌀이나 감자를 생각해보라), 따라서 보다 다양한 식단을 개발할 수 있었다. 또한 고기는 조리하면 부드러워지므로 더 빨리 먹을 수 있었다.(조리한 고기는 몇 분이면 먹을 수 있지만, 날 고기를 씹어 먹으려면 몇 시간씩 걸릴 수도 있다.)[47] 조리된 음식을 먹으면서 인간은 장의 크기가 줄고, 거기서 절약한 에너지를 뇌를 키우는 데 사용할 수 있었다고 생각된다. 또한 불로 조리해 세균과 기생충이 없는(조리 과정에서 모두 사멸한) 음식을 먹게 되자 더 건강해졌다. 불을 이용해 숲을 불태우고 목초지를 조성해 동물을 유인할 수도 있었다. 점심거리를 마련하기가 훨씬 쉬워진 것이다. 최초의 바비큐는 사냥한 동물의 고기를 조리하면서 시작되었을 것이다. 당연히 불은 조리에만 쓰인 것이 아니다. 불로 주변을 밝혀 어둠을 물리치고 동굴 속에서 살 수 있었으며, 사자나 다른 포식자를 겁주어 쫓아버릴 수도 있었다. 아프리카를 벗어나면서는 추운 곳에서도 따뜻하게 지낼 수 있었다.

불을 이용해 점점 많은 것이 생겨났다. 진흙을 구워 그릇을 만들고, 열처리한 돌로 더 강한 도구를 제작했으며, 화전을 일구었다. 하지만 이렇듯 나중에 개발된 용도는 호모 에렉투스와 관계가 없다. 어느 것 한 가지도 그들이 관여했다는 증거가 없다. 따라서 호모 에렉투스가 불을 사용한 것은 사실이지만, 체계적 실험을 하지는 않은 것 같다. 그저 우연히, 예컨대 번개가 친 뒤에 자연적으로 발생한 불을 보존해 사용했을 가능성이 크다. 다시 말해 호모 에렉투스가 불을 사용했다는 것이 반드시 불을 피우는 방법을 발명했다는 뜻은 아니다.

불의 사용을 **제어했다**는 것은 체계화 메커니즘과 더 밀접하게 연관된다. 특정한 목적을 위해, **체계적으로**, 하나의 도구로서 사용했다는 뜻이기 때문이다. 불의 사용을 제어했다는 가장 이른 증거는 훨씬 뒤인 20만 년 전에 나타난다. 불무지를 만든 흔적이다. 불무지는 대개 돌을 모아 둥그렇게 배열한 것으로 어쩌면 불을 일정한 범위에 가두기 위해, 또는 같은 장소에서 계속 사용하기 위해 만들었을 것이다. 진일보한 방식으로 불을 다룬 이런 방식 역시 인지혁명보다 약 10만 년 빠른 시기에 시작되었다. 불무지를 만드는 데도 **만일-그리고-그렇다면** 방식의 추론이 필요했다고 주장할 수 있지만, 이것이 고립된 예라는 사실은 다른 형태의 동물 '문화'처럼 모방과 같은 과정을 통해 생겨났을 수 있음을 의미한다. 진정한 발명이라고 하려면 단한 번이 아니라, 다른 발명품과 함께 어떤 맥락을 이루며 **두 번 이상** 나타나야 한다는 점을 다시 한번 상기하기 바란다.

최초로 불의 사용을 제어한 확실한 예는 화덕(불무지 주변에 진흙을 돔 모양으로 쌓아 올린 것)을 만들어 조리와 난방을 해결하고, 그것을 가마로 사용해 진흙 인형을 구워 굳힌 것이다. 이런 용도로 사용한 것은 4만 년 전 이후, 즉 인지혁명 **이후**의 일이며, 땔감(목재, 토탄, 동물의 똥, 짚 등)을 보다 의도적으로 사용한 것과 때를 같이한다.

불의 사용을 제어한 것은 인류에게 큰 인지적 변화가 나타났다는 지표이지만, **단순한** 불의 사용은 그렇지 않을 수도 있다. 세심하게 주의를 기울여 **여러 개**의 예가 발견되었을 때만 어떤 동물에게 발명 또는 실험 능력이 있다고 간주한다면, 호모 에렉투스의 단순한 불 사용은 한 번의 우연한 사건에 뒤따른 연상 학습의 결과일 뿐 진정한 발명 능력의 징표는 아니라고 결론지을 수밖에 없다.

▍▍▍▍▍

오직 호모 사피엔스만이 생성적 발명 및 실험을 할 수 있었다는 사실이 4만 년 전 네안데르탈인이 멸종한 이유 중 하나일까? 네안데르탈인과 현생 인류는 5000년 넘게 공존했다. 고고학적 기록으로 볼 때 시간적으로는 물론, 때때로 동굴을 함께 쓰는 등 공간적으로도 삶의 자취가 겹친 것이 분명하다. 심지어 성적인 관계도 맺었다. 그렇지 않다면 아프리카인 아닌 인류의 DNA 중 1~4퍼센트가 네안데르탈인에서 기원했다는 사실을 어떻게 설명할 수 있겠는가?[48] 하지만 네안데르탈인은 대체로 그 전과 똑같이 으깨고, 자르고, 긁어내는 단순한 도구를 사용한 반면, 현생 인류는 활과 화살 등 복잡한 도구를 제작하고, 그림과 조각과 악기를 만들었다. 네안데르탈인이 창을 사용했으며 어쩌면 접착제를 써서 돌로 된 도구를 창에 연결하는, 소위 해프팅hafting 기술을 이용했다고 추정하는 사람도 있다. 하지만 증거가 놀랄 만큼 적고, 얼마든지 다른 식으로 해석할 수 있어 논란의 여지가 많다.[49] 보수적으로 생각한다면 네안데르탈인이 생성적으로 실험 및 발명했다는 믿을 만한 증거는 없다고 해야 할 것이다.

네안데르탈인은 인지혁명이 완전히 궤도에 오른 약 4만 년 전에 사라지기 시작했다.[50] 어쩌면 호모 사피엔스가 체계화 메커니즘의 산물인 더 똑똑하고, 더 복잡한 도구들을 써서 더 효율적으로 자원을 확보하고, 불쌍한 네안데르탈인에게는 거의 남겨 주지 않았기 때문에 멸종했을지도 모른다. 어쩌면 호모 사피엔스가 기만 능력(우리 뇌에 내장된 공감회로의 산물)을 비롯해 더 우수한 사회적 지능을 이용해 그들을 압도했기 때문에 사라졌을지도 모른다. 네안데르탈인이 남을 속일 수 있었다는 증거는 없다. 설사 그랬다 해도 압도적인 열세에 놓였을 것이다. 앞서 언급했듯 네안데르탈인이 살며시 다가가 화살이나 표창을 사용했다는 증거는 없지만 동시대에 살았던 호모 사피엔스가 사용한 돌날은 아직까지 전해진다. 물론 증거의 부재가 부재의 증거는 아니다.

네안데르탈인의 멸종 이유에 대해서는 학설이 분분하지만, 어쨌든 새로 진화한 체계화 메커니즘에 의해 복잡한 도구를 만들고, 공감회로에 의해 복잡한 사회적 상호작용과 기만술을 발전시킨 호모 사피엔스를 당할 수는 없었을 것이다. 현생 인류 이전에 진정한 발명이 없었으며, 현생 인류의 고고학적 기록에 이르러 그런 증거들이 나타난다는 사실은 체계화 메커니즘이 진화했음을 뚜렷이 보여준다.

|||||

약 7만 5000년 전 초기 장신구를 발명한 사람으로 돌아가 보자. 그는 남이 자신을 어떻게 인식할지 신경 쓰거나(장신구를 착용하면 내 아름다움이나 사회적 지위가 돋보이겠지?), 목걸이를 선물로 주면 누군가 감동하리라 생각했을 것이다.[51] 두 가지 동기 모두 공감이 필요하다. 마찬가지로 그들의 동기가 미래 어느 시점에 그림을 볼지도 모를 가상의 관객에게 어떤 생각을 전달하려는 것이었다면, 4만 년 전 동굴 벽화를 그린 사람 역시 마음이론을 가지고 있었으리라 생각할 수 있다. 따라서 장신구의

발명은 인류가 약 7만 5000년 전에 이미 **만일-그리고-그렇다면** 형태의 생각을 할 수 있었을 뿐 아니라, **자의식**이 있었다는 증거이기도 하다. 다른 사람이 자기를 어떻게 볼지 생각했다는 뜻이다. 달팽이 껍데기를 실에 꿴 작은 목걸이야말로 인류가 7만 5000년 전 공감회로의 또 다른 이점인 **자기 성찰**을 할 수 있었다는 거대한 단서다.[52]

체계화 메커니즘은 발명과 실험 능력을 낳은 반면, 공감회로는 남과 자신의 생각에 대해 생각하는 능력을 부여해 유연한 의사소통을 가능케 했다. 두 가지 인지적 모듈은 함께 작용해 인지혁명을 일으켰다. 많은 자폐인이 마음이론을 그토록 어려워하면서도 실험에는 놀라운 재능을 발휘한다는 사실에서 알 수 있듯, 체계화 메커니즘과 공감회로는 분리되어 있지만 분명 서로 영향을 주고받으며 상호작용한다. 인간에게서만 볼 수 있는 두 가지 독특한 행동을 통해 그 사실을 알 수 있다. 바로 언어와 음악이다.[53]

우리는 체계화를 통해 문법과 기타 규칙을 기반으로 한 언어 패턴을 만들고 이해하며, 멜로디의 패턴을 만들고 인식한다. 우리는 공감을 통해 언어의 행간에 숨은 뜻을 포착하거나, 남이 하거나 하지 않은 말 뒤에 숨은 **의도**를 이해하거나, 완곡한 표현 또는 은유적인 표현을 사용한다. 또한 공감 능력이 있기에 음악을 통해 다른 사람과 정서적으로 연결된다. 종합하면 공감과 마음이론으로 **왜** 초기 인류가 장신구와 그림, 조각과 음악을 만드는 실험을 했는지 설명할 수 있다. 하지만 그 자체로 초기 인류가 **어떻게** 실험을 통해 장신구와 다른 형태의 예술을 만들었는지는 설명할 수 없다. 그 부분을 설명해주는 것이 체계화 메커니즘이다.

||||||

우리의 호미니드 조상들은 체계화 능력이 없었던 것 같다. 하지만 체계화 메커니즘이 인류의 뇌에 일어난 인지혁명의 일부였음을 확실히 입증하려면 다른 동물도 체계화 능력이 없음을 입증해야 한다. 이를 위해 비교심리학적 증거를 검토할 필요가 있다.

이제 우리와 가장 가까운 친척인 원숭이와 유인원, 기타 동물을 살펴볼 차례다.

6
시스템맹
— 왜 원숭이는 스케이트보드를
타지 못할까?

인간 뇌의 체계화 메커니즘이 7만 년 전 진화 과정 중에 나타난 유전자 변화의 결과라면, 그리고 체계화 메커니즘이 발명 능력으로 이어져 인류가 인간과 동물 사이를 가르는 루비콘강을 건넜다면, 오늘날 다른 동물종에는 발명이라는 능력이 나타나지 않아야 할 것이다.

다른 동물도 도구를 만드는 능력이 있을까? 그렇다면 그것이 곧 발명 능력의 징표일까? 동물도 단순한 도구를 만들고 사용한다는 데는 의심의 여지가 없다. 하지만 내게는 동물들이 가장 엄격한 의미에서 체계적이고 생성적으로 실험과 발명을 하지 않는다는 점이 바로 눈에 들어온다.[1] 침팬지와 인간은 800만 년 전에 공통 조상에서 갈라졌다. 자전거, 그림붓, 활과 화살 등 복잡한 도구 발명 능력을 발달시킬 시간은 침팬지와 우리에게 똑같이 주어졌다. 그러나 오늘날 침팬지의 생활 방식은

7만~10만 년 전에 비해 거의 변한 것이 없는 반면, 우리는 수많은 발명으로 인해 우리 조상들조차 알아보지 못할 정도로 달라졌다.

그렇다면 동물도 단순한 도구를 사용한다는 것은 어떤 의미일까? 원숭이나 유인원은 물론, 까마귀나 코끼리도 딱딱한 견과류 껍데기를 돌로 내리쳐 깨뜨린 다음, 안에 든 것을 꺼내 먹는다. 이 동물들 모두 간단한 도구를 사용하므로 언뜻 보기에 발명 능력이 있는 것 같다. 예컨대 침팬지는 손이 닿지 않는 곳에 있는 먹이를 막대기를 써서 끌어당기며, 가느다란 나뭇가지를 사용해 개미를 잡아먹는다. 까마귀는 딱딱한 견과류를 도로에 떨어뜨린 후, 자동차가 그 위를 지나가면 속에 든 맛있는 먹이를 꺼내 먹는다. 견과류를 횡단보도에 떨어뜨려 놓고 신호등에 빨간불이 들어올 때를 기다렸다가 차에 치일 염려 없이 안에 든 것을 쪼아 먹기도 한다. 심지어 컵에 작은 돌을 여러 개 떨어뜨려 컵 속의 수위가 높아지면 떠오른 고깃조각을 쪼아 먹는다.[2]

가장 복잡한 도구 사용 행동을 보인 동물은 푸른박새다. 영국에서 보고된 바에 따르면, 이 새들은 현관에 배달된 옛날 스타일 우유병의 알루미늄 포일 뚜껑을 쪼아 열고 안에 든 크림을 마셨다. 진화생물학자 케빈 랠런드는 이 행동이 동물의 **혁신**을 보여주는 예라고 주장했다. 하지만 그는 실제 일어난 일에 비해 지나치게 풍부한 설명을 하지 않았나 싶다.[3] 푸른박새는 단순한 연상 학습을 통해 우유병 뚜껑을 쪼아 여는 행동을 시작했을 가능성이 크다. 여기에 인상적인 **사회적** 학습이 작동해 새로운 행동이 푸른박새 집단 전체에 빠른 속도로 퍼진 것이다.[4] 유인원은 야생에서 돌로 복잡한 도구를 만들지 않는다. 그런 도구 만들기를 가르쳐보려는 시도조차 모두 실패했다.

랠런드는 혁신이라고 생각한 동물의 행동을 열거한다. 오랑우탄은 도구를 사용해 뾰족한 가시가 돋은 나무에서 종려나무 순을 채취하고, 나뭇잎으로 호루라기를 만들어 포식자를 물리치며, 잎이 무성한 나뭇가지를 꺾어 부채질을 하고, 그걸로 벌집에서 꿀을 떠낸다. 재갈매기는 토끼를 잡아챈 후 공중 높은 곳에서 바위에 떨어뜨려 죽인다.[5] 하지만 앞서 말했듯 보다 엄격한 기준을 적용하면 이런 행동은 모두 연상 학습의 결과라고 볼 수 있다.

개 한 마리가 문 앞에서 뒷발로 선 후 앞발로 문손잡이를 쳐서 문을 여는 모습을 본 적도 있다. 이런 행동이나 앞에서 살펴본 도구 사용 행동을 발명의 징표로 해석하고 싶은 유혹을 느낄 수 있다. 하지만 여기에 **만일-그리고-그렇다면** 추론 과정이 꼭 필요한 것은 아니다. 동물의 행동을 볼 때는 항상 그 행동이 어

떻게 해서 생겼는지 생각해볼 필요가 있다. 많은 경우 우연히 A
라는 행동을 했다가 B라는 결과가 따른다는 것을 연상 학습한
다.(예컨대, 앞발로 문손잡이를 치면 문이 열린다.) 그리고 어떤 보
상이 따르면 그 행동을 반복하게 된다.(개는 정원으로 뛰어나가
마음껏 놀 수 있다.)

그 개가 발명이나 실험이라고 할 만한 다른 행동을 전혀 보
이지 않았다면, 문을 여는 행동은 진정한 발명이나 실험 능력
의 징표가 아니라 단순한 연상 학습의 결과라고 해석하는 것이
신중한 태도다. 잘 알려진 대로 동물행동학의 선구자 스키너^{B. F.}
Skinner는 동물에게 보상을 제공하면 매우 인상적인 일련의 행동
을 가르칠 수 있다고 주장했다. 예컨대 곰은 서커스에서 자전거
를 탈 수 있으며, 비둘기는 탁구를 할 수 있다. 그러나 연상에 의
해 순차적인 행동을 학습하는 과정이 아무리 많이 쌓인다고 해
도 발명 능력이 생기지는 않는다.

랠런드를 비롯해 많은 사람이 왜 일부 동물의 도구 사용 행
동을 발명 능력으로 해석하고 싶어 하는지 짐작하기는 어렵지
않다. 병코돌고래는 부리에 해면을 물고 내려가 바다 밑바닥의
모래를 흩뜨리면서 숨어 있는 먹잇감을 찾아낸다. 일부 학자들
은 돌고래가 바다 밑바닥을 팔 때 코가 긁히지 않도록 해면을
가지고 내려간다고 가정했다. 그 행동을 어떻게 해석하든 최소

한 겉보기로는 새로운 도구 사용의 예라 할 수 있다. 병코돌고래는 소라 껍데기를 이용해 물고기를 잡은 후, 마치 컵 속의 내용물을 마시듯 입속에 털어 넣기도 한다.[6] 해달은 돌을 망치처럼 써서 바위에 붙은 조개류를 떼어낸 후 딱딱한 껍데기를 깨뜨린다.[7] 고릴라는 나뭇가지를 이용해 물 깊이를 알아보고, 관목류 줄기를 이용해 깊은 늪을 건너는 다리를 만든다.[8] 마카크원숭이가 동물원에서 관람객의 머리카락을 치실로 사용한다는 것을 알려주면 즐거워할 사람이 많을 것이다.[9]

심지어 까마귀과를 비롯해 일부 조류는 도구를 순차적으로 사용한다. 미끼를 매달아 놓으면 짧은 나뭇가지로 먼저 시도해보고, 닿지 않으면 긴 나뭇가지를 이용한다.[10] 코끼리가 다른 코끼리들과 협력해 밧줄을 끌어당겨 먹이를 얻는 모습은 인상적이다. 코끼리는 나뭇잎이 붙어 있는 가지를 이용해 파리를 쫓거나 가려운 곳을 긁기도 한다.[11] 내가 가장 좋아하는 예는 문어다. 문어는 속이 빈 코코넛 껍데기 반쪽을 휴대용 갑옷처럼 쓰다가, 때로는 탈것처럼 그 위에 올라타 바다 밑바닥을 미끄러져 나아간다.[12] 가장 충격적인 예는 일부 맹금류가 불을 사용한다는 사실일 것이다. 예를 들어 호주솔개(파이어호크라고도 한다)는 산불이 났을 때 불붙은 나뭇가지를 물고 가 마른 풀로 뒤덮인 지역에 떨어뜨려서 새로 불을 놓는다. 들쥐들이 불을 피해

숨었던 곳에서 뛰쳐나오면 높은 나뭇가지 위에서 지켜보고 있다가 바로 내리 덮친다.[13] 이 모든 도구 사용 행동은 두말할 것도 없이 매우 인상적이다.

앞발로 문손잡이를 쳐서(A) 문을 여는(B) 개를 생각해보자. 앞서 말했듯 개는 연상 학습에 의해 A와 B를 연결할 수 있다. 그 이유는 B가 보상으로 이어지기 때문이다. 반면 사람은 똑같은 문제를 마주했을 때 이런 식으로 추론한다. '**만일** 문이 닫혀 있다면, **그리고** 핸들을 돌려 문틀에 걸린 잠금장치를 빠져나오게 한다면, **그렇다면** 문이 열릴 것이다.' 그런데도 문이 열리지 않는다면, **그리고** 변수를 확인해 문손잡이를 체계화한다.('문손잡이가 잠금장치에 연결되어 있나? 잠금장치가 문틀에서 부드럽게 빠져나오도록 기름을 좀 쳐야 할까?') 이렇듯 관련된 원인 변수를 찾을 때까지 계속 설명을 추구하는 행동이 바로 실험이다. 때로는 이 과정을 문제 해결troubleshooting이라고도 한다. 이때는 대개 시스템에 대한 일정 수준의 지식이 있다고 가정하지만, 설사 그런 지식이 없다고 해도 관련된 변수를 찾는 자체가 체계화를 시도한다는 징표다. 그리고 이런 행동은 동물에서 결코 볼 수 없다.

동물은 놀랄 정도로 체계화 능력이 없다. 원숭이와 유인원은 먹이에 향신료나 다른 재료를 첨가해 새로운 맛을 실험하는

침팬지는 돌로 견과류를 깬다.

까마귀는 먹이를 얻기 위해 물속에 돌을 떨어뜨려 수위를 올린다.

병코돌고래는 소라 껍데기를 이용해 물고기를 잡는다.

문어가 속이 빈 코코넛 껍데기를 타고 바다 밑 바닥을 미끄러져 나아간다.

호주솔개('파이어'호크)

그림 6-1 많은 동물이 간단한 도구를 사용한다. 발명처럼 보이는 행동을 하기도 한다.

6 시스템맹 — 왜 원숭이는 스케이트보드를 타지 못할까?

일이 결코 없다. 움직임과 인과성을 실험하기 위해 트램펄린처럼 탄성이 있는 표면에서 새로운 동작을 시도하지도 않고, 시소를 만들지도 않는다. 나무 위에서 사는 원숭이가 가지에서 가지로 그네 타듯 옮겨가는 모습은 인상적이지만, 녀석들이 어떤 크기의 가지를 붙잡고 피해야 하는지 학습하는 것은 단순한 연상을 통해서다. 원숭이들이 무게와 지지支持 사이의 **인과** 개념을 이해한다면 직접 제작한 시소나 다른 종류의 균형 문제를 실험하는 모습이 눈에 띌 것이다. 침팬지는 작은 모형 시소에서 그 안에 음식이 들어 있음을 알고 아래로 기우는 쪽에 놓인 컵을 선택할 가능성이 크다는 연구 결과도 있지만, 이는 그저 규칙을 학습하고 간단한 추론을 할 수 있음을 알려줄 뿐이다. 침팬지가 야생에서 무게의 인과적 특성을 실험하는 모습은 한 번도 관찰되지 않았다.[14] 마찬가지로 스케이트보드를 타거나, 그것을 운송 수단으로 실험하는 모습도 관찰된 바 없다.[15] 심지어 물체를 던지면 공처럼 똑바로 나아가는지, 부메랑처럼 곡선을 그리며 돌아오는지, 프리스비처럼 미끄러지듯 나아가는지 등 운동 형태를 실험하는 모습도 볼 수 없다. 영장류학자 마크 하우저Marc Hauser 연구팀은 침팬지가 물건을 던지지 않는 이유는 손의 구조가 정확한 투척 동작에 맞지 않기 때문이라고 주장했지만, 인간은 손이 아무리 심하게 변형되어도 던지기를 포기하지 않는다.

인간은 실험을 하기 때문이다.

원숭이나 유인원은 춤을 추거나 리듬에 맞춰 뭔가를 실험하는 일이 없지만, 모든 인간은 좋아하는 곡을 들으면 손발로 박자를 맞추거나 마음이 내키면 일어나서 춤을 춘다. 유인원이나 원숭이가 다른 형태의 운송 수단을 실험하기 위해 파도를 타는 모습은 한 번도 목격된 적 없다. 동물은 우리와 달리 '호기심에 못 이겨' **만일-그리고-그렇다면** 패턴을 실험하거나 추구하거나 놀이에 이용하지 않는다. 파도의 모습이 바뀌고, 시소가 위아래로 오르락내리락하는 등 우리와 똑같은 정보를 눈으로 보아도 원숭이나 유인원은 그것들을 그저 무시한다. 뇌 속에 체계화 메커니즘이 없기 때문이다. 이들은 **시스템맹**system-blind이다. 어떠한 시스템적 사고도 하지 않는다.[16]

▌▌▌▌▌

원숭이와 유인원이 시스템맹이라면 두 살배기 인간도 통과하는 인과적 **만일-그리고-그렇다면** 체계화 검사를 통과하지 못할 것이라고 예상할 수 있다. 실제로 인간은 9개월 된 유아도 인과관계를 인지한다. 원숭이와 유인원은 어떨까?[17] 자신들 나름의 석기시대, 인간으로 치면 7만~10만 년 전 인지혁명이 일

어나기 전 호미니드 조상들이 단순한 석기만 사용하던 단계에
머물러 있는 것일까? 견과류 껍데기를 '돌로 내리쳐' 그 안에 든
것을 꺼내 먹을 때, 유인원은 분명 인과관계를 이해하지 않을
까? 나뭇가지로 밤에 잠들 둥지를 만들 때, 침팬지는 마음속으
로 어렴풋하게나마 인과관계를 이해하지 않을까?[18]

영장류학자 대니얼 포비넬리Daniel Povinelli는 이 문제를 연구
했다. 침팬지에게 위로 쌓고 균형을 잡을 수 있는 장난감 블록
형태의 단순한 인과적 체계화 검사 도구를 제공했다. 단, 블록
중 일부는 그 안에 추를 감춰 더 무겁게 만들었다. 그리고 우리
의 영장류 사촌이 작은 모형 시소의 무게중심 잡는 법을 알아내
는지 관찰했다. 널빤지 한쪽이 다른 쪽보다 더 무거울 때(침팬지
는 그 사실을 모르지만) 받침점을 가운데에 두는지 무거운 쪽으
로 치우쳐 두는지 살펴본 것이다. 인간 어린이는 시소의 균형을
잡기 위해 더 무거운 블록을 옮겨 무게 중심이 예상과 다르다는
사실에 대응하는 법을 찾아낼 수 있다. 하지만 침팬지는 아무리
해도 방법을 찾지 못하다가 결국 단념하고 말았다. 블록을 가지
고 놀면서 그 뒤에 숨겨진 시스템이 작동하는 방식을 알아내는
데 아무 관심이 없었다. 늘 실험하는 인간과 달리 침팬지는 호
기심에 못 이겨 **실험을 하는 것** 같지는 않았다.[19]

포비넬리는 침팬지가 **만일-그리고-그렇다면** 인과적 추론을

할 수 있는지 확실히 알아보기 위해 세 가지 후속 시험을 수행했다. 첫 번째 시험에서는 조잡한 고무 갈퀴와 튼튼한 갈퀴 중 하나를 마음대로 선택해 음식을 끌어오게 했다. 침팬지들은 아무런 선호를 나타내지 않았다. 튼튼한 도구가 더 효과적이라는 인과적 의미를 이해하지 못한다는 증거다. 두 번째 시험에서는 동일한 갈퀴를 사용했지만, 바닥을 달리했다. 한쪽은 잡아당기면 음식이 끌려오다가 함정에 빠지게 되어 있고, 다른 쪽은 함정과 같은 크기로 페인트를 칠했다. 역시 침팬지들은 아무런 선호를 나타내지 않았다. 원인과 결과를 이해하지 못한다는 증거다. 마지막 시험에서는 갈큇발이 아래를 향해 붙어 있는 갈퀴와 위를 향해 붙어 있는 갈퀴를 선택해 음식을 끌어당기게 했다. 갈큇발이 위를 향해 붙어 있는 갈퀴가 훨씬 효과적이었음에도 역시 침팬지들은 아무런 선호를 나타내지 않았다.[20] 인간 문화 속에서 자란 침팬지가 약간의 인과적 추론을 배울 수 있다는 점은 흥미롭다. 예컨대 침팬지에게 돌을 부딪혀 깨뜨려 도구 만드는 법을 가르치는 데 성공한 연구가 있다.[21] 하지만 야생의 침팬지는 인과성을 이해한다는 징후를 거의 나타내지 않는다. 자연적으로 뇌에 그런 능력이 결여된 것 같다.

모든 결과를 종합해 포비넬리는 이렇게 결론지었다. "침팬지들은 일관성 있게 오직 관찰 가능한 관계에만 집중하며, 겉으로 봐서는 알 수 없는 인과적 메커니즘이 작동한다는 것을 인식하지 못한다."

조셉 콜Josep Call을 비롯한 영장류학자들은 포비넬리의 결론에 이의를 제기했다. 해석의 여지가 있지만 고등 유인원은 실험실 환경에서 때때로 추론 능력을 보이며, 그중 일부는 인과적 추론인 것 같다고 주장한 것이다.[22] 그 말이 옳다고 해도 여전히 중요한 질문이 남는다. 왜 야생 상태에서는 그런 모습을 관찰할 수 없는가?

인류학자 마를리즈 롬바드Marlize Lombard와 페테르 가르덴포르스Peter Gardenfors는 포비넬리의 결론에 동의한다. 그들의 주장이 흥미로운 것은 동물이 인과관계를 이해한다는 말이 실제로 어떤 의미냐는 문제에 초점을 맞추기 때문이다. 그들은 원인과 결과를 완전히 이해한다는 말은 예컨대 '그때 바람이 불었기 **때문에** 사과가 나무에서 떨어졌다'와 같은 개념을 이해한다는 뜻이라고 주장했다. 우리에게는 너무나 단순한 말이다. 그렇지 않은가?

하지만 조금만 분석해 보면 이 개념을 이해하는 데 **만일-그리고-그렇다면** 체계화가 반드시 필요함을 알 수 있다. '**만일** 사과가 나무에 매달려 있다면, **그리고** 그때 바람이 분다면, **그렇다면** 사과가 떨어질 것이다.' 이 사건을 이해하려면 시스템 내

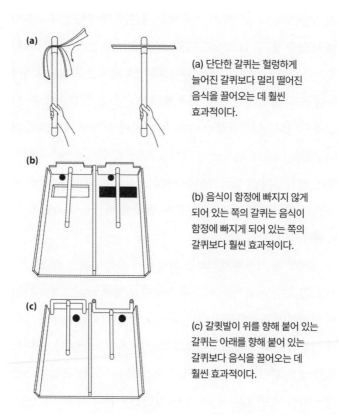

(a) 단단한 갈퀴는 헐렁하게 늘어진 갈퀴보다 멀리 떨어진 음식을 끌어오는 데 훨씬 효과적이다.

(b) 음식이 함정에 빠지지 않게 되어 있는 쪽의 갈퀴는 음식이 함정에 빠지게 되어 있는 쪽의 갈퀴보다 훨씬 효과적이다.

(c) 갈큇발이 위를 향해 붙어 있는 갈퀴는 아래를 향해 붙어 있는 갈퀴보다 음식을 끌어오는 데 훨씬 효과적이다.

그림 6-2 침팬지의 인과적 체계화 검사

에서 원인적 인자들을 이해해야 한다. 즉 바람은 힘이며, 매달려 있다는 것은 힘에 저항하는 메커니즘이지만, 매달린 상태가 든든하지 않다면 바람에 떨어질 수 있음을 알아야 한다. 그들은 원숭이와 유인원이 어떤 물체를 다른 물체에 단단히 고정하는 모습을 볼 수 없으며, 그것은 그런 인과적 관계를 이해하지 못한다는 증거라고 결론 내렸다. 하지만 사람은 고속도로에서 빠른 속도로 달리기 전에 고무 밧줄로 무거운 짐을 자동차 지붕에 단단히 묶고, 바람이 많이 부는 밤에 야영할 때는 밧줄과 고정못을 이용해 텐트를 단단히 고정한다. 우리는 아무렇지도 않게 생각하지만 동물에서는 사실상 관찰할 수 없는 이런 행동은 오직 인간만이 지닌 일련의 인과적 개념을 고스란히 드러낸다.[23]

롬바드와 가르덴포르스는 화살촉에 독을 바르는 것은 말할 것도 없고 활과 화살을 이용해 사냥하는 행동도 인과성을 완전히 이해해야 가능하다고 주장하면서, 활을 이용한 사냥은 오로지 인간만이 수행하는 활동으로 그 기원은 7만 1000년 전 아프리카 남부로 거슬러 올라간다고 상기했다.[24] 이런 추정 시점은 7만~10만 년 전 인지혁명이 일어났다는 이론과 잘 들어맞는다. 앞에서 보았듯 활과 화살을 이해하려면 체계화된 사고가 필요하다. '**만일** 신축성 있는 섬유에 화살을 메긴다면, **그리고** 그 섬유를 팽팽하게 당겼다가 놓는다면, **그렇다면** 화살은 날아갈 것이다.' 이 시스템 내에서 핵심적인 원인 인자는 어떤 물체가 일정한 거리를 움직이려면 힘이 작용해야 하며, 신축성 있는 섬유를 팽팽하게 당겼다 놓는 것이 힘을 조절하는 방식 중 하나라는 것이다. 실제로 뭔가를 멀리서 발사할 수 있다는 생각 자체(화살을 쏘거나, 바위나 창을 던지거나, 포탄, 총알, 로켓을 발사하는 것)는 반드시 인과성에 대한 이해를 필요로 한다.

사실 인간 아닌 동물이 인과성을 전혀 이해하지 못한다는 결론에 나는 상당히 충격을 받았다. 롬바드와 가르덴포르스의 분석에서 우리는 침팬지가 창을 던지지 못한다고 생각할 수밖에 없다. 정말 그럴까? 침팬지는 창을 만들어 사냥감을 찌르지는 않지만 나뭇가지를 뾰족하게 만들어 사냥을 하는 것은 사실이며, 이는 매우 간단한 도구 사용의 예로 생각된다. 하지만 먼 거리에서 창을 던지는 것은 인간만이 할 수 있는 행동으로 밝혀졌다. 물론 침팬지도 동물원에서 구경꾼에게 겁을 주기 위해 돌을 던진다.(또 다른 발사의 예다.) 하지만 이런 행동이 인과성을 이해한다는 증거는 아니다. 녀석들은 그저 그런 행동과 뒤이어 나타나는 결과 사이의 연관성을 학습했을 것이다.[25] 다트 놀이를 즐기는 동물은 인간뿐이며, 인간은 무엇이든 표적에 매우 정확하게 맞출 수 있다. 반면 원숭이나 유인원은 이런 일에 놀랄 정도로 서툴다. 나는 술집에서 다트 놀이하는 모습을 보거나 텔레비전으로 중계되는 다트 시합을 매우 좋아한다. 항상 짜릿할 정도로 재미있기 때문이 아니라, 뭔가를 겨냥해 팔과 손과 손목을 움직이고 엄지손가락과 다른 손가락을 이용해 잡는 동작을 섬세하게 조절하는 단순한 행동에서 아름다울 정도로 우아한 일련의 인과성 개념이 드러나기 때문이다. 골대를 향해 축구공을 차거나 테니스 라켓 또는 골프채를 휘둘러 작은 공을 정확히 목표 지점까지 날려 보내는 동작도 마찬가지다.

동물이 도구를 사용하는 수많은 예를 우리의 도구 사용과 비슷하다고 생각하는 것은 매혹적이지만, 사실 동물의 어떤 행동도 인간 고유의 발명 능력이나 인과적 추론 능력 근처에도 미치지 못한다. 이유는 두 가지다. 첫째, 예로 든 동물의 모든 행동은 **단순한** 도구 사용으로 그저 연상 학습의 결과일 수 있다.[26] 둘째, 인간은 도구들을 **무한히** 새롭게 변형시키지만, 동물이 도구를 사용하는 예는 대부분 일회성 사건에 불과하거나 제한된 방식의 사용에 그친다. 아울러 다른 어떤 동물도 생성적 발명을 한 적이 없다는 사실은 오직 인간만이 체계화 메커니즘을 진화시켰다는 생각을 강력하게 뒷받침한다.

|||||

활과 화살처럼 복잡한 도구가 돌도끼처럼 단순한 도구와 어떻게 다른지 마지막으로 한 가지만 더 알아보자. 인도 의사 사

라바난 카루나니디$^{\text{Saravanane Carounanidy}}$는 돌도끼를 만드는 것이 딱 두 단계 과정이라고 지적한다. 돌의 한쪽을 떼어낸 후, 다른 쪽을 떼어내면 된다는 것이다. 인류학자들은 이 과정을 '부싯돌 치기$^{\text{flint-knapping}}$'라고 한다. 돌의 어느 쪽을 먼저 치든 아무 문제 없다. 두 단계 과정이라는 말을 사용해 카루나니디는 동물이 오로지 우연에 의해 이 두 단계를 완료하고 보상(먹이)을 받을 가능성이 매우 크다는 점을 상기시킨다.

까마귀는 오로지 우연에 의해 자동차가 지나가는 길에(A) 견과를 떨어뜨리는 행동(B)이 딱딱한 껍데기 속에 든 맛있는 먹이를 얻는 것과 연관된다는 사실을 학습했을 수 있다. 언뜻 발명인 것처럼 보이는 이 행동이 A와 B를 연결하는 연상 학습의 결과일 수 있다는 뜻이다. 진정한 실험 및 발명 능력이 없다면 동물은 이 단순한 행동을 전혀 변형하지 않은 채 그저 반복해서 만들어낼 것이다. 몇 가지 요소로 이루어진 복잡한 도구는 어떨까? 뾰족한 도구를 끝에 매단 사냥용 창을 만들려면 최소한 **여섯** 단계를 정해진 절차에 따라 수행해야 한다. 따라서 오로지 우연에 의해 만들어질 가능성은 거의 없다고 카루나니디는 주장한다. 뾰족한 돌창촉을 지닌 창을 만드는 데 필요한 여섯 단계는 이렇다.

1. 돌로 작은 도끼를 만든다.(그 자체가 두 단계 과정이다.)

2. 기다란 나뭇가지를 찾는다.

3. 나무막대의 한쪽 끝을 깎아 홈을 판다.

4. 천연섬유를 찾는다.

5. 도끼를 홈에 끼운다.

6. 천연섬유로 도끼와 나무막대를 단단히 묶는다.

여섯 단계의 과정을 여기 적은 순서로, 또는 1단계를 5단계 앞으로 옮겨 수행하면 돌창을 만들 수 있다. 사실 각 단계 뒤에는 '그러고 나서'라는 말이 숨어 있다. 따라서 가능한 수열은 무려 720이 된다(6의 계승은 $6 \times 5 \times 4 \times 3 \times 2 \times 1 = 720$). 오로지 **우연에 의해** 놀랍도록 유용한 이 도구를 새로 만들었을 가능성은 720분의 1이다. 호모 사피엔스가 우연히 최초의 돌창을 만들었을 가능성은 거의 없다.

호모 사피엔스가 돌창을 만들기 위해서는 두 가지 요소가 필요했다. 필요한 단계 수가 두 단계에서 여섯 단계로 크게 늘었으므로 도구 제작 과정 중 어떤 단계가 어떤 단계 앞에 오는지 이해하는 뛰어난 작업 기억이 있어야 했고, 새로운 **만일-그리고-그렇다면** 알고리듬이 있어야 했다. 네안데르탈인도 창을 만들었으리라 추정하는 사람도 있지만, 돌도끼 날을 연결했는

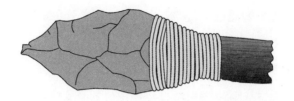

그림 6-3 나무막대 끝에 돌도끼 날을 연결한 돌창

지는 여전히 논란거리다.[27]

　반면 7만 년 전 호모 사피엔스는 아직 돌창을 발명하지 못했지만 활과 화살을 사용하고 있었다. 카루나니디의 분석에 따르면 활과 화살을 만드는 데는 최소 아홉 단계가 필요하며, 각 단계를 반드시 한두 가지 정해진 순서에 따라 수행해야 한다.(아래 순서에서 1~3단계와 4~7단계의 순서를 바꿀 수 있다.)

1. 길고 유연성 있는 나무막대를 찾는다.
2. 신축성 있는 섬유 또는 동물의 힘줄을 찾는다.
3. 섬유를 양쪽 끝에 단단히 묶고 당겨서 막대를 활 모양으로 구부린다.
4. 짧고 곧은 나무막대를 찾는다.
5. 돌로 작은 날을 만든다.(그 자체가 두 단계 과정이다.)
6. 짧은 나무막대의 한쪽 끝을 깎아 작은 홈을 만든다.

7. 돌날을 홈에 끼운 후 길고 가느다란 섬유로 단단히 묶는다.

8. 돌날을 연결한 나무막대를 활 모양의 막대에 직각으로 놓고, 날이 연결되지 않은 쪽 끝이 신축성 있는 섬유 쪽으로 가게 한다.

9. 신축성 있는 섬유를 뒤로 잡아당긴 후 놓아 날이 달린 나무막대를 발사한다.

순열에 의한 숫자는 36만 2880으로 엄청나게 크다(9의 계승은 9×8×7×6×5×4×3×2×1=36만 2880). 따라서 오로지 우연에 의해 활과 화살을 제작했을 가능성은 36만 2880분의 1로 거의 0에 가깝다. 거의 불가능한 일이다.[28] 그보다는 7만~10만 년 전 인간이 갑자기 복잡한 도구들을 만들기 시작한 이유가 체계화 메커니즘을 진화시켰기 때문이라고 보는 편이 훨씬 합리적일 것이다.

다시 한번 까마귀와 견과의 예로 돌아가보자. 까마귀가 이렇게 생각했을 가능성을 완전히 배제할 수 있을까? '**만일** 견과를 도로에 떨어뜨린다면, **그리고** 자동차가 그걸 밟고 지나간다면, **그렇다면** 견과 껍데기를 깰 수 있다.' 까마귀도 이런 식으로 **만일-그리고-그렇다면** 추론을 할 수 있지 않을까? 과학은 두 가지 설명이 가능할 때 절약의 법칙(오컴의 면도날 또는 경제 원리)을 택하라고 가르친다. 복잡하고 정교한 설명에 기대지 않고 더 단순하게 설명할 수 있는가? 나는 연상 학습이 까마귀의 행동에 대한 가장 단순한 설명이며, 체계화 메커니즘은 수많은 인간의 발명에 대한 가장 단순한 설명이라고 주장한다.

||||||

체계화 메커니즘 이론은 인간 발명에 대한 새로운 이론이자, 왜 동물은 발명하지 않는지에 대한 새로운 이론이다. 다른 이론으로 인간의 발명을 설명할 수는 없을까? 내 생각에 가장 중요한 대안 이론은 오직 인간만이 **언어**를 진화시켰기 때문에 발명을 시작했다는 것이다. 지금까지는 방 안에 들어앉은 이 거대한 코끼리에 대해 거의 언급하지 않았다. 역설적이지만 그간의 논의에서 언어는 뒤편에 조용히 앉아 있었을 뿐이다. 이제 두 가지 이론, 즉 체계화와 언어를 나란히 놓고 견주어보려고 한다.

7

거인들의 싸움

인간의 발명 능력은 어디서 왔을까? 지금까지 주장한 대로 체계화가 원동력일까? 아니면 언어 덕분일까? 우리 뇌에 내장된 두 가지 강력한 장치 중 어떤 것이 인간의 발명 능력을 더 잘 설명할까?

인간과 동물의 가장 큰 차이가 언어라는 점은 누구도 부정하지 않는다. 새로운 생각도 아니다. 19세기 언어학자 프리드리히 막스 뮐러Friedrich Max Müller는 언어야말로 "짐승과 인간 사이에 놓인 하나의 큰 장벽"이라고 썼으며, 다윈은 동물도 다양한 형태로 의사소통을 한다고 인정하면서도 인간 언어와 같은 복잡성이 동물의 의사소통에서 어떻게 결여되어 있는지 논증했다.[1] 오늘날의 학자들도 유연한 사고에 언어가 얼마나 중요한지 강조한다. 고인류학자 스티브 미텐은 4만 년 전 회화와 조각이 발명된 것은 호미니드 조상들의 모듈화된 마음이 현생 인류

의 통합적인 마음으로 변화했음을 반영하며, 그런 변화는 언어를 통해 가능했다고 주장했다.[2]

일단 언어를 진화시키자 인류는 **만일-그리고-그렇다면** 형식의 가설을 마음껏 펼칠 수 있었다. 이를 통해 발명 능력이 싹텄다고 상상하기는 어렵지 않다.[3] 발명에 대한 이론에서 강력한 두 경쟁자 간의 싸움을 시간 순서라는 기준으로 판가름할 수 있다면 편리할 것이다. 어느 쪽이 먼저 생겼을까? 체계화 메커니즘일까, 언어일까? 아쉽게도 이런 전략은 통하지 않는다. 체계화 메커니즘과 언어는 비슷한 시기, 즉 약 7만~10만 년 전에 생겼을 가능성이 크기 때문이다. 이 질문에 답하는 또 다른 전략은 앞서 언급했던 절약의 법칙을 사용하는 것이다. 발명에는 반드시 언어가 필요할까, 아니면 언어가 없어도 발명이 가능할까? 다시 말해서 언어가 없는 상태에서 체계화 메커니즘만으로 발명 능력을 설명할 수 있을까?

여기서 **언어**라는 단어는 사실 별로 도움이 되지 않는다. 워낙 많은 요소를 담고 있는 포괄적인 용어이기 때문이다. 그러니 언어를 몇 가지 핵심적인 요소로 분해해보자. 우선 **말**speech부터 시작한다. 말이 발명 능력의 충분조건이라는 생각은 쉽게 배제할 수 있다. 말을 하기 위한 생리학적 발성기관은 최소한 60만 년 전 호미니드 조상들에게도 존재했기 때문이다. 그걸 어떻게 아느냐고? 호모 에렉투스는 물론 네안데르탈인도 목 앞쪽에 현생 인류와 똑같은 형태의 설골이 있었다. 설골은 발화와 조음에 필수적이라고 추측한다.[4] 반면 5장에서 보았듯 고고학적 기록에서 생성적 발명이 나타나는 시기는 약 7만~10만 년 전이다. 따라서 말을 했다는 것만 가지고 인지혁명 중 인간의 발명 활동이 꽃피었다는 현상을 설명할 수는 없다.

그렇다면 **의사소통**은 어떨까? 말과는 다르지 않은가? 많은 동물종이 말은 못해도 의사소통 체계를 가지고 있다. 예컨대 벌은 동료에게 꽃의 방향을 알리기 위해 8자 모양 춤을 추며, 새들은 짝짓기 철에 상대를 찾고 유혹하기 위해 (대개 새벽에) 노래한다.[5] 버빗원숭이는 호랑이나 뱀이나 독수리를 보면 경고성 울부짖음을 통해 동료들에게 자신이 본 것에 대해 알리는데, 어떤 포식자를 '공개적으로 알리는지'에 따라 나무 위로 올라가라, 풀 속을 잘 봐라, 하늘을 쳐다봐라는 뜻을 전달하는 것 같다.[6] 그럼에도 6장에서 보았듯 동물이 발명을 한다는 증거는 알려진 바 없다. 그러니 의사소통 체계를 가지고 있다는 것만으로 발명 능력을 설명하기에는 충분하지 않은 것 같다.

혹시 언어에 인간의 발명을 가능하게 하는 다른 측면은 없을까? **회귀**는 어떨까? 언어학자 노엄 촘스키^Noam Chomsky도 회귀야말로 인간 언어의 독특한 특징이라고 하지 않았던가?[7] (회귀란 어떤 과정 속에 그 과정 자체가 포함되어 무한히 반복되는 경우를 가리킨다.) 여기서는 회귀를 좀 더 깊게 살펴볼 작정이다. 왜냐하면 그 자체가 놀라운 현상일 뿐 아니라, 어떻게 우리가 발명을 하는지 설명할 수 있는 강력한 후보이기 때문이다.

회귀의 한 가지 예는 끼워 넣기nesting다. '알렉스는 빨간 차를 가지고 있다'라는 문장 안에 '당신이 아주 잘 아는'이란 구를 끼워 넣으면 '당신이 아주 잘 아는 알렉스는 빨간 차를 가지고 있다'라는 문장이 만들어진다. 회귀의 놀라운 힘은 러시아 인형처럼 끼워 넣기를 계속해 점점 많은 층위를 쌓아갈 수 있다는 점이다. 예컨대 '저기 주차된'라는 구를 앞 문장에 끼워 넣으면 이렇게 된다. '당신이 아주 잘 아는 알렉스는 저기 주차된 빨간 차를 가지고 있다.' 이론적으로 회귀는 끝없이 계속할 수 있다. 이처럼 구를 문장에 끼워 넣어 엄청나게 복잡한 언어학적 구조를 만드는 능력은 새로운 것을 발명하는 한층 더 일반적인 능력에 매우 유용하게 사용되었을 것이다. 사실상 이것들은 그대로 문장 구성 요소가 된다(문법에서 말하는 절과 하위절).

언어가 이런 회귀 특성을 가졌다는 것이 인간의 발명 능력을 설명하는 경쟁 이론이 될 수 있을까? 나는 그렇게 생각하지 않는다. 몇 가지 이유가 있다.

회귀의 두 번째 예는 어떻게 유한한 수의 단어를 가지고 무한한 수의 문장을 만들 수 있느냐는 것이다. 신경생물학자 안드레이 바이쉐드스키Andrey Vyshedskiy는 '그릇'과 '컵'을 비롯해 1000개의 명사를 지닌 언어를 상상해보자고 한다. 1000단어로 구성된 어휘에 공간 전치사 '뒤에'를 추가한다. 이제 갑자기 '컵 뒤에 있는 그릇' 또는 '그릇 뒤에 있는 컵'을 비롯해 엄청나게 많은 세 단어짜리 구가 생겼다. 사실 말로 표현할 수 있는 독립된 심상의 수는 1000가지에서 100만 가지로 늘어난다.(그의 계산에 따르면 1000×1×1000이다.)

바이쉐드스키는 '위에on'와 같은 두 번째 공간 전치사를 추가하면 어떤 일이 벌어질지 상상해보라고 한다. 이제 '그릇 뒤에 놓인 접시 위에 놓인 컵'과 같은 다섯 단어짜리 구를 어마어마하게 많이 만들 수 있다. 갑자기 그릇을 가리키며 그저 '그릇'이라고 하는 것보다 훨씬 많은 것을 말로 표현할 수 있게 되었다. 그의 계산에 따르면 1000단어로 구성된 어휘에 두 개의 공간 전치사를 추가하면 말로 표현할 수 있는 독립된 심상의 수는 40억 개(1000×2×1000×2×1000)로 늘어난다. 회귀의 힘을 보여주는 놀라운 예다. 이처럼 무한한 수의 문장을 향해 강력하게 늘어나는 현상을 바이쉐드스키는 '마법'이라고 부른다.

첫째, 회귀는 언어에서만 관찰되는 현상이 아니다. 음악의 핵심적인 특징이기도 하다.[8] 5장에서 음악의 발명에 있어 체계화가 핵심적인 역할을 했다고 논의한 것을 떠올려보면, 체계화 메커니즘 덕분에 회귀가 가능했다고 해석해야지, 반대로 해석할 수는 없다. **만일-그리고-그렇다면** 추론이 최초의 회귀를 어떻게 다루었을지 생각해보자. '**만일** 알렉스는 빨간 차를 가지고 있다라는 구가 있다면, **그리고** 그 안에 당신이 아주 잘 아는이라는 구를 끼워 넣는다면, **그렇다면** 당신이 아주 잘 아는 알렉스는 빨간 차를 가지고 있다라는 문장이 될 거야.'

둘째, 뇌졸중으로 언어 능력을 잃은 사람이나 애초에 언어 능력을 그리 발달시키지 못한 사람도 훌륭한 음악가가 될 수 있다.[9] 이 사실은 음악을 발명하기 위해 언어학적 회귀는 필요치 않지만, 체계화 메커니즘은 반드시 필요하다는 것을 시사한다.[10]

셋째, 엄마들은 아기가 언어학적 회귀를 이해하기 훨씬 전부터 간단한 게임을 하며 '아기 상어, 뚜루루뚜루' 같은 다양한 리듬 패턴으로 아기의 주의를 사로잡을 수 있다.[11] 아기가 언어학적 회귀 없이도 **만일-그리고-그렇다면** 패턴을 익힐 수 있음을 보여준다.[12] 리듬 속에 다른 리듬을 끼워 넣을 수도 있다. '뚜루루뚜루' 리듬을 외치다가, 갑자기 '아빠곰, 엄마곰, 아기곰' 리듬으로 바꿨다가, 다시 '뚜루루뚜루' 리듬으로 돌아올 수 있으며, 이때도 아기는 **만일-그리고-그렇다면** 추론을 이용해 리듬을 쉽게 따라간다.

이제 인간 언어의 마지막 핵심적인 특징을 알아보자. 바로 문법이다. 문법은 놀랄 정도로 강력하다. '개가 사람을 문다^{dog bites man}'와 '사람이 개를 문다^{man bites dog}'라는 구문을 생각해보자. 각 구문을 개별적인 구성 요소로 나눈 후(이 경우에는 세 개의 단어), 첫 번째와 마지막 단어(주어와 목적어)의 순서만 바꾸었을 뿐인데 완전히 다른 의미가 되었다. 이것이 문법의 힘이다. 우리 마음이 문법의 힘을 빌려 어떻게 새로운 이미지나 아이디어를 창조할 수 있었을지 상상하기란 어렵지 않다. 그런 상상은 사실상 발명과 다르지 않다.[13]

하지만 다시 한번 강조하건대, 나는 언어학적 문법 능력이 발명에 관한 체계화 메커니즘 이론을 반박한다고 보지 않는다. 문법 자체가 체계화 메커니즘의 한 특성이기 때문이다. 체계화 메커니즘이 **만일-그리고-그렇다면** 알고리듬을 어떻게 작동시키는지 생각해보자. '숫자의 순서가 **만일** 1-2-3이라면, **그리고** 첫 번째와 마지막 숫자를 서로 바꾼다면, **그렇다면** 숫자의 순서는 3-2-1이 된다.' 단어의 순서 역시 똑같은 **만일-그리고-그렇다면** 파이프라인을 통과시킬 수 있다. **만일** '개가 사람을 문다^{dog bites man}'라는 구가 있다면, **그리고** 첫 번째와 세 번째 단어를 서로 바꾼다면, **그렇다면** '사람이 개를 문다^{man bites dog}'라는 구가 된다. 나는 문법이 발명에 꼭 필요하다고 보지도 않는다. 내 이론에 따르면 발명에 반드시 필요한 것은 **만일-그리고-그렇다면**이라는 추론 능력이다. 그 능력이 없다면 발명도 없다.

7만~10만 년 전 인간은 **만일-그리고-그렇다면**이라는 방식으로 생각하게 되면서 **어떤** 시스템 내에서든 변수를 재배열할 수 있는 능력을 가지게 되었다. '**만일** 곧고 날이 달린 도구가 있다면, **그리고** 그것을 구부려 형태를 바꾼다면, **그렇다면** 낚싯바늘을 만들 수 있다.' 이런 식으로 체계화 메커니즘은 강력한 마법을 부렸으며, 여전히 부리고 있다. 바로 무한한 발명이다. 또한 우리는 **만일-그리고-그렇다면** 사고에 따른 부수적 이익으로 회귀와 문법이라는 능력을 가지게 되었다. 이런 능력에 의해 다시 단순한 언어가 복잡한 언어로 변해갔다. 두말할 것도 없이 발전은 양방향으로 촉진되었다. 언어를 사용해 새로운 아이디어를 단어로 표현하자 **만일-그리고-그렇다면** 추론이 촉진되었고, 단어를 여러 가지 방식으로 다루게 되자 새로운 아이디어들이 탄생했다.

극히 제한된 언어 능력을 지니면서도 고도로 체계화를 추구하며 발명 능력을 지닌 자폐인 서번트가 존재한다는 사실은 체계화와 언어가 서로 독립적인 능력임을 시사한다.[14] 자폐인 서번트의 생생한 예로 말은 거의 한마디도 못 하지만 말^{horse}을 어떤 각도에서 바라본 모습이든 척척 그려내는 자폐인 소녀 나디아와, 역시 어렸을 때 언어 능력이 매우 제한되었지만 건물을 어떤 각도에서 바라본 모습이든 놀랄 정도로 정확히 그려내는 스티븐 윌트셔Stephen Wiltshire를 들 수 있다.(나디아와 스티븐은 결국 어느 정도 언어 구사 능력을 습득했다.)

요약하면 내가 판단하기에 언어는 그 자체로 강력한 능력이지만 인간의 발명 능력을 설명하는 경쟁 이론이 될 수는 없다.[15]

|||||

인간의 발명 능력을 설명하는 심리학 이론에는 네 가지가 더 있다. 간단히 알아보자.

첫 번째는 두 가지 개념을 통합해 한 가지 새로운 개념을 만들어낼 수 있기 때문에 발명이 가능하다는 것이다. 바이쉐드스키는 이것이 뇌의 외측 전전두엽피질의 역할이라고 주장한다. 그 덕분에 4만 년 전 초기 인류가 두 가지 별개의 개념(예컨대 사람과 사자)을 통합해 하나의 새로운 개념(사자-인간)을 만들었고, 그런 가상의 존재를 조각상으로 표현했다는 것이다. 바이쉐드스키는 또한 외측 전전두엽피질만이 기억 속에 남아 있는 대상을 결합해 새로운 심상을 만들 수 있다고 주장한다. 인간의 발명을 설명하는 이 대안 이론에 그는 '전전두엽 통합prefrontal synthesis'이라는 이름을 붙였다.[16]

하지만 외측 전전두엽피질은 두 가지 개념을 통합해 한 가지 새로운 개념을 만드는 것보다 훨씬 많은 일에 관여한다. 또한 이것은 진정한 대안 이론이라고 할 수도 없다. 두 가지 개념을 결합한다는 것 자체가 체계화 메커니즘 속에서 일어나는 하나의 작용에 불과하기 때문이다.(**만일-그리고-그렇다면**에서 **그리고**가 바로 그것이다.) 논리적 과정은 이렇다. '**만일** 사자의 위쪽 절반(이라는 개념)을 취한다면, **그리고** 그것을 인간의 아래쪽 절반(이라는 개념)에 연결한다면, **그렇다면** 사자-인간(이라는 개념)을 가지게 된다.' 체계화 메커니즘의 힘은 주어진 것을 비단 이런 방식뿐 아니라 **어떤 다른 방식으로도 조작해** 발명품을 만들 수 있다는 점이다. 주어진 것이 실제로 존재하든, 개념이나 단어나 그림이나 모델(대상을 표현한 조각품 등)이나 기타 어떤 것으로 표상되었든 이런 식으로 응용해 가상의 존재(예컨대 스파이더맨)를 만들 수 있다.[17]

두 번째 이론은 간단히 말해서 우리가 상징적으로 사고할 수 있기 때문에 발명 능력을 가진다는 것이다.[18] 고고학자 에이프릴 노웰April Nowell이 정확히 이렇게 주장했다. **상징적** 사고라는 용어의 한 가지 의미는 어떤 사물이 다른 사물을 나타내도록

하는 능력, 또는 어떤 사물이 다른 사물을 나타낸다고 상상하는 능력을 말한다. 예컨대 수학에서는 이렇다. '**만일** X가 상자 속에 들어 있는 사과의 개수를 가리킨다면.' 또는 그림을 그리면서 이렇게 말할 수 있다. '**만일** 모래 위에 그린 커다란 원이 지구라면.' 따라서 상징적 사고의 첫 번째 의미는 **가설적** 사고와 관련이 있다.

이것은 분명 인간의 인식 능력에 있어 커다란 발전이며 (가설적 상황에 관한 생각을 즐길 수 있게 되었다는 점에서), 다른 생물종이 이런 능력을 가지고 있는지는 분명치 않다. 하지만 가설적 사고가 인간 발명에 관한 체계화 메커니즘 이론의 적수가 될 수는 없다. 가설적 사고는 **만일-그리고-그렇다면** 사고 체계에서 **만일**에 해당하는 한 요소에 불과하기 때문이다. 오커*를 물감으로 사용하거나, 그림붓 같은 도구를 만들거나, 조각을 하기 위해 끌 같은 도구를 만들려면 가설적 사고에 그치지 않고 **만일-그리고-그렇다면** 시스템에 따른 사고를 해야 한다. 먼저 시스템적 사고(**만일-그리고-그렇다면** 추론)가 가능해야 하는 것이다.

상징적 사고라는 용어의 두 번째 의미는 심리학자 앨런 레

---

* 　물감의 원료로 쓰이는 황토.

슬리Alan Leslie가 **메타 표현** 능력이라고 부르는 것이다. 메타 표현으로 명제를 말할 때('달은 블루 치즈로 만들어져 있다')는 그 전에 이미 어떤 마음 상태가 선행한다.(예컨대 '나는 …이라고 **상상한다**.') 그 결과 이런 문장이 생겨난다. '나는 달이 블루 치즈로 만들어져 있다고 상상한다.'[19] '달은 블루 치즈로 만들어져 있다'라는 말이 명백히 거짓이라도 이 말은 참일 수 있다. 메타 표현 덕분에 마음이론(다른 사람의 생각을 상상하는 것)과 자기 인식(자신의 생각에 대해 생각하는 것)이 가능해지며, 메타 표현은 상징적 사고(한 가지 사물이 다른 사물을 나타낸다고 상상하거나 거짓인 줄 알면서도 그렇게 가정하는 것)의 일부이기도 하다.

메타 표현이 인간 발명 능력의 핵심이라고 주장할 수는 있다. 메타 표현에 의해 '나는 속이 텅 빈 이 뼈를 이용해 소리를 낼 수 있을 것이라고 **상상한다**'는 생각이 가능해지기 때문이다. 인간은 메타 표현에 의해 가상적 상황을 상상할 수 있으며, 어린 시절에 '상상놀이'를 할 수도 있다. 상상놀이는 재미있고(익살을 부리거나 바나나를 전화기라고 상상한다), 사회적으로도 매우 중요하다(우리가 마음이론을 가질 수 있으며, 따라서 공감회로를 작동할 수 있다는 근거가 된다). '나는 X라고 **상상한다**'라는 생각을 할 수 있다는 것은 인지적 조건에 있어 분명 커다란 진보였으며, 인간 외에 다른 어떤 동물도 그런 사고를 할 수 있다는 증거가 없다.

하지만 메타 표현 자체가 새로운 물건을 만들어내는 능력을 설명하지는 못한다. 우리는 마음껏 상상하고 익살스러운 농담을 할 수 있지만 기술적인 실행 방식을 이해해 실제로 뭔가를 만들어내려면 여전히 **만일-그리고-그렇다면** 사고 체계가 필요하다. 예술, 언어, 사상에 있어 상징적 사고의 중요성을 (공감회로의 일부로서) 폄하하는 것이 아니라, 인간 발명 능력을 설명하는 데 있어서 상징적 사고가 체계화의 필요성을 대신할 수 없다는 뜻이다.

세 번째 이론은 유발 하라리가 제기했다. 그는 인간이 **집단적 허구**(종교, 유한책임회사, 돈 등)에 대해 생각할 수 있는 유일한 생물종이기 때문에 발명이 가능하다고 주장한다.[20] 물론 이런 면에서 인간이 얼마나 독특한 존재이며, 집단적 허구의 힘이 얼마나 강력할 수 있는지 강조한 그의 말은 전적으로 옳다. 한 집단이 동일한 허구적 믿음을 공유한다면 수많은 사람의 행동이 일치할 수 있다. 나는 바로 지난주인 2020년 3월, 지구상에 존재하는 76억 인류가 눈에 보이지 않는 치명적인 바이러스에 포위되었다고 믿은 결과, 몇 개월씩 집 안에 머물며 지구 전체가 쥐 죽은 듯 조용하고 공공장소에서 사람의 모습을 볼 수 없다는 현실에 경외심을 느꼈다.[21] 이것이 수많은 사람을 일치된 행동으로 몰아가는 **집단적 믿음**의 힘이다.(이 경우는 허구가 아니라 뚜렷한 증거를 기반으로 한 실제이긴 하다.)

하지만 다시 강조하건대 우리가 허구적 개념을 얼마나 많이 생각하고 공유해도 체계화 메커니즘이 없다면 어떤 아이디어도 기술적 수준에서 실행할 수 없다. 허구적 사고는 집단적이든 개인적이든 **만일-그리고-그렇다면** 추론에서 **만일** 부분에 해당할 뿐이다. 우리는 대개 원인적 조작으로 **그리고** 부분이 필요하며, 6장에서 보았듯 동물은 인과성을 이해하지 못하는 것 같다. 또한 우리는 원인적 조작을 관찰하거나 실험한 결과를 보여주는 **그렇다면** 요소도 필요하다. 다른 동물이 **만일-그리고-그렇다면** 추론을 따라 진행되는 과정 전체를 체계화할 수 있다는 믿을 만한 증거는 없다.

인간의 발명 능력을 설명하기 위한 마지막 심리학적 이론은 우리가 훨씬 큰 **작업 기억**을 가지고 있다는 것이다.[22] 고고학자 토머스 윈Thomas Wynn과 심리학자 프레데릭 쿨리지Frederick Coolidge는 이런 이론을 주장하면서, 작업 기억이란 '주의를 분산시키는 것이 있음에도 뭔가를 마음속에 붙잡아 둘 수 있는 능력'이라고 정의했다. 그들은 예컨대 인간이 덫을 설계하고 사용하기 위해서는 작업 기억이 필요했으리라고 주장한다. 덫을 놓았으면 계속 지켜보면서 기다리거나, 나중에 다시 그 장소로 돌아와 덫이

제대로 작동했는지 확인해야 한다는 것이다. 역설적으로 기억이라는 단어는 보통 과거의 정보를 가리키지만, 작업 기억이라는 용어는 미래의 계획을 실행하는 것과도 관련된다. 계획의 각 단계를 기억할 수 있어야 하기 때문이다.

마음속에서 훨씬 많은 단계를 기억할 수 있는 능력이 생긴 것은 분명 커다란 이점이었을 테지만, 그렇다고 해서 작업 기억이 늘어난 것 자체가 발명 능력으로 이어졌다고 할 수 있을까? 몇 가지 이유에서 절대 그렇지 않다. 우선 동물 중에도 우수한 작업 기억을 가진 것들이 있지만, 발명을 하지는 못한다. 예컨대 다람쥐는 겨울이 오기 전에 어디에 견과류 먹이들을 묻어 두었는지에 대해 뛰어난 작업 기억을 가졌지만, 생성적 방식으로 발명하는 일은 없다. 까마귀나 유인원이 심지어 미래를 생각하는 능력이 있다고 주장하는 사람도 있다. 논란의 여지가 있지만, 어쨌든 이들 또한 생성적 방식으로 발명하지는 않는다. 발명에는 단순한 작업 기억을 넘어선 다른 요소가 필요하다.[23]

계획 세우기의 좋은 예라 할 수 있는 덫을 놓는 행동에는 분명 작업 기억보다 훨씬 많은 것이 필요하다. 최소로 생각한다고 해도 역시 체계화를 할 수 있어야 한다. '**만일** 금속 막대에 스프링을 연결한다면, **그리고** 스프링을 갑자기 작동시킨다면, **그렇다면** 금속 막대가 탁 하고 닫힐 거야'라거나 '**만일** 생쥐가 치즈를 갉아먹는다면, **그리고** 그 행동이 스프링을 갑자기 작동시킨다면, **그렇다면** 금속 막대가 생쥐의 머리 위로 세게 닫혀 순식간에 생쥐를 죽일 거야'라거나. 또한 덫을 놓는 것은 상대를 기만할 능력이 있다는 징표이므로 인지적 공감, 즉 마음이론(공감 회로의 일부)이 필요하다. 생쥐가 무엇이 자기 머리를 찍어 누를지, 스프링 메커니즘이 어떻게 작동할지 **알지** 못하리라는 사실을 짐작하는 데 마음이론이 필요하기 때문이다. 하지만 애초에 스프링 메커니즘을 설계하려면 역시 체계화가 필요하다.

지금까지 설명한 네 가지 심리학적 과정이 모두 인간의 발명 능력을 설명하려고 시도했고, 발명이라는 과정을 전체적으로 이해하는 데 도움이 되는 것은 사실이다. 그러나 어떤 이론도 체계화 메커니즘의 필요성을 부정할 수 없으며, 어떤 이론도 그 자체만으로는 발명으로 연결되지 않는다. 더욱이 우리가 **어떻게** 발명하는지 뿐 아니라, **왜** 발명하는지도 해명할 수 있어야 한다. 에디슨이 발명 자체의 순수한 기쁨을 누리기 위해 발명에 몰두했다는 점을 떠올려보라. 그는 사람들의 충족되지 않은 필요를 채우기 위해서가 아니라 그저 어떻게 되는지, 어떤 일이 가능한지 알아보기 위해 밤을 새워가며 발명에 매달렸다. 이런 호기심의 원동력이 바로 체계화 메커니즘이다.

‖‖‖‖

진화 과정에서 일어난 인간의 신체 변화에 초점을 맞추어 발명 능력을 설명하는 몇몇 대안 이론도 간단히 짚고 넘어가자. 인류가 **직립 자세**를 취한 것과 인류의 **전체 뇌 크기**가 발명의 원동력이었다고 주장하는 사람들이 있다. 호모 에렉투스도 직립 보행을 했으며, 네안데르탈인의 뇌 용적은 우리보다 훨씬 더 컸음에도 생성적 발명 능력에 있어서는 우리 근처에도 미치지 못했다.[24]

인간은 다른 손가락과 **맞댈 수 있는 엄지**를 지니고 있어서 정확히 물건을 붙잡고 강한 악력을 발휘하는 등 소근육 운동을 정밀하게 통제할 수 있으며, 이로 인해 도구를 다루는 데 훨씬 유리했다는 사실에 초점을 맞춘 이론도 있다.(지하철에서 머리 위에 매달린 손잡이를 잡는 방식과 젓가락을 이용해 음식을 집는 방식의 차이를 생각해보라.) 하지만 맞댈 수 있는 엄지로 인류의 발명 능력을 설명할 수는 없다. 호모 하빌리스를 비롯해서 구세계의 모든 원숭이, 모든 유인원이 맞댈 수 있는 엄지를 가지고 있다. 하지만 이들 중에 생성적 발명을 할 수 있는 종은 없다.

마지막으로 인류가 **긴 아동기**를 가지는 것이 중요하다고 주장하는 사람들이 있다. 물론 긴 아동기는 학습 능력에 영향을 미친다. 인간 유아는 상대적으로 미숙한 상태로 태어나기 때문에 우리의 지식 중 많은 부분은 유전적으로 프로그램된 것이 아니라 경험을 통해 얻은 것이다. 따라서 인간은 행동 면에서 훨씬 융통성이 있다. 하지만 아동기가 길다는 것 자체가 자동적으로 발명 능력을 이끌어내지는 못한다.

인간의 발명 능력에 대한 체계화 메커니즘 이론의 마지막 도전자는 인지혁명의 시점이 예측과 다르다는 고고학적 증거다. 7만~10만 년 전에 인지혁명이 일어났다고? 그보다 더 이른 시기에도 발명의 증거들이 존재하지 않나?[25] 죽은 자를 매장했다는 증거, 구멍 뚫은 조개껍데기, 안료의 사용 등은 그보다 수만 년 전으로 거슬러 올라가므로 현생 인류가 나타나기 전에도 발명이 이루어졌음을 보여주는 증거일지 모른다. 그러나 고고학자들은 이것들이 예외적인 사건이며 얼마든지 다른 방식으로 해석할 수 있다는 점을 들어 진정한 발명의 기준을 충족하지 못할 수 있다고 지적해왔다.

내가 보기에 대안적 설명으로 제안된 것 중 심리적이든 신체적이든 우리의 놀라운 발명 능력을 충분히 설명하는 이론은 하나도 없다. **만일**만 가지고는 발명할 수 없다(가설적 사고처럼). **그리고**만 있어도 발명으로 이어지지 않는다(인과성 개념처럼). **만일-그렇다면**도 물체나 사건이 변할 수 있다는 의미일 뿐 어떻게 발명을 하는지 이해하는 데 도움이 되지 않는다. 발명을 하려면 **만일-그리고-그렇다면** 추론의 과정이 모두 필요하다. 체계화 메커니즘이 없다면 발명은 불가능하다.

IIIII

지금까지 왜 체계화 메커니즘이 발명에 반드시 필요한지 설명했다. 체계화 메커니즘은 부분적으로 유전의 영향으로 생겨났다고도 했다. 고도로 체계화하는 성격이 부모로부터 자녀에게로 유전될 수 있다는 뜻이다. 또한 일부 체계화 관련 유전자들이 자폐 관련 유전자들과 중첩된다는 증거를 제시했다. 실제로 이런 유전적 중첩이야말로 책의 맨 앞부분에서 엿본 고도로 체계화하는 발명가의 마음과 자폐인의 마음 사이에 존재하는 흥미로운 관련성 중 하나다. 양쪽 모두 이 세계에서 **만일-그리고-그렇다면** 패턴을 찾는 데 강하게 끌리는 경향이 있다. 이런 사실에서 매우 구체적인 예측이 나온다. 고도로 체계화하는 성향이 있는 부모의 자녀는 유전학적으로 자폐인일 가능성이 더 크다는 것이다. 정말 그런지 알아보려면 고도로 체계화하는 사람이 자녀를 가졌을 때 어떤 일이 벌어지는지 관찰해봐야 할 것이다. 그런 일을 하기에 완벽한 기회를 제공하는 장소가 있다.

고도로 체계화하는 사람들이 직장을 찾아 몰려들고 서로 만나고 아기를 낳는 곳, 바로 실리콘밸리다. 그곳 자체가 자연적 실험실이다.

8

섹스 인 밸리

STEM 분야에 재능이 있는 사람은 고도로 체계화하는 성향이 있을 것이다. 이들끼리 결혼하면 자폐인 자녀가 태어날 가능성이 더 클까? 우리가 사는 세상에서는 기술 분야의 재능 있는 사람이 산업 허브로 가서 직업을 찾는 경향이 있으므로 비슷한 사람끼리 만날 가능성이 크다. 이들 사이의 결혼이 더 빈번해진 것이 자폐가 느는 추세와 관련이 있을까? 물론 자폐가 늘어난 것은 일차적으로 자폐에 대한 인식이 높아지고, 진단 기법이 발달하고, 진단 기준이 변했기 때문이다. 하지만 그것이 전부일까?[1] 이 질문에 답하는 것은 이 책의 중심 이론(자폐 유전자가 인간 발명 능력의 진화를 이끌었다)을 검증하는 데는 물론, 자폐인을 지원하는 방법을 계획하는 데도 중요하다.

고도로 체계화하는 사람끼리 결혼했을 때 자폐인 자녀가 태어날 가능성이 더 큰지 알아보기 위해 우리는 1997년에 부모 직업 연구Parents' Occupations Study를 수행했다. 자폐 어린이 부모의 직업을 조사한 최초의 대규모 연구였다.[2] 자폐 어린이 부모 1000명과 대조군에 설문지를 보내 부모와 조부모의 직업을 물었다. 우리는 자폐 어린이의 아버지와 할아버지가 고도로 체계화하는 직업의 전형적인 예라 할 수 있는 공학 분야에서 일할 가능성이 더 클 거라는 가설을 세웠다. 예상은 정확히 적중했다! 이들은 자폐 진단을 받지 않은 어린이나 다른 장애를 지닌 어린이에 비해 아버지와 할아버지가 엔지니어일 가능성이 2배 이상 컸다. 이런 경향은 친할아버지와 외할아버지 양쪽 모두 동일했다. 당시에는 집 밖에서 직장을 가지고 일하는 엄마들이 너무 적어서 직업을 파악하기 힘들었지만, 별도의 연구 결과 자폐 어린이의 엄마들은 체계화 검사에서 높은 점수를 기록했다.[3] 따라서 고도로 체계화하는 부모와 조부모의 유전자가 자녀나 손주의 자폐 발생 가능성을 키우는 데 관련이 있을 것이라 생각했다.

부모 직업 연구는 후향적 연구였다. 이미 자폐 진단을 받은 어린이에서 시작해 그들의 부모가 고도로 체계화하는 경향이 있는지 알아보았다는 뜻이다. 전향적 증거도 찾아낼 수 있을까? 다시 말해 고도로 체계화하는 경향을 지닌 부부에서 출발한다면 이들의 자녀가 자폐인일 가능성이 더 크게 나타날까?

나는 자폐 자녀를 둔 부모들을 항상 만난다. 짐 사이먼스^{Jim Simons} 부부를 보자. 짐은 뛰어난 수학자이자 헤지펀드 기업가, 그의 아내 매럴린 호리스^{Marilyn Hawrys}는 계량경제학자다. 딸은 자폐인이다. 자폐 자녀를 둔 많은 부모처럼 그는 고도로 체계화하는 성향을 이용해 큰 이익을 보았다. 수학자와 컴퓨터 과학자들을 고용해 금융시장의 동태를 예측하는 컴퓨터 모델을 개발한 것이다. 개인 재산만 150억 달러가 넘을 것으로 추산한다.[4] 스티브 셜리^{Steve Shirley}도 빼놓을 수 없다. 그녀는 킨더트랜스포트^{Kindertransport}*를 통해 나치 독일에서 땡전 한 푼 없이 영국에 건너와 수학을 공부했다. 남편인 데렉은 물리학자다. 그들의 아들 역시 자폐인이다. 그녀는 소프트웨어와 하드웨어가 번들로 제공되던 초창기 컴퓨터 시대에 두 가지를 따로 제공하는 사업을 시작해 엄청난 부자가 되었다.[5]

이들은 고도로 체계화하는 재능 있는 부모와 자폐인 자녀가 태어날 가능성 사이에 유전적 관련성이 있으리라는 생각을 뒷받침한다. 과학적으로 입증되지 않은 일화적 사실이지만, 미국에서 가장 부유한 330개 가문 중 27개(8퍼센트) 가문에 자폐인 자녀가 있다.[6] 자폐인은 일반 인구의 1~2퍼센트이므로, 한쪽

---

* 제2차 세계대전이 발발하기 전, 나치가 통치하던 지역에서 유대인 어린이들을 구출하기 위해 펼쳐진 조직적 운동.

또는 양쪽 부모가 엄청난 부를 축적하는 데 성공을 거둔 가족에서 자폐 발생률이 4배에 달한다는 뜻이다. 돈을 버는 것은 보통 사업을 벌인 결과이고, 사업이란 시스템이므로 결국 성공적인 사업가는 남녀를 불문하고 체계화 성향이 강한 사람일 가능성이 크다.

체계화 성향의 핵심인 **만일-그리고-그렇다면** 사고가 사업에 얼마나 중요한 역할을 하는지 알아보자. '**만일** 이 물건 한 개를 팔아 50달러를 번다면, **그리고** 생산량을 100만 개로 늘린다면, **그렇다면** 5000만 달러를 벌 것이다.' 사업이란 뭔가를 판매 가능한 상품으로 바꾼다는 점에서 그 자체가 하나의 시스템이며, **만일-그리고-그렇다면** 과정이 새로운 사업 파이프라인을 구성한다면 그것은 발명의 정의를 충족할 것이다.

따라서 고도로 체계화하는 뇌 유형은 발명과 부의 축적이라는 면에서 큰 자산인 동시에, 자녀가 자폐일 가능성이 커지는 것과 관련될 수 있다. 크게 성공한 기업가, 사업을 고도로 체계화하고 높은 수준의 기술적 지식을 이용해 생산품 자체를 체계화한 사람을 만난다면 자녀나 손주가 자폐인일 가능성이 평균보다 크다고 예측할 수 있을 것이다.

물론 부모나 조부모가 고도로 체계화하는 성향이 있다고 해서 항상 사업에 번뜩이는 재능을 발휘해 큰 부를 축적하는 것은 아니다. 그런 성향은 과학적, 학문적, 기술적, 문학적, 음악적 전문성으로 나타나기도 한다. 저명한 물리학자 스티븐 호킹Stephen Hawking의 손주는 자폐인이다.[7] 세계에서 가장 유명한 혁신가이자 발명가인 일론 머스크Elon Musk 역시 자녀가 자폐인이다.[8] 이런 일화를 통해 고도로 체계화하는 부모와 조부모는 자녀나 손주 중에 자폐인이 있을 가능성이 더 크다는 암시를 얻을 수 있다. 하지만 일화를 넘어 증거로 나아가려면, 즉 이런 관련성이 우연이 아니라 유전에 의한 것임을 검증하려면, 고도로 체계화하는 부모들로 이루어진 대규모 집단에서 자폐 발생률을 알아볼 필요가 있다.

|||||

나는 적어도 1997년부터 실리콘밸리에서 자폐를 더 쉽게 접할 수 있다는 일화적 보고들을 접했다. 매사추세츠공과대학(이하 MIT) 졸업생 자녀 중에 자폐가 훨씬 흔하다고 시사하는 일화적 논문도 읽었다. 이런 소문을 데이터로 뒷받침할 수 있다면 고도로 체계화하는 성향과 자폐 사이의 유전적 관련성을 확인할 수 있을 터였다.

2003년 MIT 동문회장을 역임한 브라이언 휴즈Brian Hughes가

흥미로운 이메일을 한 통 보냈다. 동문 자녀의 자폐 발생률이 일반 인구에서 보고되는 1~2퍼센트가 아니라 무려 10퍼센트에 달한다는 얘기가 있다고 했다. 이 특이한 집단에서 자폐 발생률이 정말로 5배 높다면 보통 중요한 일이 아니었다. 브라이언과 심리학자 샐리 윌라이트Sally Wheelwright의 도움을 받아 우리는 수많은 MIT 졸업생을 조사하는 'MIT 연구'를 시작했다.

MIT는 고도로 체계화하는 성향을 지닌 사람들의 결혼 패턴에 대한 사상 최대 규모의 실험을 수행하기에 적합한 장소였다. 1975년 전까지 오직 남학생만 입학시켰으며, 개설된 강좌 또한 정밀 과학에만 국한되었기 때문이다. 따라서 이들이 나중에 자폐인 자녀를 얻었다면, 최소한 그 아이들은 STEM에 재능이 있는 아버지에게서 태어났다고 가정할 수 있다. MIT는 1975년에 남녀공학으로 바뀌었으므로 이후에 대학에서 만나 결혼해 가족을 이룬 부부들도 연구할 수 있었다. 이들은 양쪽 모두 STEM에 재능이 있으므로, 이런 경우 자녀가 자폐인일 가능성이 더 큰지도 알 수 있을 터였다. 우리는 양쪽 모두 STEM 분야에 종사하는 부부, 한쪽만 STEM 분야에 종사하는 부부, 양쪽 모두 STEM 분야에 종사하지 않는 부부에서 자녀들의 자폐 발생률을 비교할 예정이었다.(일반 인구에서는 양쪽 부모 모두 STEM에 재능이 없는 경우가 아주 많으므로 훌륭한 대조군이 되었다.) 연구는

MIT 임상연구심사위원회의 정식 승인을 받았다. 모든 준비를 갖춘 셈이었다.[9]

그때 브라이언에게서 또 한 통의 충격적인 이메일이 날아들었다. MIT 총장인 찰스 베스트Charles Vest가 연구 진행을 승인하지 않겠다며 방해하고 나섰다는 것이다. 오래지 않아 베스트는 은퇴했지만 브라이언은 여전히 연구를 진행할 수 없다고 했다. 가설이 확인된다면 MIT의 명성이 손상될 우려가 있다는 것이었다. 이렇게 해서 연구는 대학 최고위층에 의해 차단되었다.

나는 두 가지 이유에서 충격을 받았다. 첫째, 그 가설은 과학적으로 자폐와 체계화에 관련된 재능 사이의 관계를 이해하는 데 큰 도움이 될 중요한 질문이었다. 둘째, MIT의 결정은 학문과 사상의 자유라는 대학에서 가장 중요한 원칙을 깨뜨린 것이었다.[10] 나도 35년간 대학에 몸담았지만 법을 위반하지 않고 도덕적으로 문제가 없는 한 세계 어디서도 대학 총장이 자기 대학에서 어떤 연구는 해도 좋고, 어떤 연구는 안 된다고 간섭했다는 소리를 들어본 적이 없다. 법과 도덕이라는 합리적 수준의 제한 외에, 학문적 자유라는 원칙은 결코 침범할 수 없다. 그럼에도 나는 MIT를 난처하게 만들고 싶지 않았기에 계획을 포기하고 말았다. 하지만 그렇게 중요한 가설을 검증하려는 시도 자체를 완전히 포기할 생각은 없었다. 그저 다른 연구 기회를 찾으면 될 일이었다.

‖‖‖‖

2010년 어느 날 행운이 찾아왔다. 네덜란드의 아인트호벤에서 기자인 파트릭 비르크스Patrick Wiercx가 이메일을 보내온 것이다. 그는 네덜란드의 실리콘밸리라 할 수 있는 아인트호벤에서 자폐 발생률이 매우 높다는 일화적 보고에 관한 기사를 쓰고 있었다. 나는 서로 만나 대화를 나눠보자고 파트릭을 초대했다. 그는 즉시 비행기에 올랐다. 아인트호벤은 두 개의 거대한 자석이 고도로 체계화하는 사람을 끌어당기는 허브였다. 아인트호벤기술대학(네덜란드의 MIT라 할 수 있다)과 100년 넘게 도시를 지키고 있는 필립스 공장이었다. 우리는 의기투합했다.

일이 잘 풀리느라고 마침 네덜란드 출신으로 내 연구실에서 석사 과정을 밟고 있던 마르티너 룰프세마Martine Roelfsema의 도움을 받아 그런 연구에 따르는 문화적 어려움을 헤쳐나갈 수 있었다. 역학 팀과 함께 '아인트호벤 연구'를 설계했다. 네덜란드의 다른 두 도시, 위트레흐트와 하를렘에 비해 아인트호벤에 얼마나 많은 자폐 어린이가 있는지 조사하는 연구였다. 두 도시는

아인트호벤과 인구수는 물론 다른 인구학적 특징도 비슷했지만, STEM 허브는 아니었다.[11]

마르티너는 세 도시의 모든 초등학교와 중고등학교에 연락해(650개가 넘었다) 자폐 진단을 받고 특수 교육 등록부에 올라 있는 어린이가 몇 명이나 되는지 조사했다. 절반 이상의 학교가 참여해 6만 명이 넘는 어린이의 정보를 제공해주었다. 결과가 속속 들어와 집계되었다. 놀라지 않을 수 없었다. 예상이 정확히 적중했던 것이다. 아인트호벤에서는 어린이 1만 명 중 229명이 자폐 진단을 받은 반면, 하를렘에서는 84명, 위트레흐트에서는 57명에 그쳤다. 자폐는 아인트호벤에서 2배 이상 흔했다.

이 결과로 우리는 STEM에 재능을 지닌 사람은 일반 인구에 비해 자폐인 자녀를 둘 가능성이 더 크며, 그런 사람이 모여 사는 지역사회에서는 자폐 유병률prevalence*이 크게 높을 것이라고 결론 내렸다. 이제 실리콘밸리 같은 STEM 허브 지역에서 이런 소견이 재현되는지 알아볼 차례였다. 만일 그렇다면 (물론 다른 많은 요소가 함께 작용하겠지만) 디지털 시대 들어 자폐 발생률이 기하급수적으로 증가하는 현상을 이해하는 데 중요한 단서가 될 것이었다.[12] 하지만 아인트호벤에서 얻은 증거만으로도

---

* 대상 집단에서 특정 상태를 가지고 있는 개체의 수數적 정도를 나타내는 측도.

고도로 체계화하는 정신을 물려받은 어린이는 자폐인이 될 가능성이 크다는 것이 강력하게 시사된다.

‖‖‖‖

부모 직업 연구의 결과로 돌아가보자. 이 연구에서는 자녀가 자폐인인 가족은 엄마 쪽과 아빠 쪽 모두 할아버지들이 엔지니어링 분야에서 일한 경우가 더 많다는 사실이 입증되었다. 많은 의문이 뒤따른다.

우선 이 남녀들은 애초에 왜 서로 끌렸을까? 처음 만났을 때 그들은 서로의 부모가 엔지니어일 가능성이 더 크다는 것을 알지 못했다. 관련해 또 다른 의문이 떠오른다. 고도로 체계화하는 유전자를 지닌 두 사람은 어떻게 부부가 될까? 그저 신체적 매력에 끌렸다면 왜 그들은 비슷한 마음을 가졌을까? 정신적 매력에 끌렸다면(지적 매력에 끌리는 성향sapiophilia이라는 단어도 있다), 다시 한번 왜 그들은 비슷한 마음을 가졌을까? 나는 왜 고도로 체계화하는 두 사람이 부부가 될 가능성이 더 큰지 호기심을 느끼지 않을 수 없었다.

‘끼리끼리 결혼한다’라는 말을 생물학자들은 동류교배assortative mating라 한다.[13] 동류교배는 자연계에 흔한 현상이다. 인간 사회에서는 키 큰 사람끼리 결혼하고, 외향적인 사람끼리 결혼하며, 알코올 중독자끼리 결혼할 가능성이 크다. 부모 직업 연구에 따르면 고도로 체계화하는 사람은 고도로 체계화하는 사람과 결혼할 가능성이 더 큰 것 같다. 이런 소견은 고도로 체계화하는 부부의 자녀나 손주들에서 자폐 발생률이 더 높을 것이라고 예측하는 자폐의 동류교배 이론에 잘 들어맞았다. 흥미롭게도 이런 결과는 최근 유전자 수준에서도 확인되었다.[14]

고도로 체계화하는 사람끼리 동류교배가 일어나는 데는 몇 가지 방식이 있을 수 있다. 우선 관심사가 비슷한 사람은 같은 곳에 살 가능성이 크다. 비슷한 교육을 받고, 비슷한 경력을 추구하기 때문이다. 어쩌면 고도로 체계화하는 사람끼리 부부가 될 가능성이 큰 이유는 사회적 기술이 뛰어난 사람들이 먼저 결혼해 부부가 되고, 사회적 기술이 부족한 사람들은 그 뒤로도 오랫동안 독신으로 남아 짝을 찾기 때문인지도 모른다.[15] 늦게까지 독신으로 남아 있다 보니 서로를 발견한다. 세 번째 가능성은 비슷한 **마음**을 가진 사람끼리 서로 끌린다는 것이다.[16] 하지만 이런 이론을 어떻게 검증할 수 있을까?

우리는 자폐 어린이의 부모들을 초대해 체계화 검사를 해보았다. 도안 속에 감추어진 표적 도형을 찾아내는 패턴 인식 검사, 즉 잠입도형검사Embedded Figures Test를 이용했다. 보통 이 검사

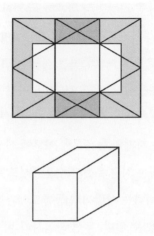

그림 8-1 잠입도형검사. 평균적으로 자폐인과 그 부모들은 일반 인구에 비해 도안(위) 속에 감추어진 표적 도형(아래 직육면체)을 더 빨리 찾아낸다.

에서 자폐인은 일반 성인보다 훨씬 빠르고 정확하게 표적 도형을 찾는다. 고도로 체계화하는 경향으로 인해 정보를 최대한 빨리 구성 요소로 나눈 뒤 **만일-그리고-그렇다면** 패턴을 찾기 때문일 것이다.

예상대로 자폐 어린이의 엄마와 아빠 모두 패턴 인식 검사를 더 빠르고, 더 정확하게 수행했다.[17] 대부분의 사람에게 없는, 고도로 체계화하는 경향과 관련된 기술을 공통적으로 가지고 있었던 것이다. 물론 데이트를 시작했을 때, 그리고 나중에 가족을 이루었을 때에도 이런 검사 수행 기술이 뛰어나다는 사실은 전혀 몰랐지만, 세부에 집중하고 정확함을 추구하는 성향과 적어도 그런 문제가 닥쳤을 때 쉽게 포기하지 않는 모습에 서로 끌렸을 가능성은 있다. 어쩌면 자신과 똑같은 마음을 지닌 사람, 또는 부모 중 한 사람과 똑같은 마음을 지닌 사람에게 편안함을 느꼈을지도 모른다.

|||||

아인트호벤은 자연적 실험이었다. 거기서 우리는 고도로 체계화하는 사람들의 자녀가 어떻게 발달하는지 보기 위해 진화의 속도를 높인다면 어떤 일이 벌어질지 관찰할 수 있었다. 또한 다시 한번 체계화 유전자가 자폐 유전자와 중첩된다는 개념과 일치하는 증거를 얻을 수 있었다. 따라서 7만~10만 년 전 인간 발명 능력의 진화를 추동했던 고도로 체계화하는 사람들 자신이 높은 수준의 자폐적 특성을 지녔으며, 많은 자폐적 특성을 지닌 자녀를 두었을 가능성이 크다고 가정할 수 있다. 오늘날 그런 성향이 관찰되기 때문이다. 하지만 당시에 고도로 체계화하는 성향을 지닌 두 사람이 만나 자녀를 두었을 가능성은 훨씬 작았다. 오늘날 아인트호벤과 실리콘밸리 같은 지역사회가 모

든 국가에 뿌리내리고 꽃피우면서 고도로 체계화하는 사람끼리 만나 가족을 이룰 가능성이 더 커진다면, 미래에는 어떤 일이 벌어질까?

9

미래의 발명가 키우기

이제는 전 세계에 아인트호벤이나 실리콘밸리 같은 도시가 우후죽순처럼 생겨난다. 뉴욕의 실리콘앨리, 런던의 실리콘라운드어바웃, 케임브리지의 실리콘펜, 파키스탄의 하이데라바드에 위치한 사이버아바드, 벵갈루루에 위치한 인도 실리콘밸리 같은 곳들이다.

이런 추세에 따라 고도로 체계화하는 사람끼리 만날 기회가 점점 늘어나고, 그들 사이에서 더 많은 자녀가 태어난다면, 이런 지역 공동체에서는 장차 더 많은 자폐 어린이가 태어날 것으로 예상할 수 있다. 우리는 평생에 걸친 지원이 필요할 수도 있는(당연히 그럴 권리가 있다) 이 어린이들의 특별한 필요를 예측하고 계획을 세워야 한다. 일부는 지적 장애를 겪겠지만, 적어도 절반 정도는 평균 이상의 IQ를 지닐 것이다.[1] 미래의 발명가, 다음 세대의 토머스 에디슨이나 일론 머스크를 키우고 싶다면 먼저 알아야 할 것이 있다. 일반 인구보다 자폐인 또는 자폐 특성을 많이 나타내는 사람 중에서 그런 인물이 나올 가능성이 크다는 점이다. 이들이야말로 고도로 체계화를 추구하기 때문이다.

인간의 뇌에는 다양한 유형이 있다. 그 덕에 인간의 신경다양성이 풍부해진다. 지적 장애가 없으며 고도로 체계화하는 자폐인의 마음은 오랜 세월 진화를 거쳐 온 자연적 뇌 유형의 하나로 보아야 한다. 자폐인, 그리고 자폐 진단을 받지 않았지만 고도로 체계화하는 사람들은 수많은 유형의 뇌 중 하나에 해당할 뿐이다. 이들의 뇌가 잠재력을 활짝 꽃피울지 고통 속에서 살아갈지는 이들이 어떤 환경에 놓이는지에 달려 있다. 덴마크의 한 자폐인은 내게 이렇게 말했다.

우리는 바닷물 속에 던져진 민물고기와 같습니다. 민물고기를 바닷물 속에 넣으면 몸을 뒤틀며 고통스러워하고, 살아남기 위해 안간힘을 쓰지만, 그대로 죽어버리는 경우도 적지 않을 겁니다. 하지만 우리를 민물에 넣어주면 잘 살아가고 번성하겠지요.

과거에 심리학자들은 정상인 어린이에 대해 이야기하면서,

다른 모든 유형의 어린이를 비정상으로 규정했다. 정상인 뇌는 오직 한 종류밖에 없다는 태도였다. 신경다양성이라는 개념은 세상에 존재하는 다양한 유형의 뇌에 대해 신선할 정도로 다른 시각을 보여준다. 뇌가 발달하는 데 오직 한 가지 방식만 있는 것이 아님을 인정하기 때문이다.[2] 신경다양성은 근본적인 차원에서 전혀 새로운 세계관을 끌어들이기 때문에 가히 '혁명적인' 개념이다. 신경다양성의 세계에는 자연적으로 끝없이 다양한, 수많은 유형의 뇌가 존재한다. 정상과 비정상, 두 가지만이 존재하는 낡고 부정확한 시각과 전혀 다르다.

신경다양성은 사람이 다양한 경로를 따라 발달할 수 있다고 보는 관점이다. 말을 잘하는 사람이 있으면 공간 감각이 뛰어난 사람도 있고, 음악 천재가 있는가 하면 수학 천재도 있으며, 남보다 훨씬 사교적인 사람도 있다는 것이다. 그 밖에도 수많은 특성을 지닌 사람이 있다. 인간이라는 집단 속에 이 모든 유형의 뇌가 존재한다. 어떤 어린이는 오른손잡이, 다른 어린이는 왼손잡이이며, 또 다른 어린이는 양손을 모두 잘 쓴다. 이렇듯 한쪽 또는 양쪽 손을 사용하는 것은 뇌 속의 다양한 신경 네트워크 연결을 반영한다. 어떤 어린이는 감각이 유달리 예민하고, 어떤 어린이는 신체를 조화롭게 사용하는 능력이 뛰어나며, 어떤 어린이는 색맹이다. 이런 식으로 분류하자면 끝이 없을 것이다.

신경다양성은 객관적인 사실이다. 생물다양성이 사실인 것과 꼭 같다. 일부 학자는 자폐에서 주의력 결핍 과다행동 장애attention deficit hyperactivity disorder, ADHD까지, 난독증에서 통합 운동 장애dyspraxia까지 다양한 장애를 고려하면, 인구의 최대 25퍼센트가 신경다양성 범주에 들어간다고 추정한다.[3] 모든 사람은 서로 다르기 때문에, 신경다양성이란 우리 모두를 가리키는 말이라고 보는 시각도 있다. 일반 인구를 대상으로 각 개인이 공감과 체계화 정규분포곡선 중 어디에 해당하는지를 기준으로 정의한 다섯 가지 뇌 유형은 그런 관점과 일치한다. 서로 다른 뇌 유형은 아마 특정한 환경에 더 잘 적응하기 위해 진화했을 것이다. 아인슈타인은 이렇게 말했다. "모든 사람은 천재다. 하지만 나무에 오르는 능력을 기준으로 물고기를 평가한다면, 그 물고기는 평생 스스로 멍청하다고 여기며 살아갈 것이다."[4] 그야말로 요점을 정확히 짚은 말이다. 모든 사람은 할 수 없는 것이 아니라 할 수 있는 것을 기준으로 평가받아야 한다.

신경다양성이라는 개념 자체, 그리고 자폐 같은 상태에 그런 개념을 적용하는 데 반대하는 사람도 있다. 이들은 자폐가 하나의 질병이며, 치료가 필요하다고 주장한다. 자폐에 관한 내 관점은 4D가 모두 적용된다고 보는 것이다. 자폐는 다름difference이자 장애disability이며, 이상disorder이자 질병disease이다.[5]

자폐인의 마음이 **다른** 것은 분명하다. 민물고기와 바닷고기는 어느 쪽이 정상이고 어느 쪽이 비정상이라 할 수 없다. 특정한 환경에서 생존하고 번성하기 위해 각기 다른 방식으로 진화해 왔기에 자신과 맞지 않는 환경에서는 살 수 없을 뿐이다. 푸른 눈동자와 갈색 눈동자, 큰 키와 작은 키처럼 사람은 신체적으로 다르다. 물론 심리적으로도 다르다. 이렇듯 서로 다르기 때문에 각기 장점과 약점을 가진다. 기억력이 유별나게 뛰어난 사람, 세세한 것에 주의력이 뛰어난 사람, 일상적인 대화에는 불편함을 느끼지만 구조화된 체계적 활동에는 편안함을 느끼는 사람이 있다고 해서 전혀 이상할 것 없다.

장애란 특정한 능력이 평균 이하이거나, 일상생활 능력에 영향을 미치는 조건이 있어서 지원이 필요한 경우를 말한다. 다섯 살이 되었는데도 말을 하지 않아 의사소통에 도움이 필요한 어린이를 예로 들 수 있다. **이상**이란 원인은 아직 밝혀지지 않았지만 다름으로 인해 한 가지 이상의 측면에서 고통을 받는다는 뜻이다. 많은 자폐인이 겪는 원인 모를 복통을 예로 들 수 있을 것이다. 마지막으로 **질병**이란 증상이 고통을 일으키며 원인이 분명히 밝혀진 경우다. 자폐인 중 상당수가 겪는 뇌전증을 예로 들 수 있다.

4D 중 처음 두 가지, 즉 다름과 장애는 신경다양성 개념에

완전히 부합한다. 심지어 신경다양성이란 서로 다른 환경에 의해 생기는 다양한 어려움에 인간의 마음이 잘 대처하도록 자연이 마련해둔 전략이라고 보는 사람도 있다. 이 주제에 관한 초기 논문에서 하비 블룸Harvey Bloom은 신경다양성이 진화적 측면에서 게놈 또는 생물군계biome의 다양성으로서 중요했을지 모른다는 개념을 탐구했다. "신경다양성은 전반적인 생명에서 생물다양성이 중요한 만큼 인류에게 결정적으로 중요한 역할을 했을지 모른다. 미래의 특정 시점에 어떤 형태의 뇌 신경 연결이 가장 도움이 되리라고 누가 예측할 수 있겠는가?"[6]

자폐는 고도로 체계화하는 성향과 관련이 있으며, 이런 성향은 강점이 될 수도 있지만 장애와 관련될 수도 있다. 의사를 전하고 소통하거나, 사람을 사귀거나, 예기치 못한 변화에 대응하는 데 어려움을 겪을 수 있다는 뜻이다. 하지만 적절한 환경이 마련되면 그런 장애를 최소화할 수 있다. 이렇게 생각하면 장애는 대체로 개인과 환경이 **얼마나 잘 맞느냐**에 달린 문제다. 고도로 체계화하는 특성이 적절한 지원과 보살핌 속에서 잘 육성된다면 자폐인이 지닌 독특한 기술과 재능이 빛을 발할 것이다. 그것은 자폐인 개인을 위해서도, 사회 전체를 위해서도 좋은 일이다.

덴마크 기업 스페셜리스테른은 직장에서 자폐인의 기술이 활짝 꽃필 수 있는 환경을 마련하기 위해 노력한다. 오직 자폐인만 고용하는 이 혁신적인 회사의 설립자 토킬 손Thorkil Sonne은 한 통신회사의 기술 담당 이사였다. 스스로도 고도로 체계화하는 성향인 그는 자폐인인 아들이 기차 시간표와 지도를 놀랄 정도로 정확히 기억하고, 레고로 복잡한 건축물과 로봇을 만드는 모습을 보고 경이로움을 느꼈다. 문득 아들의 능력이 기술 중심 기업의 사업 환경에 잘 맞을 것 같다는 생각이 들었다.

하지만 표준적인 구직 면접 절차를 거친다면 많은 자폐인은 능력을 보여줄 기회조차 가질 수 없다. 구직 면접이 의도치 않게 자폐인을 차별하는 셈이다. 많은 자폐인이 상대방과 아예 눈을 마주치지 않거나, 억지로 눈을 맞추면서 엄청난 고통과 스트레스를 받는다. 상대방의 눈을 읽는 것이 자폐인에게는 너무나 혼란스럽다. 또한 많은 자폐인이 단어를 사용해 소통하는 데 어려움을 겪는다. 행간의 숨은 뜻을 읽지 못해 면접관이 내비치는 기색이나 분위기를 알아차리지 못하며, 자신의 뜻을 정확히 전달하기에 너무 부족한 정보를 제공하거나 반대로 너무 많은 정보를 쏟아내 면접관을 지루하거나 혼란스럽게 한다. 의사소통

기술에는 반드시 인지적 공감이 필요한데, 그것이야말로 자폐인이 무엇보다 어렵게 느끼는 부분이다. 결과적으로 많은 자폐인이 매우 높은 수준의 사회적 불안을 겪는다. 실패할 것이 뻔한 구직 면접을 볼 필요가 있을까?

토킬은 놀라운 아이디어를 내놓았다. 자폐인 친화적 면접 형식을 개발한 것이다. 예컨대 자폐인 지원자에게 레고 로봇을 제작하고 프로그래밍을 해보라는 문제를 냈다. 문제를 해결하는 과정에서 지원자는 놀라운 패턴 파악 기술과 문제 해결 기술을 자연스럽게 보여줄 수 있었다. **만일-그리고-그렇다면** 패턴을 찾는 과제를 주면 그들의 재능이 빛을 발했다. 스페셜리스테른이 성공을 거둔 뒤로 자폐인 고용 기회를 확대하려는 노력을 기울여 비슷한 성공을 거둔 기업이 급속히 늘었다. (한 조사에 따르면 정규직으로 고용된 자폐인은 16퍼센트에 불과하다고 추정된다.[7]) 기업들은 다른 방식으로 생각하는 직원이 팀에 존재할 때 얼마나 큰 이익이 되는지 점차 깨달았다.[8] 기업의 사회적 책임이라는 차원도 중요하다. 자폐인을 고용하면 그들이 자신의 가치를 인정받고 사회에 받아들여진다고 느끼게 될 뿐 아니라, 사회적 고립이 줄어 결국 정신 건강이 개선될 가능성이 크다.

오티콘Auticon(자폐인 컨설턴트autistic consultant의 줄임말)은 자폐인만 고용할 뿐 아니라 평생직장을 제공한다. 자폐인들은 코딩과 기타 기술 기업에서 컨설턴트로 일하며, 오티콘은 이들이 직장에서 사회적 상호작용을 주고받는 상황에 잘 대처하도록 지속적으로 지원한다. 이제 오티콘은 유럽과 미국 전역에 사무소를 운영한다. 다국적 소프트웨어 개발 기업인 SAP도 빼놓을 수 없다. SAP의 V. R. 페로즈V. R. Ferose는 '일하는 자폐인Autism at Work' 프로그램을 개발했다. 이제 회사는 7만 명에 이르는 직원 중 1퍼센트, 즉 700명을 정식 자폐 진단을 받은 사람으로 채우려고 노력한다. 페로즈 자신이 자폐 자녀를 두었으며, 실리콘밸리 지점으로 옮겨오기 전에 벵갈루루 지점을 맡아 운영했다. 이렇듯 선구적인 활동에서 영감을 얻어 이제 많은 유명 기업들이 비슷한 신경다양성 고용 프로그램을 시작했다.

오티콘은 자폐인의 마음이 기본적으로 '전혀 다른 운영 체제'를 사용한다고 믿는다. 스티브 실버만Steve Silberman도 사용했던 은유다.[9] 나는 이 은유를 좋아하는데, 자폐인과 고도로 체계화하는 사람이 전혀 다른 방식으로 생각한다는 사실을 부각하기 때문이다. 그들은 객관적이고, 사실 지향적이며, 정확하다. 주관적이고, 감정 지향적이며, 어림짐작하려는 성향이 덜하다. 뇌의 운영 체제라는 면에서 한쪽이 다른 쪽보다 낫거나 못하다는 말은 성립하지 않는다. 서로 다를 뿐이다. 서로 다른 일을 하는데 더 적합하게 타고난 것이다. 운영 체제가 설계 목적에 맞는 일을 하면 모든 것이 순조롭다. 하지만 맞지 않는 일을 하라고 강요하면 충돌을 일으키고 아예 기능하지 않는 것처럼 보일 수 있다. 주변 환경이 적절하면 고도로 체계화하는 성향은 놀라운 강점과 재능을 발휘한다. 지칠 줄 모르고 **만일-그리고-그렇다면** 패턴을 추구하는 성향은 예기치 못한 변화가 일어나지 않는 환경에서 가장 잘 작동한다. 자폐인이 변화를 그토록 어려워하고, 종종 어떤 대가를 치르더라도 저항하려고 하는 것은 놀랄 일이 아니다. 최대한 자기 스스로 통제할 수 있는 세상에서 살고 싶은 것이다.

회사 직원이 **만일-그리고-그렇다면** 패턴을 기반으로 업무에 완전히 집중하면 팀과 고객에게 모두 이익이 된다. SAP의 경영자 톰 몬티Tom Monte는 자폐인 직원 중 한 명이 회사에 기여하는 몫이 말할 수 없이 소중하다고 강조한다.

> 그는 우리가 소홀히 하고 지나치는 것들을 찾아냅니다. 계속 질문을 던지죠. 그때마다 저는 생각합니다. '왜 고참 직원들조차 이런 질문을 하지 않는 거지?'[10]

휴렛팩커드엔터프라이즈의 신경다양성 팀은 신경전형적neurotypical 직원들로 구성된 팀보다 소프트웨어 검사 및 디버깅에서 30퍼센트 높은 생산성을 자랑한다.[11] 이 프로그램이 성공을 거둔 핵심 요인은 자폐인 직원에게 훈련과 지원을 제공해 직장생활의 사회적 측면을 관리한 것이다. SAP의 캐리 홀Carrie Hall처럼 자폐인 직원에게 충분한 지원을 제공하면 스스로 정체성에 자긍심을 느끼고 동료들에게 자신이 자폐인임을 스스럼없이 드러낸다.[12]

자폐인이 **만일-그리고-그렇다면** 패턴을 추구한 결과 전혀 다른 방향으로 신선한 사고를 할 수 있다는 개념은 고전적 검사 방법을 이용한 창조성과 수평적 사고에 관한 연구에서 멋지게 입증되었다. '벽돌 한 장과 종이 클립 한 개의 용도를 얼마나 많이 생각할 수 있습니까?'라는 질문을 던지는 것이다.[13] 대부분 예측 가능하고 단순한 답을 내놓는다. '클립을 써서 아이폰을 리셋할 수 있다' 같은 것들이다. 반면 자폐인은 대개 예상을 벗어난 복잡한 답을 내놓는다. 클립을 종이 비행기 앞에 매달아 균형추로 사용한다거나, 불에 달궈 상처를 봉합한다는 식이다. 이 답들은 무척 논리적이고 과학적인 함의도 담고 있는데, 소위 신경전형인 중 이런 기발한 답을 내놓는 빈도가 얼마나 될까?

이스라엘군은 군 복무를 원하는 자폐인을 위해 9900부대를 창설했다. 이 특수 부대는 세부에 주목하고 패턴을 찾는 능력이 뛰어난 자폐인의 재능을 군사적 목적에 이용한다.[14] 자폐인 병사들은 지구 각지를 촬영한 위성 사진을 보고 어딘지 이상한 곳, 일상적인 패턴에서 벗어난 곳을 찾아낸다. 비자폐인이 생각하기에는 지루하기 짝이 없을 것 같지만, 한 젊은 자폐인 병사가 말했듯 고도로 체계화하는 사람에게는 '취미 같은' 일이다. 실제로 9900부대의 자폐인 병사들은 의심스러운 물체나 움직임을 포착해 생명을 구하고 있다. '**만일** 뭔가 특이한 형태나 색깔이나 움직임이 보인다면, **그리고** 주변에 있는 것들과 다르다면, **그렇다면** 그것은 테러와 연관될 수도 있다.'

현재 이스라엘에서는 로임 라호크Ro'im Rachok*라는 기관이 학교를 돌며 이 부대에 입대를 희망하는 10대 자폐인을 모집한다. 군 복무를 통해 자폐인들은 또래들과 동등하다고 느끼며, 소속감을 경험하고, 자신의 능력이 가치 있게 쓰인다는 데 자긍심을 얻는다. 징병제를 채택하지 않은 사회도 공항 검색대나 병원에서 엑스레이 데이터를 검토하는 등 많은 일에 자폐인의 능력을 활용할 수 있다. 패턴에서 벗어나는 것, 숨겨진 무기나 놓치기 쉬운 종양을 찾아낸다면 큰 도움이 될 것이다. 실제로 한 연구에서 자폐인 보안 요원은 수하물 엑스레이 사진에서 의심

* 히브리어로 '앞을 내다본다'는 뜻.

스러운 품목을 더 많이 발견했다.

자폐인인 제임스 닐리James Neely는 오티콘에 지원하기 전까지 직업을 유지하는 데 어려움을 겪었다. 감각이 워낙 예민한 데다 사회적인 관계를 맺는 데도 어려움을 겪었으므로 조용한 환경에서 혼자 일하기를 간절히 원했다. 이제 그는 소음 차단 헤드폰을 쓴 채 프로그래밍에 열중한다. 오티콘에서 평생직장을 제공한 덕에 자신을 이해하거나 도와주려고 하지 않는 직장에 억지로 적응하려다 생긴 우울증을 비롯해 오래도록 그를 괴롭힌 정신적 문제에서 벗어날 수 있었다. 《가디언》과의 인터뷰에서 닐리는 이제 훨씬 행복하다고 밝히며, 제약회사 글락소스미스클라인에서 자신의 업무를 "그저 데이터를 가지고 놀면서 그걸로 뭘 할 수 있는지 알아보는 일"이라고 묘사했다.[15] 회사에도 이익이 되고, 자폐인 직원의 정신 건강도 개선되는 윈윈의 상황이 아닐 수 없다.

사회에 큰 이익이 될 뿐 아니라, 자폐인의 정신 건강을 크게 향상한다는 점에서도 지속 지원형 고용의 규모를 확대해야 한다. 성인 자폐인에게 일자리를 제공하는 것은 어떤 의학적 치료보다 효과적이다. 존엄성과 소속감을 제공하기 때문이다.

고도로 체계화하는 성향은 있지만, 컴퓨터 프로그래밍에 대한 재능이나 현대판 린네 같은 풍모를 보이지 않는 자폐인도 있다. 고도로 체계화하는 성향이 종일 세탁기 돌아가는 모습을 지켜보거나, 정확히 정해놓은 패턴에 따라 장난감을 늘어놓거나, 바닥에 주저앉아 하염없이 물건을 돌리는 식으로 나타나는 것이다. 세부에 집착한 나머지 길을 잃고 전체적인 그림을 보지 못하는 자폐인도 많다. 그러나 그들의 자폐를 고도로 체계화하는 성향의 한 형태로 바라보는 순간, 어쩌면 우리는 자폐라는 세계를 더 잘 이해하고 그들이 꽃필 기회를 더 많이 제공하게 될지도 모른다.

자폐 부모 중에는 자녀, 심지어 자폐인 대다수가 영화 〈레인맨〉에 나오는 것처럼 서번트적인 재능을 가지고 있지 않으며, 자폐인이 매일 마주치는 현실은 수많은 장애와 질병, 이상으로 점철되어 있다고 반박하는 사람도 있다.[16] 십분 이해할 수 있는 일이다. 이런 부모와 자폐인 당사자 중에는 인터넷에서 '신경다양성 반대'를 강경하게 주장하는 단체를 만들어 활동하는 사람도 있다.[17] 그들이 이런 입장에 서게 된 것은 명백히 고통받는 자폐인과 함께 살면서 가족 모두가 고통받기 때문이다. 이들이 제기하는 문제 역시 매우 중요하다. 복통, 뇌전증, 심한 불안, 중증 학습 장애, 자해, 거의 말을 못하는 것에 이르기까지 자폐와 연관된 질병과 이상은 엄연히 존재한다.[18] 고통의 원인이라는 점에서 이런 상태를 질병과 이상이라고 묘사하는 것은 정당하다. 자폐에 이토록 어려운 측면이 있음을 무시해서는 안된다. 이런 증상이 언젠가는 관리 가능해지거나 완치되기를 간절히 바라는 사람도 한둘이 아니다.

자폐인과 그 가족들이 불쾌하게 여기지 않기를 바라면서, 그럼에도 나는 이런 증상이 자폐의 핵심적인 특징이 아니라고 지적하고 싶다. 이런 증상이 자폐와 함께 나타나는 것은 사실이지만, 모든 자폐인에게 나타나는 것은 아니기 때문에 정의상 핵심적인 특징이라고 할 수는 없다. 달리 말하면 이런 증상으로 자폐를 진단하지는 않는다. 원치 않는 증상에 치료를 요구하는 것은 전적으로 옳은 일이다. 윤리적으로 우리는 타인의 고통을 덜어주기 위해 어떤 일이든 해야 한다. 하지만 이런 증상이 자폐적 마음의 특징은 아니다. 패턴을 찾는 성향과 고도로 체계화하는 성향은 한 인간의 유전적 구성을 반영한다. 눈 색깔이 타인과 다르다고 해서 치료하지 않듯이 이런 성향을 치료할 필요는 없다.

장애의 문제로 돌아가보자. 왜 자폐인의 약 25퍼센트가 심한 학습 장애를 겪을까? 부분적으로 뇌의 발달과 구조와 기능에 영향을 미치는 **NRXN1**이나 **SHANK3** 유전자의 돌연변이 때문이다.[19] 이렇게 드문 유전적 변이는 지금까지 약 100종이 밝혀졌으며, 자폐인의 약 5퍼센트에서 발견된다. 학습 장애 가능성을 키우는 다른 요인으로 조산과 출산 합병증을 들 수 있다.[20] 하지만 학습 장애를 겪는 대다수 자폐인에서 우리는 왜 학습 장애가 동반되는지 아직 모른다.

새로운 가설은 체계화 메커니즘이 높은 수준으로 작동하면 재능으로 연결되지만, 너무 높은 수준으로 작동하면 학습 장애로 나타난다는 것이다. 사소한 한 가지 데이터에 완전히 집중하는 사람이 있다면(모래알이 손가락 사이를 통과할 때의 모습과 감촉, 부엌 싱크대에 맺힌 작은 비눗방울의 형태와 색깔 등), 아주 세세한 **만일-그리고-그렇다면** 패턴에 너무나 몰입한 나머지 더 넓은 세상을 배우는 데 방해를 받거나, 심지어 언어조차 제대로 습득할 수 없을지도 모른다. 지금 단계에서 이런 생각은 오로지 추측일 뿐이며, 앞으로 많은 연구가 필요하다.

▮▮▮▮▮

지속 지원형 고용과 함께 자폐인에게는 사회적 세계의 복잡함을 헤쳐가는 데 도움이 되는 지원도 충분히 제공해야 한다.

고도로 체계화하는 사람은 인지적 공감에 장애를 겪을 가능성이 크기 때문이다. 다양한 중재 방법이 개발되었으며, 심지어 자폐인이 체계화하는 경향을 이용해 사회적 기술을 배우는 기법도 있다.

대표적인 것이 **레고 치료**다. 자폐 어린이는 레고 조립처럼 편안함을 느끼는 체계화 활동을 통해 안전한 분위기에서 놀이를 즐기며 또래와 관계를 맺고 발전시킬 수 있다.[21] **만일-그리고-그렇다면** 추론 능력을 발휘하는 활동을 하면서 사람을 사귀고 소통하는 법을 배우는 것이다. 이런 방법은 동네 술집에서 다트 놀이나 포켓볼을 즐기며 사람들과 어울리는 것은 좋아하지만, 체계적인 활동은 하지 않으며 대화를 나누는 데 어려움을 겪는 사람에게도 도움이 된다.

〈탈것The Transporters〉이라는 제목의 만화영화는 자폐 어린이를 위한 또 다른 중재 방법이다. 등장하는 모든 캐릭터가 탈것인데, 고도로 체계화하는 맥락으로 얼굴에 감정이 드러난다.[22] 어린이는 영화에 등장하는 기차, 전차, 케이블카의 예측 가능성을 즐기면서, 동시에 얼굴에 떠오르는 표정 변화가 어떤 상황 때문에 유발되었는지 배운다. 마지막 예는 **마인드 리딩**으로 배우들이 다양한 인간 감정을 연기해 체계화한 디지털 프로그램이다.[23] 동영상과 음성을 백과사전 식으로 정리해 마치 외

국어를 배울 때처럼 감정을 인식하는 법을 배운다. '**만일** 누군가의 눈이 A라는 형태를 띤다면, **그리고** 입이 B라는 형태를 띤다면, **그렇다면** 그의 감정은 X다.' 여기 예로 든 모든 중재 방법은 평가를 거쳐 자폐 어린이의 사회적 기술이나 감정 인지 기술을 향상한다는 것이 입증되었다.

크리스 월리Chris Worley는 아들 사샤가 스케이트보딩에 마음이 끌리는 것을 알아챘다. 다섯 살 자폐 소년 사샤는 스케이트보드를 타기도 잘 탔다. 틀림없이 **만일-그리고-그렇다면** 패턴을 찾는 기술로 동작을 체계화했을 것이다.[24] 엄마는 그 모습을 지켜보다가 기막힌 아이디어를 떠올렸다. 그리고 앨라배마주의 자신이 다니는 교회 주차장에 에이스케이트라는 재단을 설립했다. 사샤가 잘하는 운동을 이용해 아이가 겪는 어려움을 극복한다는 생각이었다. 스케이트보드를 타는 아이들과 어울려 온갖 기술을 연습하다 보면 자연스럽게 사람 사귀는 법도 배우지 않을까? 크리스가 설립한 재단은 장애 어린이가 자신의 재능에 집중하게 하는 훌륭한 사례다. 사샤가 스케이트보딩을 좋아하는 이유는 보드를 완벽히 통제하는 경험을 누리기 때문인데, 크리스는 바로 그것이 사샤가 행복해질 수 있고 다른 아이들과 똑같이 받아들여질 수 있는 방법임을 깨달았던 것이다.

론 서스킨드Ron Suskind의 아들 오언 역시 자폐 소년인데, 다른 취미가 있다. 바로 디즈니 영화다. 영화를 반복해 돌려 보면 시퀀스마다 수많은 **만일-그리고-그렇다면** 패턴이 등장한다. 주인공들은 매번 정확히 똑같은 행동, 정확히 똑같은 말을 한다.[25] 오언은 모든 영화를 수천 번씩 봤기 때문에 대사는 물론 말투나 억양까지 완벽하게 기억하고, 놀랄 정도로 똑같이 흉내 낼 수 있었다. 그런데도 사람과는 대화를 하지 않았으며, 남의 말을 이해하는 것 같지도 않았다.

론은 놀라운 통찰을 떠올렸다. 아이가 디즈니 영화의 수많은 주인공과 정확히 똑같은 억양을 구사하고 목소리까지 모방한다면, 영화가 오언의 관심을 붙잡았을 뿐 아니라 다음에 이어질 구절이나 대사를 떠올리는 데 도움이 되는 얼개와 예측 가능한 구조를 제공한 것 아닐까? 론은 '대본에 쓰인'(즉 체계화된) 반응을 서서히 현재 맥락에 맞게 바꿔보았다. 그러자 오언은 영화 속 대사는 물론 현실의 맥락에서도 뭔가 말할 수 있었다. 이런 방식으로 오언은 아빠와 의사소통을 시작했다. 수년 뒤에는 다른 사람들과도 대화를 주고받게 되었다. 디즈니 영화가 아이의 마음속에서 혼란스럽기만 했던 인간의 사회적 상호작용과 의사소통이라는 세계에 닿는 징검다리가 된 것이다.

불안은 자폐인에게 매우 흔하다. 자폐인의 80퍼센트가 불안을 겪는다고 주장하는 사람도 있다. 예기치 못한 변화나 사회적 상호작용의 상황에서 불안을 겪는 일이 가장 흔하다. 왜 그럴까? 이런 상황에서 세계의 어떤 측면을 체계화하는 데 한계를 느끼는 것 아닐까? 앞서 보았듯 자폐인은 사회적 상호작용의 형태를 체계화할 수 없는 경우 사회적 관계 맺기 자체를 꺼리는 때가 많다.

아직 검증이 필요하지만 새로운 가설도 있다. 원래 불안을 겪고 있으며 체계화 메커니즘이 매우 높은 수준으로 작동하는 자폐인에게는 이런 상황이 강박 장애obsessive compulsive disorder, OCD를 일으킬 수 있다는 것이다.[26] 강박 장애는 일반 인구보다 자폐인에게 훨씬 흔하며, 종종 **만일-그리고-그렇다면** 형태를 취한다. '**만일** 내 손에 세균이 있다면, **그리고** 정확한 순서에 따라 손을 씻지 않는다면, **그렇다면** 다른 사람까지 오염시키게 될 거야'라거나, '**만일** 다른 사람에게 병균을 옮긴다면, **그리고** 그 사람이 죽는다면, **그렇다면** 모든 게 내 잘못이야'처럼 생각하는 것이다. 체계화 메커니즘이 높은 수준에 맞춰져 있으면 패턴을 파악해 사물이 어떻게 작동하는지 이해하는 데 크게 도움이 되지만, 이미 불안이 마음에 깔려 있다면 정상 생활을 방해하는 정신 질환 수준의 강박 장애를 일으킬 수 있다. 다시 강조하지만 자폐인에게 강박 장애가 흔한 이유에 대한 이런 설명은 현재로서는 그저 추측일 뿐이며 검증이 필요하다.

||||||

고도로 체계화하는 성향을 어떻게 교육에 통합할 수 있을까? 자폐인을 비롯해 고도로 체계화하는 사람은 다른 방식으로 학습한다. 수학, 물리학, 음악 등 체계화가 필요한 과목에 끌리지만, 그조차 성적이 신통치 않고 심지어 낙제하기도 한다. 많은 과목을 고도로 체계화하는 사람에게 맞지 않는 방식으로 교육하기 때문이다. 교사는 정확히 사실에 입각한 정보를 약간 희생하더라도 학생들의 관심을 붙잡는 데 초점을 맞추곤 하는데, 고도로 체계화하는 학생은 이렇게 피상적이고 부정확하게 전달되는 지식을 견디지 못한다. 사물의 작동 원리처럼 규칙 기반 시스템을 이해하는 과목은 그래도 나은 편이다. 가상의 이야기를 지어내는 작문처럼 원칙이 애매한 과목은 더 힘들다. 따라서 학교는 최대한 이른 나이에 고도로 체계화하는 성향을 파악해(정식 자폐 진단을 받은 어린이도 포함해서) 장점을 살리는 교육 환

경을 조성하고, **만일-그리고-그렇다면** 형식으로 정보를 전달해 낙제하거나 아예 학교에 등 돌리는 일을 막아야 한다.[27]

한 가지 알아둘 것이 있다. 고도로 체계화하는 성향이 있다고 해서 항상 자폐 진단을 받을 필요는 없다. 일상적인 기능이 원활하지 못해 학교에 적응하기가 너무 힘들 때만 자폐 진단을 받으면 충분하다. 지원을 아끼지 않는 부모나 파트너가 정상적인 기능을 수행하도록 도와줄 수 있다면 진단이 꼭 필요하지 않을 수 있다. 생활 스타일이 자폐의 특징과 잘 맞을 때도 마찬가지다(자영업에 종사하거나 프리랜서로 일하면서, 매우 관용적이고 많은 부분을 받아들이며 열린 마음을 지닌 이웃이나 동료들이 있는 경우). 진단은 자폐로 인해 감당하기 어려울 정도로 큰 어려움을 겪는 사람에게만 제한적으로 내려져야 한다.

두 가지 큰 흐름을 제공하는 교육 시스템을 상상해보자. 다양한 과목을 학습하는 데 큰 문제가 없는 대부분의 어린이에게는 지금처럼 다양한 과목을 가르치면 된다. 하지만 고도로 체계화하는 성향을 지닌 어린이는 관심 분야를 전문적 수준으로 추구하도록 몇 가지 과목만 가르치는 것이 좋다. 이런 어린이는 체계화와 공감의 정규분포곡선에서 극단 S형에 해당하므로 쉽게 찾아낼 수 있다.

다양한 과목을 가르치는 방식이 바로 기존 주류 교육이다.

많은 과목을 조금씩 배우는 데 초점을 맞춘다. 이런 교육 과정이 모든 어린이에게 맞는 것은 아니다. 너무 빨리, 너무 자주 전혀 다른 주제에 관심을 돌려야 하기 때문이다. 또한 다양한 과목을 가르치는 교육은 종종 한 명의 교사가 많은 학생을 가르치는 집단 학습의 형태를 띠는데, 일대일 교육이나 심지어 독학을 통해 가장 빠르고 완벽하게 학습하는 어린이도 있다. 교육 과정에서 과목 수를 크게 줄이면 이런 어린이들이 한 가지 과목에 관심을 가지고 마음껏 파고들 수 있다. 이런 교육 과정은 어린이가 가장 좋아하고 관심 있는 과목을 선택하는 것이 가장 중요하다는 개념을 기반으로 한다. 수학이든 역사든, 오래전에 사라진 고대 언어처럼 훨씬 구체적, 전문적인 분야든 상관없다. 한학기 내내, 심지어 학교에 다니는 내내 그 과목만 공부하고 싶다면 그래도 좋다. 여전히 가치 있는 교육이 가능하며, 그렇게 배운 어린이는 그 방면의 전문가로서 직업을 가지고 살 수 있다. 이들은 강한 흥미를 느끼는 좁은 분야, 때로는 경멸적인 의미를 담아 '강박'이라고도 불리는 분야를 추구할 수 있어야 한다. 스웨덴의 10대 자폐인 그레타 툰베리는 기후 변화라는 아주 좁은 주제에 강한 관심을 가졌으며, 결국 지구의 미래를 위해 이 문제가 시급하다는 대중의 인식을 높이는 데 성공했다.[28]

나는 그런 사람을 많이 만났다. 그들은 기회만 주어지면 재능을 활짝 꽃피울 수 있다. 국제수학올림피아드에 영국 대표로 참가한 대니얼 라이트윙Daniel Lightwing은 케임브리지 트리니티칼리지에 다닐 때 내가 직접 아스퍼거 증후군으로 진단했다. 〈뷰티플 영 마인즈Beautiful Young Minds〉라는 다큐멘터리 영화는 그의 삶을 그린 것이다.[29] 그는 내게 이렇게 말했다.

> 열 살인가 열한 살 때 갑자기 이런 생각이 떠올랐어요. 수학과 과학 말고 다른 과목은 뭐랄까, 지구에서 우리 문명에만 관련이 있죠. 하지만 수학은 존재하는 모든 것과 존재하지 않는 모든 것을 연구해요. 그런 생각을 한 뒤로부터 모든 걸 제쳐 두고 수학만 공부했어요.

전문가적인 정신을 지니고 태어난 어린이에게는 강점을 살릴 수 있도록 좁고 깊은 교육 과정을 제공해야 한다. 그렇게 하면 비참할 정도로 고통받다가 형편없는 성적과 상처만 안고 학교를 떠나는 일을 막을 수 있다. 사실 이렇게만 해주면 그들은 학습 경험을 즐길 수 있다. 각자 독특한 학습 스타일이 뿌리를 내리고 활짝 꽃필 수 있는 조건을 마련하는 것이 우리가 할 일이다. 모름지기 교육이란 폭넓은 지식을 제공해야지, 처음부터 관심을 한정할 필요는 없다고 주장하는 사람도 있을 것이다.

그러나 폭넓은 교육을 추구한 결과로 아이들이 아예 교육받기를 포기한다면, 폭을 좁히는 것이 분명 더 좋은 방법이다. 한 부모는 내게 말했다. "현재의 주류 교육은 일부 어린이에게 전혀 맞지 않아요." 역설적으로, 아무리 폭넓은 교육을 받아도 결국 대학에 가거나 직업을 가질 때는 뭔가를 전문적으로 추구하게 마련이다. 좁은 과목을 전문적으로 배운 사람이 자기 분야와 관련된 지식으로 흥미의 폭을 넓혀 가는 일도 흔하다. 따라서 배움에는 서로 다른 길이 있을 뿐이라고 생각해야 할 것이다. 대다수 학생은 폭넓게 시작해 좁혀 가지만, 극소수 학생이 좁게 시작해 넓혀 간다고 해서 나쁠 것은 전혀 없다.

||||||

우리에게 토머스 에디슨으로 알려진 알은 수많은 자폐적 특성을 나타냈고, 조나는 정식으로 자폐 진단을 받았다. 이들은 지난 10만 년간 발명의 원동력을 제공해 결국 인류 전체를 진보시킨, 고도로 체계화하는 사람 중 두 명일 뿐이다. 애초에 그들의 마음은 매의 눈으로 관찰하고 세심한 단계적 실험을 통해 끊임없이 패턴을 찾고 체계화하는 신경 연결망을 가지고 있다. 미래의 위대한 발명가 역시 새로운 세대의 고도로 체계화하는

사람 중에서 탄생할 것이다. 그들이 내놓는 새로운 아이디어가 혁신을 일으킬 것이다. 그렇게 되려면 우리의 지원이 필요하다. 과거는 물론 지금 이 순간에도 일부 자폐인이 과학, 기술, 예술과 기타 모든 형태의 발명에 원동력을 제공한다. 그 사실을 인정하면 그들의 미래는 달라질 수 있다. 그러나 이런 일이 가능하려면 먼저 우리의 문화와 사회가 크게 변해야 한다.

감사의 글

이 책을 쓰던 중 내 아내 브리지트 린들리가 갑자기 세상을 떠났다. 그녀는 수십 년간 가족에게 너무나 큰 사랑을 쏟았다. 엄청난 상실을 겪으면서도 우리 아이들 샘, 케이트, 로빈이 서로 격려하는 모습은 내게 놀라운 감동을 주었다. 그들의 파트너 앨리스 시브라이트Alice Seabright와 알렉스 로딘Alex Rodin, 내 형제들 댄, 애쉬, 리즈 역시 도움을 아끼지 않았다. 이야기, 특히 목소리를 낼 수 없는 사람의 목소리가 되어주는 이야기를 깊이 사랑하는 내 친구 루시 리처Lucy Richer는 계속 책을 쓸 수 있도록 격려를 아끼지 않았다. 다시 쓰기 시작한 뒤로는 편집자인 조지핀 그레이우드Josephine Greywoode, 헬렌 콘포드Helen Conford, 토머스 켈러허Thomas Kelleher, 저술 컨설턴트인 로빈 데니스Robin Dennis, 출판 대리인 카틴카 마슨Katinka Matson과 존 브로크만John Brockman이 귀중한 피드백을 주었다.

딥 애디야Deep Adhya, 캐리 앨리슨Carrie Allison, 크리스 애쉬윈
hris Ashwin, 터펀 오스틴Topun Austin, 보니 어우양Bonnie Auyeung, 애즈
라 애이딘Ezra Aydin, 리처드 베들레헴Richard Bethlehem, 잭클린 빌
링턴Jaclyn Billington, 토마 부르주롱Thomas Bourgeron, 에드 불모어Ed
Bullmore, 비스마데프 챠크라바티Bhismadev Chakrabarti, 토니 차먼Tony
Charman, 에마 채프먼Emma Chapman, 아드리아나 체르스코프Adriana
Cherskov, 린지 츄라Lindsay Chura, 제이미 크레이그Jamie Craig, 도러
시아 플로리스Dorothea Floris, 얀 프에버그Jan Freyberg, 리디아 개비
스Lidia Gabis, 지나 고메즈 드 라 쿠에스타Gina Gomez de la Cuesta, 다
비.구.존슨Davi.Gu.jonsson, 오퍼 골란Ofer Golan, 데이비드 그린버그
David Greenberg, 사라 그리피스Sarah Griffiths, 사라 햄프턴Sarah Hampton,
로지 홀트Rosie Holt, 나지아 자심Nazia Jassim, 테레세 졸리프Therese
Jolliffe, 레베카 닉메이어Rebecca Knickmeyer, 메리맨 코백스Mariann
Kovacs, 멍추안 라이Meng-Chuan Lai, 조니 로슨Johnny Lawson, 마이크 롬
바르도Mike Lombardo, 스베틀라나 러치마야Svetlana Lutchmaya, 아이
샤 마스랄리Aicha Massrali, 미셸 O. 리오단Michelle O'Riordan, 오언 파
슨스Owen Parsons, 아르코 폴Arko Paul, 알렉사 플Alexa Pohl, 웬디 필립
스Wendy Phillips, 타냐 프로시신Tanya Procyshyn, 하워드 링Howard Ring,
캐롤린 로버트슨Caroline Robertson, 자닌 로빈슨Janine Robinson, 앰버
뤼그록Amber Ruigrok, 릴리아나 루타Liliana Ruta, 에밀리 루치히Emily

Ruzich, 피오나 스콧Fiona Scott, 폴라 스미스Paula Smith, 존 서클링John Suckling, 소피아 선Sophia Sun, 테레사 타바솔리Teresa Tavassoli, 알렉스 촘파니데스Alex Tsompanides, 플로리나 우제포브스키Florina Uzefofsky, 바룬 와리어Varun Warrier, 엘리자베스 위어Elizabeth Weir, 샐리 윌라이트 등 재능 있는 대학원생, 박사후 연구원, 동료들이 과거 또는 현재에 이 책에 실린 연구들을 도와주었다. 에마 베이커Emma Baker, 애나 크로프츠Anna Crofts, 조애나 데이비스Joanna Davis, 베키 케니Becky Kenny, 오브리 위즐리Aubree Wisley 등 우리의 놀라운 행정 팀은 연구실을 순조롭게 운영하면서도 글 쓸 공간을 마련해주었다. 모든 분께 따뜻한 감사의 말을 전한다.

특히 이 책의 초고를 세심하게 읽고, 개념들을 검토하고, 큰 도움이 된 피드백을 들려준 루시 리처, 캐리 앨리슨, 존 드로리Jon Drori, 마이크 롬바르도, 바룬 와리어Varun Warrier, 로리 러브, 대니얼 태밋, 데이비드 그린버그, 임레 리더Imre Leader, 타냐 프로시신Tanya Procyshyn, 니콜라스 코나드, 샹카르 발라수브라마니안Shankar Balasubramanian, 애덤 오켈퍼드Adam Ockelford에게 큰 빚을 졌다.

아들인 샘과 함께 퀘벡의 아름다운 로렌시아산맥 속 마송호반에서 호수를 굽어보며 겨울 휴가를 즐기는 동안에 이 책의 초고를 썼다. 아들 로빈, 딸 케이트와 함께 떠난 두 번째 집필 여행 중 콘월주 트레야논베이에서 대서양의 거친 파도와 거기 뒤지지 않을 정도로 아름다운 콘월의 절벽들을 바라보며 원고를 마쳤다. 자식들에게서 뭔가를 배우는 즐거움을 누려보라고 적극적으로 권해준 부모님 주디와 비비언에게 감사한다.

2020년 3월 24일 이 책을 마쳤을 때, 세계 각국 정부는 금세기 최대의 바이러스 팬데믹에 맞서 전시에 준하는 비상사태를 선포했다. 하지만 인류는 물리적 고립 상태 속에서도 고도 체계화형 사람들이 발명한 영상 통화를 이용해 서로 연결을 유지했다. 정식 교육을 못 받고 고등학교를 포기했음에도 스카이프를 공동 발명한 덴마크의 야누스 프리스Janus Fris 같은 사람에게 감사해야 마땅하다. 또한 고도로 체계화를 추구하는 사람들은 분자생물학 연구실에서 밤을 새워가며 코로나바이러스감염증-19COVID-19라는 보이지 않는 살인자를 물리치기 위한 백신을 발명했다. 신종 코로나바이러스가 물러가더라도 지구는 기후변화라는 또 다른 위기를 맞고 있지만, 역시 고도로 체계화를 추구하는 사람들이 새로운 해결책을 내놓으리라 기대한다.

위대한 물리학자 프리먼 다이슨Freeman Dyson은 《패턴 발명자Maker of Patterns》라는 책에서 수학과 물리학 분야의 패턴들을 탐구했던 자신의 삶을 들려준다. 나의 이 책은 가장 위대한 과학자와 발명가들의 패턴 탐구, 그리고 자폐인들의 패턴 탐구 사이에 흩뿌려진 점들을 서로 이으려는 시도다. 진단을 받았든 받지 않았든 자폐인들은 종종 화려한 조명을 피해 그늘에 숨은 채 체계화를 극단까지 밀어붙이기 때문에 가치 있는 것을 발명할 가능성이 크다. 때로는 이름조차 남지 않지만, 그들은 오직 즐겁기 때문에 체계화에 몰두한다. 체계화는 진화의 역사 속에서 우리 뇌에 각인된 능력이지만, 자폐인의 뇌에 더욱 뚜렷하게 각인되었다. 이들은 하루 종일 체계화하지 않고는 못 배긴다.

스티븐 핑커는 저서 《언어본능》에서 거미가 본능적으로 거미줄을 치듯 인간은 본능적으로 언어를 사용한다고 주장했다.

거미줄을 치는 행동은 정당한 인정을 받지 못한 천재 거미가 발명한 것이 아니며, 교육 또는 건축학이나 건축업의 적성과 아무 관련이 없다. 거미들은 그저 거미의 뇌를 가지고 있기 때문에, 그 뇌가 거미줄을 치려는 충동과 거미줄을 치는 능력을 주었기 때문에, 거미줄을 칠 뿐이다.

자폐인들은 자존심을 세우려고, 또는 명성이나 부를 얻기 위해 체계화하는 것이 아니다.(그런 사람도 있을지 모르지만 내 경험으로는 대부분 그렇지 않다.) 학교에서 교사가 시켜서 체계화하는 것도 아니다. 진화의 역사 속에서 그렇게 설계된 뇌를 가져서 체계화할 뿐이다. 그들은 거의 노력을 기울이지 않고도 볼 수 있지만 다른 사람들은 엄청난 노력을 기울여도 찾을 수 있을까 말까 한 패턴들, **만일-그리고-그렇다면** 패턴들을 발견하는 것이 즐겁기 때문에, 오직 그 즐거움을 위해 체계화할 뿐이다.

|||||

모든 자폐인에게, 그리고 그 가족들에게 따뜻한 감사의 말을 전합니다. 나는 매일 당신들을 만나며 경험한 것을 과학을 통해 입증할 수 있었습니다. 당신들은 인지적 공감이란 면에서 매우 큰 어려움을 겪지만, 다른 사람들보다 훨씬 도덕적입니다. 논리에 대한 강한 사랑, 공정함 및 정의에 대한 흔들리지 않는 믿음을 정서적 공감에 결합하기 때문이지요. 이 시대를 살아가는 당신들은 정식 진단을 받지 않은 사람들을 포함해 과거에 존재했던 수많은 자폐인들과 마찬가지로 다양한 패턴을 파악하고 한 번에 하나씩 아주 작은 변화를 꾀하면서 사물이 어떻게 작동하는지 이해합니다. 그렇게 하면서 뭔가를 발명합니다.

7만~10만 년 전에 살았던 조상들이 당신에게 물려준 체계화 유전자 덕분에 이제 나는 눈 깜짝할 새에 당신에게 문자 메시지를 보낼 수 있습니다. 당신이 지구상 어디에 있든. 보이지 않게 퍼져가는 파동에 실어.

옮긴이의 글

어쩌다 보니 여기저기서 자폐에 대해 이야기하거나 글을 쓰게 되었다. 그때마다 느끼곤 한다. 사람들은 자폐라는 문제가 자신과 무관하다고 생각한다. 그런데 정말 그럴까? 내가 자폐인이 아니라면, 가족이나 가까운 친척 중에 자폐인이 없다면, 자폐란 현상은 나와 아무런 관련이 없을까?

그렇지 않다. 자폐로 진단받는 사람이 점점 늘어 이제 어린이 37명 중 1명꼴이며, 초등학교에서도 두 반에 1명 이상 자폐 어린이가 있다. 드러내지 않을 뿐이지 가까운 사람 중에도 틀림없이 자폐인이 있을 것이며, 언젠가는 후손 중에도 자폐인이 태어날 확률이 높다고 말하려는 게 아니다. 자폐란 현상을 잘 들여다보면 나의 뇌, 나의 마음, 그리고 보편적인 인간 정신에 대해 깊은 통찰을 던져준다고 말하고 싶은 것이다. 누구도 자폐와 무관하지 않다. 누구나 마음의 일부가 자폐 성향에 걸쳐져 있기 때문이다.

신경다양성의 탄생

　자폐란 말은 들어보았을 것이다. 하지만 막상 자폐가 뭐냐고 묻는다면 어떻게 대답해야 할까? 자폐인은 어떤 모습이냐고 물으면 딱 부러지게 대답할 수 있는 사람이 많지 않을 것이다. 의학적 정의는 이렇다. "자폐란 일군의 신경 발달 장애로, 자폐인은 사회적 소통에 문제가 있으며, 행동 또는 관심이 제한적이고 반복적이다." 엄밀하고 포괄적이지만, 자폐인의 모습이 머릿속에 잘 그려지지 않는다. 좀 더 와닿는 방식으로 묘사해보자. 자폐 어린이의 특징을 나열해보면 이렇다.

1. 말을 하지 않는다.
2. 눈을 맞추지 않는다.
3. 부모에게 애정을 표현하지 않는다.
4. 몇 시간이고 한 가지 행동을 반복한다.
5. 불러도 쳐다보지 않는다.
6. 사물을 가리키거나, 뭐냐고 묻거나, 부모의 관심을 끌려고 하지 않는다.

7. 친구들이 옆에서 놀아도 무시하고 혼자 논다.

8. 몸을 흔들거나 팔을 퍼덕이는 등 자기 자극 행동을 한다.

9. 이유 없이 분노발작을 일으킨다.

10. 일상이 완전히 동일하지 않으면 난리가 난다.

11. 감각이 예민해 밝은 빛, 큰 소리, 거친 음식, 까끌까끌한 옷을 견디지 못한다.

12. 한두 가지 음식만 고집하고, 다른 것을 먹으면 어김없이 배탈이 난다.

어떤가, 이제 한 어린이의 모습이 떠올랐는가? 이렇게 열두 가지 특징을 모두 나타내야만 자폐로 진단한다고 가정해보자. 한 가지 증상이라도 빠지면 자폐로 치지 않는다. 그렇다면 자폐는 무척 드물 것이다. 처음에 자폐를 진단한 방식이 정확히 이랬다. 이때 추정한 자폐 유병률은 1만 명당 4.9명으로, '극히 드문 유아기 정신질환'이었다. 이런 수치라면 나와 별 관계가 없다고 여기는 게 당연할 것이다. 자폐란 말이 처음 등장한 1940년대 초부터 약 50년간 이런 상태가 계속되었다.

영국의 소아정신과 의사 로나 윙Lorna Wing은 자폐에 관심이 많았다. 다른 누구도 아닌 딸이 심한 자폐인이었으니까. 그녀는 각별한 애정을 가지고 자폐인들을 돌보았고, 자폐 옹호 활동의 선봉에 서기도 했다. 그런 위치에 있으니 몹시 불편한 사실이 눈에 들어왔다. 열두 가지 증상을 모두 나타내는 사람은 매우 드물지만, 여섯 가지만 나타내는 사람은 꽤 많았으며, 서너 가지만 나타내는 사람은 얼마든지 있었다. 서너 가지 증상만 있으면 자폐로 진단받지 못해 아무런 의학적, 사회적 지원을 받을 수 없었지만, 평생 힘든 삶을 살기는 매한가지였다. 직장에 출근해 동료들이 인사를 건네는데 쳐다보지도 않거나, 몇 시간이고 같은 행동을 반복한다면 어떨까? 어딘지 이상한 인간, 심지어 나쁜 놈으로 낙인찍히고 말 것이다. 이들은 훌륭한 성적으로 좋은 대학을 나와 결혼도 하고 직장에 들어가도, 금방 이혼당하고 직장에서 쫓겨났다. 스스로 삶을 버리는 사람도 한둘이 아니었다. 이들에게 자폐 진단을 내리고 필요한 지원을 제공한다면 어떨까? 로나 윙은 이렇듯 자폐인의 모습이 너무나 다양하고, 증상의 심한 정도도 모두 다르다는 점에 착안해 **자폐 스펙트럼**이라는 개념을 제안했다.

로나 윙은 세계적인 자폐 전문가가 되었다. 1980년대 후반에는 정신질환 진단 및 통계 편람DSM 개정 작업에 참여해 자폐 진단기준 제정위원회 의장을 맡았다. 평생 꿈꾸던 기회가 온 것이다. 그녀는 자폐의 진단기준을 크게 넓혔다. 이제 어린이가 아니라도, 말을 할 줄 알아도, 사랑하는 사람과 눈을 마주칠 수 있더라도 자폐 진단과 함께 치료, 교육, 중재, 개입 등 여러 지원을 받을 수 있게 되었다. 자폐인의 수가 크게 늘어난 것은 당연하다. 1980년 1만 명당 4명꼴이던 자폐인은 1990년에 1만 명당 70명, 현재는 1만 명당 270명 수준으로 약 70배 늘었다. 자폐 자체가 늘어났다기보다, 항상 존재했지만 진단받지 못했던 사람들이 자폐로 진단받으면서 생긴 현상이다.

이처럼 자폐의 범위가 넓어지자 능력이 크게 다른 사람들이 자폐라는 범주 속에 하나로 묶였다. 자폐인이면서 교수이자 세계적인 엔지니어인 템플 그랜딘Temple Grandin이 널리 알려진 후에 학계에서, 경제계에서, 첨단기술계에서 자폐 진단을 받는 사람이 점점 늘었다. 이들에게 자폐는 약점이 아니라 강점이었다. 끝없이 반복하는 끈질김, 무서운 집중력, 세부를 놓치지 않는 철저함 등 자폐 성향이 오히려 성공의 열쇠였다.

자폐인인 호주의 사회학자 주디 싱어Judy Singer는 1998년에 **신경다양성**이란 개념을 창안했다. 인간을 정신적으로 무한한 다양성을 지닌 존재로, 자폐를 특정 측면이 덜 발달한 대신 다른 측면이 발달한 현상으로 보자는 것이다. 신경다양성은 자폐인이 열등한 존재가 아니란 인식을 확산시키고, 자폐인 스스로 긍지를 가지고 자기 삶을 축복하는 계기가 됐다. **자폐 스펙트럼**이란 개념이 정설로 자리 잡자, 스펙트럼이 서서히 확장되었다.

자폐, 난독증, ADHD 같은 상태를 능력 부족과 기능 이상의 집합체로 볼 것이 아니라 독특한 장점을 지닌 인지적 변이로 봐야 한다는 생각이 싹텄다. 나아가 **자폐-비자폐**라는 이분법을 넘어서 인간 정신 자체가 무수히 다양한 측면이 있으며, 각각이 모두 스펙트럼으로 존재한다는 시각이 대두했다. 이제 신경다양성은 인간의 정신, 인간이라는 존재 자체를 바라보고 해석하는 하나의 사상이 되었다.

패턴을 찾는 사람들

심리학자이자 케임브리지대학교 자폐 연구소 소장인 사이먼 배런코언은 현존하는 최고의 자폐 연구자다. 그가 신경다양성을 과학적으로 이해하기 위해 꺼낸 화두는 일견 엉뚱하다. **자폐는 어떻게 인간 발명을 이끄는가?** 물론 실리콘밸리처럼 첨단기술 분야에서 큰 성공을 거둔 사람들이 모여 사는 지역에 자폐 유병률이 높고, STEM 분야 종사자들에게 자폐 성향을 더 흔히 찾아볼 수 있다는 정도는 잘 알려져 있다. 하지만 느닷없이 발명이라니?

하지만 그는 길지 않은 이 책에서 믿기 어려울 정도로 넓은 시각을 펼쳐 보인다. 여느 호미닌hominin과 다를 것 없던 인류가 모든 동물과 구별되는 존재가 된 이유는 무엇인가? 배런코언은 7만~10만 년 전 **인지혁명**이란 놀라운 변화가 일어났기 때문이라고 설명한다. 그가 생각하는 인지혁명은 인간의 뇌에 두 가지 혁명적 변화가 일어난 사건이다. 첫째는 **체계화 메커니즘**, 둘째는 **공감회로**다. 체계화 메커니즘이란 **만일-그리고-그렇다면** 과정을 통한 추론이다. 인류는 이 과정을 수없이 반복해가며 자연을 비롯해서 자신을 둘러싼 세계를 이해하기 시작했다. 그리고 법과 언어, 회계, 철학과 문학, 농업, 도구, 기계, 음악 등 수많은 인공적 시스템을 만들었다. 즉, 체계화 메커니즘은 모든 발견과 발명의 원동력이다. 공감회로는 다른 사람의 생각과 감정을 짐작하고, 자신의 생각과 감정을 알아차리는 능력이다. 공감회로 덕에 인류는 지시적 의사소통과 교육, 기만을 활용해 종교와 사상, 스토리텔링, 상징, 협력을 이끌어낼 수 있었다.

이 책은 인지혁명의 시점을 왜 7만~10만 년 전으로 잡았고, 체계화와 공감이란 특성이 어떻게 인류 문명을 만들어 왔으며, 왜 그런 능력이 인간에게만 존재한다고 생각하는지 등을 고고학, 동물행동학, 신경과학을 동원해 자세히 설명한다. 어려울 것 같지만 생생하고 구체적인 예가 끊임없이 등장하는 데다, 도발적인 논리를 한 단계도 그냥 넘어가지 않고 성실하게 짚어주므로 쉽고 재미있게 읽힌다. 스케일도 엄청나지만 해박함과 철저함에 놀라지 않을 수 없다. 그러나 여기까지는 이론이다. 일종의 해석이다. 매우 그럴듯하지만 얼마든지 달리 생각할 수 있고, 반론할 수도 있다. 무엇보다 체계화 메커니즘과 공감회로가 신경다양성과 무슨 관계란 말인가?

이 대목에서 이 책의 가장 큰 장점이 펼쳐진다. **모든 이론을 실험으로 뒷받침해 결론을 이끌어내는 것**이다. 우선 배런코언은 체계화 메커니즘을 수치화한 체계화 지수SQ와 공감회로를 수치화한 공감 지수EQ를 개발한 후, 무려 60만 명의 뇌를 평가했다. 영국 뇌 유형 연구의 결론은 SQ와 EQ 모두 정규분포곡선을 나타내며, 그 상대적 비중에 따라 모든 사람을 다섯 가지 유형으로 분류할 수 있다는 것이다. 우리의 성향은 이것 아니면 저것의 이분법이 아니라 스펙트럼으로 존재하며, 이런 다양성으로 인해 다른 환경에서 각자 타고난 재능을 발휘하도록 진화했다는 것이다. (SQ와 EQ 검사는 이 책에도 실려 있으므로 독자들은 자신의 뇌 유형을 쉽게 알아볼 수 있다.)

질문은 이어진다. 고도로 체계화하는 사람의 마음은 자폐인의 마음과 같은 유형일까? 영국 뇌 유형 연구는 참여자도 엄청나지만, 자폐인 참여자가 3만 6000명이 넘는 사상 최대의 자폐 심리학 연구이기도 했다. 자폐인 중에는 SQ가 높은 사람이 비자폐인보다 훨씬 많았다. 또한 SQ가 높은 사람은 자폐 특성을 훨씬 많이 나타냈다. 케임브리지대학교 자폐 특성 연구에서 1000명이 넘는 학생을 검사한 결과, STEM 전공 학생은 인문학 전공 학생보다 더 많은 자폐 특성을 나타냈다. 수학과 학생은 인문학부 학생에 비해 자폐 진단을 받을 가능성이 컸다. 전 세계에서 50만 명이 넘는 사람을 검사한 빅 AQ 연구에서도 STEM 분야 종사자는 다른 직업군보다 SQ가 높고, 자폐 특성을 훨씬 많이 나타냈다. 결론은? 자폐인과 고도로 체계화하는 사람의 마음은 비슷하다! 그리고 이들 연구에서 흥미로운 소견이 관찰되었다.

1. 공감과 체계화는 한쪽이 뛰어날수록 다른 능력은 줄어드는 역의 상관관계를 보인다.
2. EQ가 매우 높은 사람은 여자가 남자보다 3배나 많고, SQ가 매우 높은 사람은 남자가 여자보다 2배나 많다.

그렇다면 남녀 간에 양적 차이를 나타내는 생물학적 인자가 SQ와 EQ에 영향을 미치는 게 아닐까? 배런코언 연구팀은 600명의 신생아를 자궁 속에서 10대까지 추적한 출생 전 테스토스테론 연구와 2만 건의 양수 검체를 분석한 덴마크 출생 전 테스토스테론 연구를 통해 출생 전 노출되는 성호르몬이 SQ와 EQ

에 영향을 미친다는 증거를 확보했다.

유전자도 SQ와 EQ에 영향을 미칠까? 공감과 체계화 유전학 연구는 개인 게놈 검사 기업과 협력해 유전자 데이터를 익명으로 연구자들과 공유한 고객 8만 8000명에게 공감 검사를, 5만 명에게 체계화 검사를 시행했다. 또한 자폐와 수학 연구를 통해 수학과 학생의 형제자매 중 자폐인의 비율과 인문학과 학생의 형제자매 중 자폐인 비율을 비교했다. 결론은 고도로 체계화하는 유전자 중 일부와 자폐의 원인 유전자 중 일부가 일치한다는 것이었다. 이리하여 체계화 메커니즘은 자폐와 연결된다. 다시 한번, 체계화 메커니즘은 모든 발견과 발명의 원동력이다. 자폐란 **체계화 메커니즘이 극대화된 탓에 공감회로가 덜 발달한 상태**다.

수십만 명이 참여한 대규모 연구, 참여자를 태아에서 10대까지 추적하는 장기 연구를 몇 건씩 수행해 얻은 결론들이 의미하는 바는 무엇일까? 무엇보다 인간의 뇌는 다양하며, 그 덕에 인간 고유의 문명이 가능했다는 점이다. 신경다양성은 객관적인 사실이다. 특히 위대한 발명의 바탕이 된 체계화 능력은 자폐와 떼려야 뗄 수 없는 관계가 있다. 자폐인 또는 자폐 성향을 지닌 사람들이 이런 체계화 능력을 활짝 꽃피울지, 평생을 고통 속에서 살아갈지는 이들이 어떤 환경에 놓이는지에 달려 있다.

다행히 자폐인이 지닌 독특한 재능이 빛을 발하도록 적절한 지원을 제공하자는 움직임이 다양한 분야에서 일어나고 있다. 당사자와 가족은 물론 사회 전체를 위해서도 좋은 일이다. 뭔가 금전적 이익을 생산해내야 인간으로서 가치가 있다는 말이 아니다. **모든 사람이 타고난 잠재력을 마음껏 펼칠 수 있는 세상을** 만들자는 뜻이다. 자폐인도, 어떤 장애인도 배제하지 않은 문자 그대로 **모든 사람**이다. 그렇게 하려면 신경다양성을 근본적으로 다시 성찰해야 한다. 어딘지 다른 사람들까지 모두 포용할 수 있도록 교육, 고용, 분배 방식을 완전히 바꿔야 한다. 이것이 더 풍요롭고, 올바른 세상으로 가는 길이다.

아울러 자폐와 장애 연구 또한 다시 생각해볼 필요가 있다. 지금 이 순간에도 오가노이드organoid, 유전자 편집, 장내 미생물총 등 첨단의학으로 장애를 **해결**하거나 **제거**하려는 온갖 연구가 진행되고 있다. 물론 개인의 잠재력을 펼치는 데 걸림돌이 되는 상황을 개선하는 것은 두말할 것도 없이 좋은 일이다. 그러나 자폐 성향이 인류의 유전자에 각인된 본질적 특성 중 하나라면, 그것만 따로 분리해서 제거한다는 것이 과연 가능할까? 가능하다면 바람직할까? 연구 방향도 문제다. 사전에 그런 성향을 알 수 있다면 사람들은 어떤 선택을 할까? 원인을 밝히고 해결하겠다는 목표 아래 엄청난 돈과 노력을 쏟아부을 것이 아니라, **어딘지 다른 사람들**을 그 모습 그대로 받아들이고 사회 모든 분야를 적절한 지원과 포용을 제공하는 쪽으로 바꿔볼 수는 없을까? 아무래도 나는 이 방향이 더 효율적이고 경제적일 뿐 아니라 더 따뜻하고 올바른 사회로 가는 길처럼 느껴진다. **다양성**이야말로 더 풍요롭고 아름다우며, 동시에 더 강력하고 적응력이 뛰어난 특성이기 때문이다. 이것이야말로 자폐의 과학이 우리에게 들려주는 이야기다.

부록 1

나의 뇌 유형을 찾는 SQ와 EQ 검사

체계화 지수 수정판(10항목 버전), SQ-R-10

항목	내용	전적으로 동의함	어느 정도 동의함	그리 동의하지 않음	전혀 동의하지 않음
1	새로운 지식을 배울 때는 아주 세세한 부분까지 파고들어 그 범주에 속한 항목들 사이의 작은 차이까지 이해하려고 한다.	2	1	0	0
2	비행기 여행을 할 때 기체역학에 관해 생각하지 않는다.	0	0	1	2
3	강이 시작되어 바다에 이를 때까지 흘러가는 경로를 아는 데 관심이 있다.	2	1	0	0
4	기차 여행을 할 때 종종 철도 연결망이 정확히 어떻게 조절되는지 궁금해한다.	2	1	0	0
5	일기예보를 들을 때 기상학적 패턴에는 별로 관심이 없다.	0	0	1	2
6	상품 카탈로그를 넘기며 각 상품의 자세한 설명을 읽어보고 다른 상품과 비교하기를 좋아한다.	2	1	0	0
7	산을 보면서 그 산이 정확히 어떻게 형성되었는지 생각한다.	2	1	0	0
8	가구를 볼 때 제작 방식의 세세한 차이까지는 알아차리지 못한다.	0	0	1	2
9	언어를 배울 때 문법적 규칙에 흥미를 느낀다.	2	1	0	0
10	음악을 들을 때 항상 악곡의 구조를 알아차린다.	2	1	0	0

SQ-R-10 평가법

최고 점수는 20점이며, 최저 점수는 0점이다. 여성의 평균 점수는 5.5(범위 2~9점), 남성의 평균 점수는 6.7(범위 3~11점)이다. 0~3점이면 체계화 성향이 낮고, 12~20점이면 체계화 성향이 높다고 평가한다.

공감 지수(10항목 버전), EQ-10

항목	내용	전적으로 동의함	어느 정도 동의함	그리 동의하지 않음	전혀 동의하지 않음
1	다른 사람이 어떻게 느낄지 정확히 예측하는 편이다.	2	1	0	0
2	사람들은 내가 그들의 감정과 생각을 잘 이해한다고 한다.	2	1	0	0
3	사람들이 어떤 일에 왜 그토록 화를 내는지 잘 알아차리지 못한다.	0	0	1	2
4	다른 사람이 어떤 얘기를 하고 싶어 하는지 쉽게 알 수 있다.	2	1	0	0
5	다른 사람이 어떤 말을 듣고 왜 그렇게 기분 나빴는지 알 수 없는 경우가 있다.	0	0	1	2
6	다른 사람의 기분을 즉시 직감적으로 맞출 수 있다.	2	1	0	0
7	사람들은 종종 내게 둔감하다고 하는데, 때로는 그 이유를 모르겠다.	0	0	1	2
8	대화 중 상대방이 어떤 생각을 하는지보다 내 자신의 생각에 집중하는 경향이 있다.	0	0	1	2
9	친구들은 내가 매우 이해심이 깊다고 하면서 항상 문제를 털어놓는다.	2	1	0	0
10	사회적인 상황에서 어떻게 행동해야 할지 알기 어렵다.	0	0	1	2

EQ-10 평가법

최고 점수는 20점이며, 최저 점수는 0점이다. 여성의 평균 점수는 10.8(범위 6~16점), 남성의 평균 점수는 8.9(범위 4~14점)이다. 0~4점이면 공감 성향이 낮고, 16~20점이면 공감 성향이 높다고 평가한다.

자신의 뇌 유형 계산법

SQ-R-10과 EQ-10을 모두 마쳤다면, SQ-R-10 점수와 EQ-10 점수의 차이(D)로 자신의 뇌 유형을 알 수 있다(D = SQ-R-10 점수 - EQ-10 점수). D점수의 범위는 -20에서 20까지다.

D점수 해석

아래 표에서 자신의 EQ-10 점수와 SQ-R-10 점수를 찾는다. 두 점수가 만나는 곳에 있는 숫자가 자신의 D점수다. 뇌 유형은 색깔 또는 D점수로 판정한다.

극단 E형: −14 이하　　　　E형: −13 ~ −7　　　　B형: −6 ~ −2
S형: −1 ~ 8　　　　　　　극단 S형: 9 이상

통계적으로 생각하는 사람을 위해 덧붙이면 EQ-10의 평균은 10.1이며, 표준편차는 4.9다. SQ-R-10의 평균은 5.9이며, 표준편차는 4.0이다.[1]

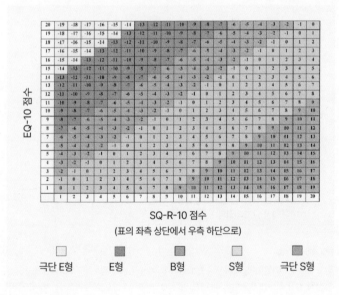

SQ-R-10 점수
(표의 좌측 상단에서 우측 하단으로)

□ 극단 E형　　■ E형　　■ B형　　□ S형　　■ 극단 S형

부록 2

AQ 검사로 자폐 성향 알아보기

자폐 스펙트럼 지수(AQ-10)

	각 질문에 한 가지 답만 선택해주세요.	전적으로 동의함	어느 정도 동의함	그리 동의하지 않음	전혀 동의하지 않음
1	종종 남들이 알아차리지 못하는 작은 소리를 알아차린다.	1	1	0	0
2	대개 작은 세부 사항보다 전체적인 상황에 집중한다.	0	0	1	1
3	한꺼번에 두 가지 이상의 일을 쉽게 해낸다.	0	0	1	1
4	잠깐 맥이 끊겨 그 전에 하던 일로 금방 돌아갈 수 있다.	0	0	1	1
5	남이 말할 때 행간에 숨은 뜻을 읽기가 쉽다.	0	0	1	1
6	내 말을 듣는 사람이 지루해하는 것을 금방 알아차린다.	0	0	1	1
7	어떤 이야기를 읽을 때 등장인물의 의도를 알아차리기가 어렵다.	1	1	0	0
8	어떤 범주에 속하는 사물에 대한 정보를 모으는 것이 즐겁다(다양한 유형의 자동차, 새, 열차, 식물 등).	1	1	0	0
9	상대방의 얼굴만 보고도 무엇을 생각하거나 느끼는지 쉽게 알 수 있다.	0	0	1	1
10	남들의 의도를 알아차리기가 어렵다.	1	1	0	0

AQ는 영국 국립보건임상연구소 가이드라인에서 자폐 선별 도구로 추천하지만, 자폐 진단 도구는 아니라는 데 유의한다. 여성의 평균 점수는 3.16(범위 1~5), 남성의 평균 점수는 3.56(범위 1~6)이다. 0~4점이라면 자폐 성향이 낮은 것이며, 6~10점이라면 높은 것이다. AQ 점수가 6점을 넘고, 어려움을 겪고 있으며, 그 어려움이 이 검사를 받기 전에 시작되었다면, 또한 자폐 진단에 따른 지원을 받는 것이 도움이 될지도 모른다고 생각한다면, 전문적인 진단을 받아보는 것이 좋다.[1]

주석

1 타고난 패턴 탐구자

1 나는 조나를 평가하는 자리에 있었다. 당연히 사생활 보호를 위해 자세한 사항은 익명으로 처리했다.

2 어휘 발달에 대한 온라인 자료로는 스탠포드대학교 과학자들이 수천 명의 어린이에게서 수집해 다른 연구자들이 사용할 수 있도록 다음 사이트에 정리해둔 어휘 발달 데이터를 참고한다. wordbank.stanford.edu/analyses?name=vocab_norms.

3 R. Reader et al., "Genome wide studies of specific language impairment", *Current Behavioural Neuroscience Reports* 1, No.4 (2014): 242~250.

4 말이 늦은 어린이와 엔지니어 부모의 관련성에 대해서는 다음 문헌을 참고한다. T. Sowell, *Late-talking children* (New York: Basic Books, 1998).

5 '정확성을 추구하는 마음'이라는 구절은 다음 출처에서 인용했다. S. Baron-Cohen and S. Wheelwright, *An exact mind: An artist with Asperger syndrome, art work by Peter Myers* (London: Jessica Kingsley Ltd., 2004).

6 나뭇잎을 분류하는 조나의 능력은 과학적으로 정확한 것으로 밝혀졌다. M. Hickey and C. Clive, *Common families of flowering plants* (Cambridge: Cambridge University Press, 1997).

7 반복 행동에 대해서는 다음 문헌을 참고한다. I. Carcani-Rathwell et al., "Repetitive and stereotyped behaviors in pervasive developmental

disorders", *Journal of Child Psychology and Psychiatry* 47, No.6 (2006): 573~581. RRBI라는 용어에 관한 리뷰는 다음 출처를 참고한다. Interactive Autism Network, "Autism: Restricted and repetitive behaviors", April 2, 2007(updated November 7, 2013), iancommunity.org/cs/autism/restricted_repetitive_behaviors.

8   21세기 초까지는 자폐에서 나타나는 반복 행동을 부정적이고 바람직하지 않은 것으로 보았다. 교사와 의사들 역시 반복 행동을 못 하게 하라고 조언했다. 나는 이런 시각에 반대한다. 반복 행동이 체계화 과정, 즉 비자폐인과 다른 학습 스타일을 반영하는 지적이고도, 독특하게 인간적인 행동이라고 보기 때문이다. S. Baron-Cohen, "The extreme male brain theory of autism", *Trends in Cognitive Sciences* 6 (2002): 248~254.

9   에디슨에 관한 일화들은 다음 출처에서 인용했다. Gerald Beals, "The biography of Thomas Edison" (June 1999), www.thomasedison.com/biography.html.

10   사전적 정의에 따르면 발명이란 뭔가 새로운 것을 만들어내는 일, 즉 새로운 방법, 새로운 개념, 새로운 장치, 새로운 발견, 새로운 과정 등을 만드는 것을 뜻한다. 실제로 '-vent'라는 말의 어원인 라틴어 **venire**는 '온다'라는 뜻이다. 발명을 뜻하는 'invention'이란 말과 혁신을 뜻하는 'innovation'이란 말은 서로 관련이 있지만 정의상 뚜렷하게 다른데, 혁신의 한 가지 의미는 인구집단 전체가 널리 받아들이는 발명을 뜻한다. 그런가 하면 혁신이란 기존의 발명 위에서 이루어진다고 정의하는 사람도 있다. 내가 보기에 어떤 발명이 널리 받아들여지는 것은, 예컨대 발명가가 적절한 자금을 지원받거나 훌륭한 마케팅 팀을 만나는 등 사회적 및 경제적 요인에 좌우될 수 있다. 훨씬 근본적인 질문은 발명의 성공 여부나 중요성과 관계없이, 우리 인간이 어떻게 해서 발명을 할 수 있느냐는 것이다.

11   물론 여기서 기념비적인 순간이라는 말을 문자 그대로 받아들여서는 안 된다. 체계화 메커니즘의 출현에 관해 내가 추정한 3만 년의 기간(7만~10만 년 전)은 신경 변화가 급작스럽게 또는 단계적으로 일어나는 모델을 모두 고려한 것이다.

2 체계화 메커니즘

1   체계화 메커니즘이라는 용어는 다음 문헌에서 처음 도입되었다. S. Baron-Cohen, "Two new theories of autism: hyper-systemizing and assortative mating", *Archives of Diseases in Childhood* 91 (2006): 2~5. 그 후 다음 문헌에서 더욱 깊이 논의되었다. S. Baron-Cohen, "The hyper-systemizing, assortative mating theory of autism", *Progress in Neuropsychopharmacology and Biological Psychiatry* 30 (2006): 865~872.

2   체계화라는 용어는 다음 문헌에서 처음 도입되었다 S. Baron-Cohen, "The extreme male brain theory of autism", *Trends in Cognitive Sciences* 6 (2002): 248~254. 그 후 다음 문헌에서 보편적 사용이 가능할 정도로 발전했다. S. Baron-Cohen et al., "The systemizing Quotient: An inVestigation of adults with Asperger syndrome or high-functioning autism, and normal sex differences", *Philosophical Transactions of the Royal Society: Series B* 358 (2003): 361~374.

3   나는 의도적으로 누구에 관해 묻지 않았다. 그런 질문은 물체나 무생물적 사건보다 인간과 관련이 있으며, 대개 우리는 또 하나의 중요한 메커니즘인 공감회로를 통해 인간의 행동에 대해 묻기 때문이다. 이 점은 2장 뒷부분에 자세히 논의했다.

4   A. Gopnik, "Why do we ask questions?", *Edge* (2002), www.edge.org/response-detail/11928; and D. Premack and A. J. Premack, *The mind of an ape* (New York and London: W. W. Norton & Co., 1983).

5   M. Chouinard et al., "Children's questions: A mechanism for cognitive development", *Monographs of the Society for Research in Child Development* 72, No.1 (2007): 1~112.

6   R. Proctor, "The history of the discovery of the cigarette-lung cancer link: Evidentiary traditions, corporate denial, global toll", *Tobacco control* 21 (2012): 87~91; and R. Doll and A. Hill, "The mortality of doctors in relation to their smoking habits", *British Medical Journal* 1 (1954): 1451~1455.

7   T. Maciel, "The physics of sailing: How does a sailboat move upwind?" *Physics Central*, May 12, 2015, physicsbuzz.physicscentral.com/2015/

05/the-physics-of-sailing-how-does.html.

8 일부 시스템은 동일한 것을 산출하도록, 즉 동일한 기능을 수행하도록 완전
히 독립적으로 설계되었다는 데 유의해야 한다. 예컨대 역사상 어느 시기
에 일부 문화권에서는 마야의 숫자 체계를 이용해 어린이에게 여러 자리 숫
자의 곱셈을 가르쳤지만, 다른 시기에 다른 문화권에서는 격자 체계lattice
system를 이용해 어린이에게 비슷한 연산을 가르쳤다. 두 가지 방법 모두 효
율적이었다. 격자 체계는 다음 문헌을 참고한다. Len Goodman, "Lattice
method", MathWorld, mathworld.wolfram.com/LatticeMethod.html.
마야 숫자 체계는 다음 문헌을 참고한다. "Mayan mathematics", The Story
of Mathematics, www.storyofmathematics.com/mayan.html.

9 R. Castleden, *The making of Stonehenge* (New York: Routledge, 1993).

10 D. Anthony, *The horse, the wheel, language* (Princeton, NJ: Princeton
University Press, 2007).

11 증기기관을 발명한 제임스 와트James Watt가 이런 용어를 쓴 것은 아니지만,
이 예는 문자 그대로 마력이라고 생각할 수 있다. 와트는 엔진의 힘을 말의
힘으로 환산하는 수학적 방법을 개발했다. 우선 힘이 센 말이 짐을 끄는 능
력을 측정했다. 통상 '마력은 330파운드를 분당 100피트(33파운드를 분당
1000피트 또는 1000파운드를 분당 33피트라고 표기하기도 한다) 끄는 데 필
요한 힘'이라고 정의한다. 다시 말해 1마력은 분당 3만 3000피트-파운드다.

12 여기서 **그리고**는 변화의 궁극적인 원인을 나타낸다. 예컨대 다음과 같이 '왜'
로 시작하는 질문이 있다고 하자. '왜 촛불이 꺼졌지?' 이때 우리는 가설을 세
우고, 그 원인을 찾아낸 후 다음과 같은 패턴을 확정한다. '**만일** 촛불이 켜져
있었다면, **그리고** 갑자기 바람이 세게 불었다면, **그렇다면** 촛불은 꺼진다.' 여
기서 **그리고**로 시작하는 조건(갑자기 불어온 세찬 바람)은 촛불이 꺼진 원인
에 해당한다. 지금까지 인간 관찰자(또는 그들의 뇌)가 파악한 원인적 조작
에 가장 가깝다는 뜻이다. 과학자들은 합리적 의심의 여지가 없다고 입증될
때까지는 뭔가를 원인이라고 생각하는 데 극히 조심한다. 체계화 메커니즘
은 전문적 훈련의 결과가 아니라 진화의 산물이다. 따라서 체계화 메커니즘
은 어떤 일의 원인을 최대한 근접한 것까지 파악해 들어갈 수 있는 신경 메커
니즘을 제공한다. P. Lipton, *Inference to the best explanation* (London:
Routledge, 1991). 나는 이 점에 관해 친구인 피터 립턴Peter Lipton의 덕을
보았다. 처음 만났을 때 그는 옥스퍼드대학교 뉴칼리지의 박사과정 학생이
었고, 나는 같은 학교의 대학생으로 과학철학 교습 기회를 찾고 있었다. 그는

나를 연구실로 불러 '인과성'이라는 단어를 정의해보라고 했다. 그리고 뛰어난 교사가 항상 그렇듯 내가 아무 말없이 앉아 생각할 동안 조용히 기다려 주었다. 5분 정도 지났을까? 어떤 선생은 학생이 대답하지 못할 것 같으면 서둘러 도와주려고 하지만, 피터는 얼마든지 기다릴 수 있다는 태도였다. 결국 나는 스스로 떠올린 생각들을 정리할 수 있었다. 15년 뒤 다시 만났을 때는 너무나 기뻤다. 그는 케임브리지대학교 철학 강사였고, 막 책 한 권을 출간했다. 나 역시 같은 대학에 심리학 강사로 임용된 참이었다. 우리는 킹스칼리지에서 함께 점심을 먹으며 적어도 기원전 300년경 아리스토텔레스까지 거슬러 올라가며 추론이란 개념에 대해 토론을 벌였다. 내 생각에 체계화란 '가장 잘 설명할 수 있는 추론 과정'이지만, 그 기원은 7만~10만 년 전으로 거슬러 올라간다. 안타깝게도 피터는 쉰세 살이라는 젊은 나이에 세상을 떠났다.

13 인간의 체계화 능력이 얼마나 독특한지는 5장에서 더 자세히 설명하겠지만, 우선 다음 문헌을 참고한다. D. Povinelli and S. Dunphy-Lelii, "Do chimpanzees seek explanations? Preliminary comparative investigations", *Canadian Journal of Experimental Psychology* 55, No.2 (2001): 187~195.

14 C. Gibbs-Smith, *Sir George Cayley's aeronautics, 1796-1835* (London: HM Stationery Office, 1962).

15 여기서 **그리고**가 반드시 원인적 조작은 아니며 (바로 위 12번에서 설명했듯) 원인적 조작의 대용물에 가깝다는 데 유의한다. 체계화 메커니즘은 단순히 **만일-그리고-그렇다면** 패턴을 찾아 얼마나 신뢰할 수 있는지 파악하고, 설사 궁극적인 원인이 아니라고 할지라도 뭔가를 원인으로 취급하는 과정이다.

16 J. Sumner, *The natural history of medicinal plants* (Portland, OR: Timber Press, 2000). 이제 우리는 버드나무껍질에 살리실산이 함유되어 있어 두통에 효과적임을 알고 있다. 살리실산이 바로 아스피린이다.

17 개는 몸에 기생충이 있을 때 토하기 위해 풀을 먹으며, 황제나비는 항기생충 효과가 있는 박주가리 위에 알을 낳는다. 하지만 이 동물들은 연상 학습을 했거나, 유전적 이유로 그렇게 할 뿐 뚜렷한 목적을 가지고 그렇게 하는 것 같지는 않다. 이런 행동은 다양한 먹이의 약리 효과를 체계적으로 실험하는 것과도 전혀 다르다. J. Shurkin, "Animals that self-medicate", *Proceedings of the National Academy of Sciences* 111, No.49 (2014): 17339~17341.

18 7만~10만 년 전의 원시적인 생활이 어떻게 그토록 편안할 수 있었는지는 유튜브의 인기 동영상 "What is primitive technology?"를 찾아보거나, 다음

출처를 참고한다. G. Pierpoint, "What is 'primitive technology' and why do we love it?", BBC News, August 27, 2018, www.bbc.co.uk/news/blogs-trending-45118653. 더 긴 버전은 다음 출처를 참고한다. "Primitive Technology", www.youtube.com/channel/UCAL3JXZSzSm8AlZyD3n QdBA/featured.

19 H. Chisholm, ed., "Boole, George", in *Encyclopedia Britannica*, 11th ed. (Cambridge: Cambridge University Press, 1911). 그의 중요한 저작 중 하나는 다음과 같다. G. Boole, *An investigation of the laws of thought* (London: Walton & Maberly, 1854). 빅데이터에서 패턴을 찾고 싶을 때, 또는 그렇게 하도록 컴퓨터를 프로그래밍할 때 과학자들이 사용하는 알고리듬 역시 불이 개발한 것과 동일한 **만일-그리고-그렇다면** 체계화 형식을 이용하는 경향이 있다. 예컨대 어떤 과학자가 수만 종의 동물을 포유류와 파충류로 분류하는 정확한 규칙을 정한다고 해보자. 컴퓨터는 데이터를 처리해 각 동물을 두 가지 카테고리로 분류하는 최선의 알고리듬을 찾아내려고 할 것이다. 예를 들면 이렇다. '**만일** 새끼를 낳는다면, **그리고** 온혈동물이라면, **그렇다면** 그 동물은 포유동물이지만, **만일** 새끼를 낳지 않는다면, **그리고** 냉혈동물이라면, **그렇다면** 그 동물은 파충류다.' 이 예는 분류사classifier 교육 과정을 위한 유인물에서 인용했다. 출처는 다음과 같다. "Data mining: Rule-based classifiers", staff www.itn.liu.se/~aidvi/courses/06/dm/lectures/lec4.pdf.

20 메리 불에 대해서는 다음 문헌을 참고한다. P. Nahin, *The logician and the engineer: How George Boole and Claude Shannon created the information age* (Princeton, NJ: Princeton University Press, 2012), 28. 그녀의 저서도 있다. M. E. Boole, *Philosophy and fun of algebra* (London, 1909). 조지 불의 죽음에 대해서는 다음 문헌을 참고한다. Tommy Barker, "Have a look inside the home of UCC maths professor George Boole", *Irish Examiner*, June 13 (2015); See also S. Burris, "George Boole", in *The Stanford encyclopedia of philosophy*, April 21, 2010(updated April 18, 2018), plato.stanford.edu/entries/boole/; and J. J. O'Connor and E. F. Robertson, "George Boole", www-groups.dcs.st-and.ac.uk/history/Biographies/Boole.html.

21 A. Gopnik et al., "Causal learning mechanisms in very young children: Two, three and four year olds infer causal relations from patterns

of variation and covariation", *Developmental Psychology* 37 (2001): 620~629; See also D. Sobel et al., "Children's causal inferences from indirect evidence: Backwards blocking and Bayesian reasoning in preschoolers", *Cognitive Science* 28 (2004): 303~333; and A. Gopnik et al., *How babies think* (London: Weidenfeld and Nicolson, 1999).

22 D. A. Lagnado et al., "Beyond covariation: Cues to causal structure", in A. Gopnik and L. Schulz, eds., *causal learning: Psychology, philosophy, and computation* (Oxford: Oxford University Press, 2007); L. Schulz et al., "Preschool children learn about causal structure from conditional interventions", *Developmental Science* 10 (2007): 322~332; and C. Lucas et al., "When children are better (or at least more open-minded) learners than adults: Developmental differences in learning the forms of causal relationships", *Cognition* 131 (2014): 284~299.

23 American Botanical Society, "The mysterious Venus fly trap", www.botany.org/bsa/misc/carn.html.

24 체계화는 오직 원인적 또는 체계화 가능한 사건에 대한 호기심을 설명해 줄 뿐이다. 내가 보기에 사회적 사건에 대한 호기심은 인간의 또 다른 독특한 인지 메커니즘인 공감회로에 의해 나타난다.

25 R. Smith, "World's oldest calendar discovered in the UK", *National Geographic*, July 16 (2013).

26 메소포타미아는 초기 체계화 과정에 중요한 장소였음이 밝혀졌다. 또한 가장 초기의 표기 체계인 설형문자를 개발하고, 60진법 체계를 도입해 매우 큰 숫자와 매우 작은 숫자를 기록하기도 했다. 오늘날 원을 360도로 나누고, 1도를 다시 60분으로 나누는 것과 같은 체계를 사용했던 것이다. A. Asger, "The culture of Babylonia: Babylonian mathematics, astrology, and astronomy", in J. Boardman et al., eds., *The Assyrian and Babylonian empires and other states of the Near East, from the eighth to the sixth centuries BC* (Cambridge: Cambridge University Press, 1991). 바퀴나 농경처럼 놀라운 발명이 일어난 장소 또한 메소포타미아, 팔레스타인, 이집트에 걸친 비옥한 초승달 지역이었다.

27 핼리혜성에 대해서는 다음 문헌을 참고한다. G. W. Kronk, *Cometography*, vol.1, *Ancient-1799* (Cambridge: Cambridge University Press, 1999). 금성을 관찰한 기록이 전해지는 가장 이른 시기는 기원전 1700년경으로,

21년간 금성이 떠오르는 시각을 기록했다. 고대 그리스인들은 이 기록을 토대로 밤하늘을 체계화했다. 지동설을 최초로 주장한 영광은 16세기 코페르니쿠스에게 돌아갔지만, 사모스의 아리스타르쿠스Aristarchus는 이미 기원전 3년에 해와 달의 크기와 거리를 추정한 후, 태양을 중심으로 행성들이 주위를 회전하는 태양계 모델을 제안했다. F. Espenak, "Transits of Venus, six millennium catalog: 2000 BCE to 4000 CE", NASA, February 11 (2004).

28 《주서》에 대해서는 다음 문헌을 참고한다. G. Chambers, *The story of eclipses* (London: George Newnes Ltd., 1899). 이 책은 《주서Book of Zhou》라는 전집의 일부다. Edward L. Shaughnessy, "Western Zhou history", in M. Loewe and E. L. Shaughnessy, eds., *The Cambridge history of ancient China: From the origins of civilization to 221 B.C.* (Cambridge: Cambridge University Press, 1999).

29 월식에 대해서는 다음 문헌을 참고한다. E. Livni, "The terrifying history of lunar eclipses", *Quartz*, July 26 (2018).

30 린네는 일기에 이렇게 적었다. "아르비드 몬손 뤼다홀름Arvidh Mansson Rydaholm의 《약초지Book of herbs》, 틸란드스Tillandz의 《식물록Flora Åboensis》, 팔름베리Palmberg의 《약초백과Serta Florea Suecana》, 브로멜리Bromelii의 《신비한 녹색Chloros Gothica》, 루드베키Rudbeckii의 《웁살라 식물집Hortus Upsaliensis》 등의 책들을 밤낮없이 읽어 내 손바닥 들여다보듯 훤히 알게 되었다." "Linnaeus, Carl", All About Heaven, allaboutheaven.org/sources/linnaeus)/190.

31 예를 들면 이렇다. 린네 이후 현재 우리는 새들을 조류라는 강綱으로 분류한다. 조류강은 스물세 개 목目으로 나뉘며, 가장 큰 것은 연작목이다. 목은 다시 과科(예컨대 주변에서 흔히 볼 수 있는 칼샛새는 칼샛과Apodidae에 속한다)로 나뉘며, 과는 다시 속屬으로 나뉜다. 조류강에는 2057개의 속이 있다. 속은 다시 종種으로 분류되며, 현존하는 조류는 모두 9702종이다. 분류 체계의 마지막 단계는 아종으로 대개 특정 지역에 서식하는 약간 다른 종들을 이렇게 분류한다. "Bird classifications", Birds.com, www.birds.com/species/classifications/. 분류 체계의 발명에 있어서는 **만일-그리고-그렇다면** 패턴 중 **그리고**가 어떤 특징을 추가해 다른 종의 조류로 분류한다는 점에서 비슷한 역할을 하지만, 반드시 인과적 의미를 갖지는 않는다는 데 유의한다.

32 조류 관찰자를 일컫는 데도 미묘하게 의미가 다른 용어가 사용된다. 다음 정의는 1969년 《탐조Birding》라는 잡지 제1권 제2호에 실린 〈탐조 용어집

Birding glossary)에서 인용한 것이다. "탐조가birder란 탐조라는 취미를 진지하게 추구하는 사람을 말한다. 탐조Birding란 조류 연구와 조류 목록 작성이라는 도전적인 일을 즐기는 개인의 취미 활동이다. 조류 관찰자란 어떤 이유로든 새를 관찰하는 사람을 가리키는 모호한 용어로, 진지한 탐조가와는 다르다. 희귀 조류 탐조Twitching란 영국에서 사용되는 용어로 특정 지역에서 관찰된 희귀 조류를 뒤쫓는 일을 의미한다. 희귀 조류 탐조가twitcher란 희귀 조류를 관찰하기 위해 장거리 여행을 마다하지 않고, 관찰에 성공한 뒤에는 목록에 '체크해' 표시하는 사람을 일컫는다." P. Dunne, *Pete Dunne on bird watching* (Boston: Houghton Mifflin, 2003).

33 사과를 체계화하는 데 대해서는 다음 출처를 참고한다. University of Illinois Extension, "Apples and more", extension.illinois.edu/apples/facts.cfm. 사과 체계화에는 많은 방법이 있다. 그중 하나는 맛으로 분류하는 것이다. "The spectrum of apple flavors", Blame It on the Voices, July 10, 2010, www.blameitonthevoices.com/2010/07/know-your-apples-spectrum-of-apple.html.

34 내가 보기에 체계화 메커니즘은 통계적 학습과 다르다. 통계적 학습이란 규칙적인 패턴을 학습하는 것으로, 연상 학습과 달리 대개 뚜렷한 외적 보상이 없는 상태에서 이루어진다. 예컨대 제니 새프런Jenny Saffran의 연구팀은 인간 유아가 말 소리와 비슷한speechlike 소리들 속에서 통계적 규칙성을 파악할 수 있다고 보고하면서, 유아는 '타고난 통계학자'라고 결론 내렸다. 중요한 점은 유아가 말과 비슷한 소리뿐 아니라 단순한 음악적 소리와 시각적 형태에서도 규칙성을 파악할 수 있다는 점이다. 인간 유아의 통계적 학습 능력은 인상적이며, 진화적으로 체계화 전 단계에 나타난 능력일 가능성이 높지만, 그렇다고 체계화와 동일한 것은 아니다. 그 이유는 **만일-그리고-그렇다면** 추론 능력이 없어도 통계적 학습이 가능하기 때문이다. 6장에서 보듯 원숭이와 쥐도 통계적 학습 능력이 있지만, 생성적 발명을 할 수는 없다. 통계적 학습은 A가 B와 연관이 있고, 그런 연관성이 얼마나 자주 나타나는지만 알면 가능하며, **만일-그리고-그렇다면** 패턴을 이해할 필요는 없다. 통계적 학습을 확률적 학습probabilistic learning이라고도 한다. R. Aslin, "Statistical learning: A powerful mechanism that operates by mere exposure", *WIRES (Wiley Interdisciplinary Reviews): Cognition and Science* 8, No.1-2 (2017): 1~7; J. Saffron et al., "Statistical learning by 8 month old infants", *Science* 274 (1996): 1926-1928; J. Saffron et al., "Statistical

learning of tone sequences by human infants and adults", *Cognition* 70 (1999): 27~52; N. Kirkham et al., "Visual statistical learning in infancy: Evidence for a domain general learning mechanism", *Cognition* 83 (2002): B35~B42; M. Hauser et al., "Segmentation of the speech stream in a non-human primate: Statistical learning in cotton-top tamarins", *Cognition* 78 (2001): B53~B64; and C. Santolin and J. Saffron, "Constraints on statistical learning across species", *Trends in Cognitive Science* 22, No.1 (2018): 52~63.

35 연상 학습에 대해서는 다음 문헌을 참고한다. B. F. Skinner, *Behavior of organisms* (New York: Appleton-Century-Crofts, 1938).

36 마음속 스프레드시트의 예로는 우리 뇌가 자동차 제조사와 번호판을 이용해 자동차들을 체계화해 지금 막 지나친 것이 누구의 차인지 알아내는 과정을 들 수 있다. '**만일** 번호판이 AIE7JY이고, **그리고** 르노 라구나 모델이었다면, 그리고 빨간색이었다면, **그렇다면** 그건 세라의 차다.' 마찬가지로 뇌는 시간과 공간 속에서 **무슨** 일이 일어났는지, **언제** 그 일이 일어났는지, **어디서** 그일이 일어났는지 마음속 지도를 그려 우리를 둘러싼 물리적 세계를 체계화한다. G. Buzsaki and R. Llinas, "Space and time in the brain", *Science* 358, No.6362 (2017): 482~485.

37 정원사는 토양을 산성화해 철쭉의 꽃 색깔을 바꾸려면 물이끼 초탄을 2.5~5센티미터 정도 섞어줘야 한다는 것을 안다. K. Adams, "What can you use to change the color of a rhododendron flower?", SFGate, homeguides. sfgate.com/can-use-change-color-rhododendron-flower-68727.html.

38 월경 주기를 체계화하는 알고리듬은 다음과 같다. '**만일** 배란 예정일 4~5일 전이라면, **그리고** 체온이 올라가 있다면, **그렇다면** 임신일 가능성이 있다.' 이 규칙에 예컨대 '**그리고** 피가 비친다면, **그리고** 이슬이 비친다면' 같은 식으로 계속 **그리고** 조건절을 추가할 수 있다. D. Dunnington, "The menstrual cycle and sleep", SleepHub, August 17, 2015, sleephub.com. au/menstrual-cycle-and-sleep/. 바위를 체계화하는 알고리듬은 이렇다. '**만일** 오래된 바위가 있다면, **그리고** 그것이 용융되지 않고 압착되었다면, **그렇다면** 그것은 변성암이다.' "Identifying rocks", Science 6 at FMS, June 7, 2012, fitz6.wordpress.com/2012/06/07/identifying-rocks/.

39 일부 연구자는 자폐라는 진단명이 생긴 것보다 훨씬 오래전에 살았던 뉴턴과 기타 유명한 물리학자, 과학자들이 자폐인이었을지 모른다고 주장한다.

현존하지 않는 인물을 전해지는 자료만으로 진단하기는 매우 어렵다. 증거들이 파편적인 데다, 당사자나 가족이 완전한 사실을 알려줄 수도 없기 때문이다. 그럼에도 다음 문헌은 참고할 만하다. I. James, "Singular scientists", *Journal of the Royal Society of Medicine* 96, No.1 (2003): 36~39.

40 3000년 전 조수의 양상을 체계화한 천문학자는 사모스의 아리스타르쿠스였다. T. Heath, *Aristarchus of Samos, the ancient Copernicus* (London: Oxford University Press, 1913). 조수의 양상에 관한 알고리듬은 예컨대 이랬을 것이다. '**만일** 토요일 오전 10시에 바다의 수위가 낮았다면, **그리고** 지금은 토요일 오후 2시라면, **그렇다면** 바다의 수위가 올라가 있을 것이다.' 한편 파도의 모양을 체계화하는 예는 이렇다. '**만일** 파도의 길이를 폭으로 나눈다면, **그리고** 그 결과가 3 미만이라면, **그렇다면** 그 파도는 아몬드 튜브 모양 파도다.' "Surfing", Wikipedia, en.wikipedia.org/wiki/Surfing#/media/File:Wave-shape-intensity.svg.

41 스케이트보드를 체계화하는 데 대해서는 다음 출처를 참고한다. "Skateboard trick list", www.skateboardhere.com/skateboard-trick-list.html/. 현재 스케이트보더의 성비는 약 80퍼센트가 남성, 20퍼센트가 여성이다. "Who are skateboarders?", Public Skateboard Development Guide, publicskateparkguide.org/vision/who-are-skateboarders/.

42 플레밍의 말은 다음 출처에서 인용했다. K. Haven, *Marvels of science: 50 fascinating 5-minute reads* (Littleton, CO: Libraries Unlimited, 1994). 다음 출처도 참고한다. L. Colebrook, "Alexander Fleming 1881~1955", *Biographical Memoirs of Fellows of the Royal Society* 2 (1956): 117~126; and R. Cruickshank, "Sir Alexander Fleming, FRS", *Nature* 175, No.4459 (1955): 663.

43 두정내구에 대해서는 다음 문헌들을 참고한다. G. A. Orban et al., "Mapping the parietal cortex of human and non-human primates", *Neuropsychologia* 44(13) (2006): 2647~2667; D. Stout and T. Chaminade, "The evolutionary neuroscience of tool making", *Neuropsychologia* 45, No.5 (2007): 1091~1100; D. Stout et al., "Neural correlates of early Stone Age tool-making: Technology, language, and cognition in human evolution", *Philosophical Transactions of the Royal Society: Series B* 363, No.1499 (2008): 1939~1949; and K. Kucian et al., "Impaired neural networks for approximate calculation in dyscalculic

children: A functional MRI study", *Behavior and Brain Function* 2 (2006): 31.

44 체계화에 관련된 뇌 구조에 대해서는 다음 출처를 참고한다. S. Baron-Cohen and M. V. Lombardo, "Autism and talent: The cognitive and neural basis of systemizing", *Translational Research* 19, No.4 (2017): 345~353.

45 인간 행동을 체계화하는 데 대해서는 다음 출처를 참고한다. S. Baron-Cohen, *Zero degrees of empathy* (London: Penguin UK, 2011), published in the United States as *The Science of evil* (New York: Basic Books, 2012). (사이먼 배런코언, 《공감 제로》, 홍승효 옮김, 사이언스북스, 2013.)

46 변호사들은 사회를 변화시키기 위해 예컨대 이런 실험을 한다. '**만일** 17세인 사람이 자기 생명을 구하기 위한 수혈을 거부한다면, **그리고** 아동보호법에 법원은 18세 미만인 사람을 반드시 보호해야 한다고 규정되어 있다면, **그렇다면** 법원은 당사자의 뜻에 반하더라도 그 17세 환자에게 수혈을 하라고 병원에 명령할 수 있다.' 이 예는 이언 매큐언Ian McEwan의 소설 《칠드런 액트》(2014)의 플롯이 되기도 했다.

47 일부 자폐 여성, 또는 진단받지 않았지만 자폐인인 여성이 영화나 소설에 '강박적으로 사로잡힐' 수 있다. 현실에서는 일상적인 대화조차 무척 힘들어하고 사회적인 상황에 대처하기가 어려워 사람과 접촉을 피할지라도 드라마를 탁월하게 이해하고 심지어 이런 능력을 이용해 전문가가 되기도 한다. 이는 그들이 현실 속 사회적 세계에서는 여전히 마음이론을 적용하는 데 어려움을 겪을지라도, '정적인' 또는 반복 가능한 책이나 영화의 세계에서 마음이론을 효과적으로 학습해 자폐를 '위장하는' 한 가지 방법일 수 있다. L. Hull et al., "'Putting on my best normal)': Social camouflaging in adults with autism spectrum conditions", *Journal of Autism and Developmental Disorders* 47 (2017): 2519~2534; M.-C. Lai et al., "Quantifying and exploring camouflaging in men and women with autism", *Autism* 21 (2016): 690~702; L. Hull, "Development and validation of the camouflaging autistic traits questionnaire (CAT-Q)", *Journal of Autism and Developmental Disorders* 1 (2018): 5; M.-C. Lai et al., "Neural self-representation in autistic women and association with 'compensatory camouflaging,'" *Autism* 23, No.5 (2018): 1210~1223; L. Hull et al., "Gender differences in self-reported camouflaging

in autistic and non-autistic adults", *Autism* 24 (2019): 352~363; L. Livingstone et al., "Good social skills despite poor theory of mind: Exploring compensation in autism spectrum disorder", *Journal of Child Psychology and Psychiatry* 60, No.1 (2019): 102~110.

48 다른 동물들의 마음을 읽는 능력에 대해서는 다음 출처를 참고한다. C. Heyes, "Animal mindreading: What's the problem?", *Psychonomic Bulletin and Review* 22, No.2 (2015): 313~327; D. Premack and G. Woodruff, "Does the chimpanzee have a theory of mind?", *Behavioral and Brain Sciences* 1, No.4 (1978): 515~526; J. Call and M. Tomasello, "Does the chimpanzee have a theory of mind? 30 years later", *Trends in Cognitive Sciences* 12 (2008): 187~192. 콜과 토마셀로는 침팬지가 욕망이나 목표 등 어떤 의지를 가지는 마음 상태를 이해할지도 모르지만, 믿음, 특히 잘못된 믿음과 같은 인식론적 마음 상태를 이해한다는 신뢰할 만한 증거는 여전히 없다고 주장한다.

49 A. Whiten and R. Byrne, "Tactical deception in primates", *Behavioural and Brain Sciences* 11, No.2 (2010): 233~244. 이 주제에 대한 획기적 논의라 할 수 있는 이 논문에서 많은 과학자가 동물이 A와 B 사이의 쌍연합 paired association을 학습하는 경우, 기만처럼 보이는 현상이 일어날 수 있다고 주장했다. 그런 A-그리고-B 규칙의 예로 '다른 동물이 있다'와 '바위 뒤에 숨어서 먹이를 먹어라'가 쌍을 이루는 경우를 들 수 있다. 이런 규칙은 잘만 따르면 먹이를 빼앗길 가능성이 줄기 때문에 생존에 도움이 되는 가치를 지닌다고 할 수 있다. 하지만 이런 쌍연합은 '다른 동물이 내가 먹을 것을 가지고 있지 않다고 **믿기**를 바란다'라는 차원의 기만과는 전혀 다르다.

50 J. Hoffecker and I. Hoffecker, "Technological complexity and the dispersal of modern humans", *Evolutionary Anthropology* 26 (2017): 285~299. 이 논문은 호모 사피엔스가 어떻게 덫과 올가미를 놓고, 어떻게 표창을 소리 나지 않는 무기로 사용했는지 논의한 후, 다른 호미니드들은 그런 행동을 하지 않았음을 지적한다. 또한 이런 행동을 하려면 체계화 메커니즘과 공감회로를 동시에 협력적인 방식으로 사용할 필요가 있음을 보여준다. 네안데르탈인이 이런 능력을 가지고 있었는지에 대한 논란은 5장의 16번 주석을 참고한다.

51 다른 동물종의 교육에 대해서는 다음 문헌을 참고한다. K. N. Laland, *Darwin's unfinished symphony* (Princeton, NJ: Princeton University

Press, 2017). (케빈 랠런드, 《다윈의 미완성 교향곡》, 김준홍 옮김, 동아시아, 2023); and A. Thornton and K. McAuliffe, "Teaching in wild meerkats", Science 313 (2006): 227~229.

52 언어에서 마음이론에 대해서는 다음 문헌을 참고한다. H. P. Grice, *Studies in the way of words* (Cambridge, MA: Harvard University Press, 1989); and J. L. Austin, *How to do things with words: The William James Lectures delivered at Harvard University in 1955*, ed. J. O. Urmson and M. Sbisa (Oxford: Clarendon Press, 1962).

53 C. Colonnesi et al., "The relation between pointing and language development: A meta-analysis", *Developmental Review* 30, No.4 (2010): 352~366; M. Tomasello, "Why don't apes point?", in *Roots of human sociality: culture, cognition, and interaction*, ed. N. Enfield and S. Levinson (Oxford and New York: Berg, 2006); and A. Smet and R. Byrne, "African elephants can use human pointing cues to find hidden food", *Current Biology* 23, No.20 (2013): 2033~2037. 다른 동물들도 방향을 지시하는 신호로 일부 가리키는 행동을 이해할지 모르지만, 뭔가를 지시하려는 의도로 이해한다는 증거는 제한적이다. A. Miklosi and K. Soproni, "A comparative analysis of animals' understanding of the human pointing gesture", *Animal Cognition* 2 (2006): 81~93.

54 다른 동물종의 공감에 대해서는 다음 문헌을 참고한다. F. De Waal, "The empathic ape", *New Scientist*, October 8 (2005); and I. Ben-Ami Bartal et al., "Empathy and pro-social behavior in rats", *Science* 334 (2011): 1427.

55 틀린 믿음에 대해서는 다음 문헌을 참고한다. H. Wimmer and J. Perner, "Beliefs about beliefs: Representation and constraining function of wrong beliefs in young children's understanding of deception", *Cognition* 13 (1983): 103~128; and S. Baron-Cohen et al., "Does the autistic child have a 'theory of mind'?", *Cognition* 21 (1985): 37~46. 마음을 읽는 능력을 뒷받침하는 뇌 속 기반에 대해서는 다음 문헌을 참고한다. C. Wiesemann et al., "Two systems for thinking about other thoughts in the developing brain", *Proceedings of the National Academy of Sciences* (9 March 2020); and 사이먼 배런코언, 《공감 제로》.

56 C. Krupenye et al., "Great apes anticipate that other individuals will act according to false beliefs", *Science* 354, No.6308 (2016): 110~114.

57 M. Balter, "Are crows mindreaders, or just stressed out?", *Science*, January 10, (2013).

58 Y. Tomonaga et al., "Bottlenose dolphins' (*Tursiops truncatus*) theory of mind as demonstrated by responses to their trainers' attentional states", *International Journal of Comparative Psychology* 23 (2010): 386~400.

3 뇌의 다섯 가지 유형

1 D. Greenberg et al., "Testing the Empathizing-Systemizing (E-S) theory of sex differences and the Extreme Male Brain (EMB) theory of autism in more than half a million people", *Proceedings of the National Academy of Sciences* 115, No.48 (2018): 12152~12157. 영국 뇌 유형 연구에서는 공감 지수(EQ-10)와 체계화 지수 개정판(SQ-R-10)이라는 두 가지 설문지의 축약 버전(10항목)을 사용했다. SQ-R은 STEM 분야뿐 아니라 일상에서 흔히 마주치는 시스템에 초점을 맞추었다(날씨, 지도, 산, 가구 등).

2 버스와 열차 시간표는 **만일-그리고-그렇다면** 구조를 따르는 정보의 좋은 예다. '**만일** 버스가 오전 7시에 요크에서 출발한다면, **그리고** 주말이 아니라면, **그렇다면** 버스는 오전 8시 10분에 휘트비에 도착할 것이다.' 이런 시간표는 디지털 스프레드시트가 발명된 것보다 훨씬 오래전부터 사용되었다. 조리법을 체계화하는 알고리듬의 예는 이렇다. '**만일** 반죽을 만들고, **그리고** 더 많은 효모를 넣는다면, **그렇다면** 빵이 더 크게 부풀 거야.' 조리법의 발명은 인간의 삶을 근본적으로 변화시켰거니와, 분명 체계화 메커니즘을 이용했을 것이다. 자전거 역학을 체계화하는 알고리듬의 예는 이렇다. '**만일** 자전거에 시트 업 형태의 핸들이 장착되어 있다면, **그리고** 핸들을 드롭다운 형으로 바꾼다면, **그렇다면** 자전거가 더 빨라질 거야.' 공중보건을 체계화하는 알고리듬의 예는 이렇다. '**만일** 사람들이 대변 속 세균과 접촉한다면, **그리고** 그 사람들이 비누로 손을 씻는다면, **그렇다면** 설사병에 걸릴 가능성이 낮아질 거야.' 이 예에서 조작 단계(**그리고** 단계)를 반복 시행하면 공중보건에 큰 변화가 일어난다. 손을 씻으면 설사병이 약 30퍼센트 감소하며, 이때 비누를 사용하면 43~47퍼센트 감소한다. 공중보건학자들은 비누로 손을 씻는 것이 '전 세계적으로 감염병 부담을 낮추는 가장 비용 효과적인 방법'이라고 결론 내렸다.

V. Curtis et al., "Hygiene: New hopes, new horizons", *Lancet Infectious Diseases* 11, No.4 (2011): 312~321.

3   어떤 특성이 종 모양 곡선을 나타낸다고 해서(즉, 정규분포에 따른다고 해서), 다유전자성이 입증되는 것은 아니다. 정규분포는 비유전적 이유 때문에 나타날 수도 있기 때문이다. 어떤 특성이 유전적임을 입증하려면 먼저 그것이 유전된다는 증거가 필요한데, 쌍둥이 연구에서 그런 증거를 얻을 수 있다. 어떤 특성이 다유전자성이고, 흔히 발생하는 수많은 변이가 각기 작은 영향을 미치며, 흔한 유전적 변이 중 하나가 나타날 확률이 둘 중 하나라면(동전을 던지듯) 정규분포 양상이 나타난다. 더 자세한 설명은 다음 문헌을 참고한다. K. Oldenbroek and L. van der Waaij, *Textbook animal breeding: Animal breeding and genetics for BSc students* (Wageningen, Netherlands: Centre for Genetic Resources and Animal Breeding and Genomics Group, Wageningen University and Research Centre, 2014), chapter 5.4, "Polygenic genetic variation", wiki.groenkennisnet.nl/display/TAB/Chapter+5.4+Polygenic+genetic+variation.

4   다섯 가지 뇌 유형에 대해서는 다음 문헌을 참고한다. A. Wakabayashi et al., "Empathizing and systemizing in adults with and without autism spectrum conditions: Cross-cultural stability", *Journal of Autism and Developmental Disorders* 37 (2007): 1823~1832; and Y. Groen et al., "The Empathy and Systemizing Quotient): The psychometric properties of the Dutch version and a review of the cross-cultural stability", *Journal of Autism and Developmental Disorders* 45, No.9 (2015): 2848~2864.

5   D. Treffert, "The savant syndrome: An extraordinary condition: A synopsis: Past, present, future", *Philosophical Transactions of the Royal Society of London: Series B, Biological Sciences* 364, No.1522 (2009): 1351~1357; K. Hyltenstam, *Advanced proficiency and exceptional ability in second languages* (Berlin: Walter de Gruyter GmbH, 2016); D. Kennedy and L. Squire, "An analysis of calendar performance in two autistic calendar savants", *Learning and Memory* 14, No.8 (2007): 533~538.

6   공감과 체계화가 일부 흔한 생물학적 자원을 두고 경쟁한다면 제로섬게임이 되리라 예상할 수 있다. N. Goldenfeld et al., "Empathizing and

systemizing in males, females, and autism", *Clinical Neuropsychiatry* 2 (2005): 338~345; and N. Goldenfeld et al., "Empathizing and systemizing in males, females, and autism: A test of the neural competition theory", in T. Farrow, ed., *Empathy and mental illness* (Cambridge: Cambridge University Press, 2007).

7 자폐와 기계적 시스템의 체계화에 대해서는 다음 문헌을 참고한다. S. Baron-Cohen et al., "Studies of theory of mind: Are intuitive physics and intuitive psychology independent?", *Journal of Developmental and Learning Disorders* 5 (2001): 47~78.

8 X. Wei et al., "Science, Technlogy, Engineering, and Mathematics (STEM) participation among college students with an autism spectrum disorder", *Journal of Autism and Developmental Disorders* 43 (2013): 1539~1546.

9 자폐와 패턴 인식에 대해서는 다음 문헌을 참고한다. L. Mottron et al., "Enhanced perception in savant syndrome: Patterns, structure, and creativity", *Philosophical Transactions of the Royal Society of London: Series B, Biological Sciences* 364, No.1522 (2009): 1385~1391; I. Soulieres et al., "Enhanced visual processing contributes to matrix reasoning in autism", *Human Brain Mapping* 30, No.12 (2009): 4082~4107; U. Frith, "Cognitive mechanisms in autism: Experiments with colour and tone sequence production", *Journal of Autism and Childhood Schizophrenia* 2 (1972): 160~173.

10 S. Baron-Cohen et al., "The Autism Spectrum Quotient (AQ): Evidence from Asperger syndrome/high-functioning autism, males and females, scientists, and mathematicians", *Journal of Autism and Developmental Disorders* 31 (2001): 5~17.

11 학생들에게 나타나는 자폐 관련 특성에 대해서는 다음 문헌을 참고한다. S. Wheelwright et al., "Predicting Autism Spectrum Quotient (AQ) from the Systemizing Quotient-Revised (SQ-R) and Empathy Quotient (EQ)", *Brain Research* 1079 (2006): 47~56. 수학적 재능과 자폐에 대해서는 다음 문헌을 참고한다. S. Baron-Cohen et al., "Mathematical talent is linked to autism", *Human Nature* 18 (2007): 125~131.

12 E. Ruzich et al., "Sex and STEM occupation predict Autism Spectrum

Quotient (AQ) scores in half a million people", *PLoS ONE* 10 (2013): e0141229; Greenberg et al., "Testing the Empathizing-Systemizing) (E-S) theory of sex differences."

13 EQ와 SQ 사이의 역상관관계는 대략 마이너스 0.2이며 통계적으로 유의하다. Greenberg et al., "Testing the Empathizing-Systemizing (E-S) theory of sex differences."

14 태아 테스토스테론 노출에 대해서는 다음 문헌을 참고한다. S. Baron-Cohen et al., "Why are autism spectrum conditions more prevalent in males?", *PLoS Biology* 9 (2011): e1001081; S. Baron-Cohen et al., *Prenatal testosterone in mind: Amniotic fluid studies* (Cambridge, MA: MIT Press/Bradford Books, 2004); and M. M. McCarthy et al., "Surprising origins of sex differences in the brain", *Hormones and Behavior* 76 (2015): 3~10.

15 남성화란 단지 자폐인이 남성에서 더 흔히 나타나는 특징 쪽으로 쏠리는 경향이 있다는 뜻이다. 이것은 논쟁적인 용어로, 다음 문헌에서 이 용어를 둘러싼 잠재적 오해에 대해 살펴보았다. S. Baron-Cohen et al., "Autistic people do not lack empathy and nor are they hyper-male", *The Conversation*, November 12 (2018).

16 초기 인류에서 신경계의 성별 차이에 대해서는 다음 문헌을 참고한다. J. Gilmore et al., "Imaging structural and functional brain development in early childhood", *Nature Reviews Neuroscience* 19, No.3 (2018): 127~137; and R. Knickmeyer et al., "Impact of sex and gonadal steroids on neonatal brain structure", *Cerebral Cortex* 24 (2000): 2721~2731. 다시 강조하지만, 이 연구들은 그런 차이가 단지 남녀 신체 크기의 평균적 차이로 인해 생긴 것이 아님을 확실히 하기 위해 출생 시 체중이라는 변수를 통제했다.

17 S. Baron-Cohen et al., *Prenatal testosterone in mind*.

18 출생 전 테스토스테론의 역할과 공감 및 체계화에 대해서는 다음 문헌을 참고한다. E. Chapman et al., "Fetal testosterone and empathy: Evidence from the Empathy Quotient (EQ) and the 'Reading the Mind in the Eyes' test", *Social Neuroscience* 1 (2006): 135~148; B. Auyeung et al., "Effects of fetal testosterone on visuospatial ability", *Archives of Sexual Behavior* 41 (2012): 571~581; and B. Auyeung et al., "Fetal

testosterone and the Child Systemizing Quotient (SQ-C)", *European Journal of Endocrinology* 155 (2006): 123~130.

19 뇌 발달에 있어 출생 전 테스토스테론의 역할에 대해서는 다음 문헌을 참고한다. M. Lombardo et al., "Fetal testosterone influences sexually dimorphic gray matter in the human brain", *Journal of Neuroscience* 32 (2012): 674~680; and M. Lombardo et al., "Fetal programming effects of testosterone on the reward system and behavioral approach tendencies in humans", *Biological Psychiatry* 72 (2012): 839~847.

20 언어 발달에 있어 출생 전 테스토스테론의 역할에 대해서는 다음 문헌을 참고한다. S. Lutchmaya et al., "Fetal testosterone and vocabulary size in 18- and 24-month-old infants", *Infant Behaviour and Development* 24 (2002): 418~424.

21 B. Auyeung et al., "Fetal testosterone and autistic traits in 18-to 24-month-old children", *Molecular Autism* 1, No.11 (2010); and B. Auyeung et al., "Fetal testosterone and autistic traits", *British Journal of Psychology* 100 (2009): 1~22.

22 자폐에서 출생 전 테스토스테론과 에스트로겐의 역할에 대해서는 다음 문헌을 참고한다. S. Baron-Cohen et al., "Elevated fetal steroidogenic activity in autism", *Molecular Psychiatry* 20 (2015): 369~376; S. Baron-Cohen et al., "Foetal estrogens and autism", *Molecular Psychiatry* 20 (2019): 369~376. 출생 전 테스토스테론을 비롯해 측정한 모든 스테로이드 성호르몬이 상승했다는 데 주목할 필요가 있다. 출생 전 스테로이드 성호르몬들은 뇌 유형을 결정하는 유일한 인자가 아니라 유전적 소인과 상호작용할 가능성이 있다. 유전자 역시 영향을 미치기 때문이다. 물론 두 가지 생물학적 인자는 경험과도 상호작용한다.

23 S. Baron-Cohen et al., "The 'Reading the Mind in the Eyes' test revised version: A study with normal adults, and adults with Asperger syndrome or high-functioning autism", *Journal of Child Psychology and Psychiatry* 42 (2001): 241~252.

24 눈 검사의 유전적 관련성에 대해서는 다음 문헌을 참고한다. V. Warrier et al., "Genome-wide meta-analysis of cognitive empathy: Heritability, and correlates with sex, neuropsychiatric conditions and cognition", *Molecular Psychiatry* 23 (2018): 1402~1409. 현재 게놈 전체에 걸친 관

련성 연구는 어떤 특성 측정 점수가 흔한 유전적 변이와 관련이 있는지 알아보는 가장 강력한 방법이다. 이 방법을 이용하려면 흔한 유전적 변이(각각의 변이는 어떤 특성에 아주 작은 영향만 미친다)가 모두 합쳐져, 또는 특정한 조합을 통해 그 특성 점수와 관련되는지 밝히기 위해 대규모 집단이 필요하다. 눈 검사와 관련된 흔한 변이는 rs7641347이라고 불린다. 모든 흔한 유전적 변이의 명칭은 'rs-'로 시작하는데 이는 '참고 SNPreference SNP'의 약자다. 여기서 SNP는 단일 염기 다형성single nucleotide polymorphism, 즉 인구집단에서 서로 다른 형태를 취하는 유전자의 한 부분을 말한다. rs- 뒤로는 고유한 숫자가 따라온다. 이 숫자는 SNP의 고유한 위치를 나타내는 것으로, rs7641347이라는 SNP는 3번 염색체에 있다(3p.26.1).

25 공감 지수의 유전적 관련성에 대해서는 다음 문헌을 참고한다. V. Warrier et al., "Genome-wide analyses of self-reported empathy: Correlations with autism, schizophrenia, and anorexia nervosa", *Translational Psychiatry* 8, No.35 (2018). 여기서 흔한 변이는 rs4882760으로 12번 염색체 상에 존재하는 유전자다(12q.24.32). 여기서 내가 관련성association이라는 단어를 쓴 이유는 이 유전자들이 직접적으로 공감의 차이를 일으키는지 확신할 길이 없기 때문이다. 예컨대 관련된 유전자들은 그저 공감에 영향을 미치는 뇌 기능의 어떤 측면에 관련되거나, 공감에 영향을 미치는 다른 유전자나 호르몬에 영향을 미칠 수도 있다. 상관관계를 인과관계라고 생각해서는 안 된다는 사실은 잘 알려져 있다. 하지만 유전자와 관련이 있다는 사실 자체는 공감이 진화의 산물임을 나타낸다.

26 체계화의 유전적 관련성에 대해서는 다음 문헌을 참고한다. V. Warrier et al., "Social and non-social autism symptom and trait domains are genetically dissociable", *Communications Biology* 2 (2019): 328. 체계화와 유의한 관련성을 보이는 SNP는 rs4146336(3번 염색체), rs1559586(18번 염색체), rs8005092(14번 염색체) 등이다.

27 만족화에 대해서는 다음 문헌을 참고한다. H. Simon, "Rational choice and the structure of the environment", *Psychological Review* 63, No.2 (1956): 129~138. 만족화의 유전에 대해서는 다음 문헌을 참고한다. G. Saad et al., "Are identical twins more similar in their decision making styles than their fraternal counterparts?", *Journal of Business Research*, April (2019).

28 형제 중 자폐의 재발률에 대해서는 다음 문헌을 참고한다. S. Ozonoff et

al., "Recurrence risk for autism spectrum disorders: A baby siblings research consortium study", *Pediatrics* 128, No.3 (2011): e488~e495; P. Szatmari et al., "Prospective longitudinal studies of infant siblings of children with autism: Lessons learned and future directions", *Journal of the American Academy of Child and Adolescent Psychiatry* 55, No.3 (2016): 179~187.

29 자폐의 알려진 유전적 관련성에 대해서는 다음 문헌을 참고한다. Simons Foundation, "SFARI gene", www.sfari.org/resource/sfari-gene/; V. Warrier and S. Baron-Cohen, "The genetics of autism", in *Encyclopedia of Life Sciences*, (2017): 1~9. 자폐에서 드문 유전자 돌연변이 발생률과 자폐의 쌍둥이 연구에 대한 리뷰는 다음 문헌을 참고한다. G. Huguet et al., "The genetics of autism spectrum disorders", in P. Sassone-Corsi and Y. Christen, eds., *A time for metabolism and hormones: Research and perspectives in endocrine interactions* (Springer, 2016). 자폐에서 흔한 유전자 변이에 대해서는 다음 문헌을 참고한다. J. Grove et al., "Identification of common genetic risk variants for autism spectrum disorder", *Nature Genetics* 51 (2019): 431~444.

30 자폐와 수학 능력 사이의 유전적 관련성에 대해서는 다음 문헌을 참고한다. S. Baron-Cohen et al., "Mathematical talent is linked to autism", *Human Nature* 18 (2007): 125~131.

31 J. Monroe, "Go, Greta: Autism is my superpower too", *Guardian*, April 27, 2019, www.theguardian.com/society/2019/apr/27/jack-monroe-autism-is-my-superpower-like-Greta-Thunberg; N. Prouix, "Becoming Greta", *New York Times*, February 21 (2019); S. Baron-Cohen, "Without such families speaking out, their crises remain hidden", part of L. Carpenter, "Greta and Beata: How autism and climate activism affected the Thunberg family", *The Times* (of London), February 28 (2020); and G. Thunberg, tweet of August 31, 2019, twitter.com/GretaThunberg/status/1167916177927991296?ref_src=twsrc%5Egoogle%7Ctwcamp%5Eserp%7Ctwgr%5Etweet.

1   D. Hajela, "Scientists to capture DNA of trees worldwide for database", *USA Today*, May 2 (2008); and Botanic Gardens Conservation International (BGCI), "Global tree assessment", www.bgci.org/our-work/projects-and-case-studies/global-tree-assessment/.

2   기억과다증을 나타낸 사람으로 질 프라이스Jill Price, 매릴루 헤너Marilu Henner, 오릴리언 헤이먼Aurelian Hayman 등의 기록이 충실하게 남아 있다. G. Marcus, "Total recall: The women who can't forget", *Wired*, March 23 (2009); The boy who can't forget(documentary), September 25 (2012); and A. Ward, "Total recall", *Sunday Times*, September 23 (2012). 기억과다증은 과잉기억증후군hyperthymesia이라고도 한다.

3   조나의 재능은 의미 기억semantic memory이다. 자신에 관한 사실을 기억하면 자서전적autobiographical 기억, 다른 사실들을 기억하면 의미 기억이라 한다.

4   부모와 함께 사는 성인 자폐인에 대해서는 다음 문헌을 참고한다. K. Anderson et al., "Prevalence and correlates of postsecondary residential status among young adults with an autism spectrum disorder", *Autism* 18, No.5 (2013): 562~570.

5   나는 조나처럼 단 한 번이라도 일할 기회를 가지거나 무급 근로 경험을 통해 자신의 능력을 입증하려는 자폐인들을 다룬 BBC 다큐멘터리 〈고용할 만한 나Employable Me〉 제작에 참여했다.

6   S. Cassidy et al., "Suicidal ideation and suicide plans or attempts in adults with Asperger's syndrome attending a specialist diagnostic clinic: A clinical cohort study", *Lancet Psychiatry* 1 (2014): 142~147; S. Griffiths et al., "The Vulnerability Experiences Quotient (VEQ): A study of vulnerability, mental health, and life satisfaction in autistic adults", *Autism Research* 10 (2019): 1516~1528. 2017년 나는 유엔 연설을 통해 자폐 공동체에서 자살 예방이 시급하게 필요함을 알린 바 있다. S. Baron-Cohen, "Toward autonomy and self-determination", UN speech on Autism Awareness Day 2017, March 31, 2017, https://webtv.un.org/en/asset/k17/k173sityj1.

7   자폐와 감정 인지에 대해서는 다음 문헌을 참고한다. O. Golan et al., "The Cambridge Mindreading (CAM) Face-Voice Battery: Testing complex

Emotion recognition in adults with and without Asperger syndrome", *Journal of Autism and Developmental Disorders* 36 (2006): 169~183; O. Golan and S. Baron-Cohen, "Systemizing empathy: Teaching adults with Asperger syndrome or high functioning autism to recognize complex emotions using interactive multimedia", *Development and Psychopathology* 18 (2006): 591~617; and O. Golan et al., "The 'Reading the Mind in Films' task: complex emotion recognition in adults with and without autism spectrum conditions", *Social Neuroscience* 1 (2006): 111~123.

8 S. Baron-Cohen, "Hey! It was just a joke! Understanding propositions and propositional attitudes by normally developing children, and children with autism", *Israel Journal of Psychiatry* 34 (1997): 174~178.

9 자신이 다른 혹성에서 왔다고 느끼는 감정에 대해서는 다음 문헌을 참고한다. Wrong Planet, www.wrongplanet.net; and C. Sainsbury, *Martian in the playground: Understanding the school child with Asperger syndrome* (London: Sage Publications, 2009). 많은 자폐 어린이가 클레어 세인스버리Clare Sainsbury의 책 제목과 자신을 동일시한다. 클레어가 설립한 재단 쓰리기니스트러스트Three Guineas Trust는 영국의 국민건강보험에서 성인 진단이 우선순위가 아니라고 판단했던 1997~2010년 우리 클리닉에서 나이 든 성인들의 아스퍼거 증후군을 진단하는 데 자금을 지원했다. S. Baron-Cohen, "The lost generation", *Communication* 41 (2007): 12~13; and M. C. Lai and S. Baron-Cohen, "Identifying the lost generation", *Lancet Psychiatry*, November (2015).

10 자폐와 인지적 공감에 대해서는 다음 문헌을 참고한다. S. Baron-Cohen et al., "Attenuation of typical sex difference in 800 adults with autism vs. 3,900 controls", *PLoS ONE* 9 (2014): e102251; Greenberg et al., "Testing the Empathizing-Systemizing (E-S) theory of sex differences"; and 사이먼 배런코언, 《공감 제로》.

11 자폐와 정서적 공감에 대해서는 다음 문헌을 참고한다. P. Rueda et al., "Dissociation between cognitive and affective empathy in youth with Asperger syndrome", *European Journal of Developmental Psychology* 12 (2015): 85~98; and S. Baron-Cohen, "Empathy deficits in autism and psychopaths: Mirror opposites?", in M. Banaji and S. Gelman, eds.,

Navigating the social world: What infants, children, and other species can teach us (Oxford: Oxford University Press, 2013).

12 대니얼 태밋에 대해서는 다음 문헌을 참고한다. S. Baron-Cohen et al., "Savant memory in a man with colour form-number synaesthesia and Asperger syndrome", *Journal of Consciousness Studies* 14 (2007): 237~251; and D. Bor et al., "Savant memory for digits in a case of synaesthesia and Asperger syndrome is related to hyperactivity in the lateral prefrontal Cortex", *Neurocase* 13 (2007): 311~319. 대니얼은 다음 책을 비롯해 많은 책을 썼다. D. Tammet, *Born on a blue day: Inside the extraordinary mind of an autistic savant* (London: Hodder & Stoughton, 2006). 내가 그에게 진단적 면담을 시행한 과정은 다음 유튜브 영상에서 볼 수 있다. "Savant learns to speak Icelandic in a week", YouTube, July 9, 2012, www.youtube.com/watch?v=_GXjPEkDfek.

13 미국정신의학협회는 정신질환 진단 및 통계편람 제5판DSM-5(2013)에서 '아스퍼거 증후군'이라는 진단명을 삭제하기로 했다. 임상의들이 이 진단명을 사용하는 데 일관성이 없다는(즉, 제대로 합의가 이루어지지 않았다는) 이유에서였다. 나는 일찍이 2009년부터 이 진단명을 포기해서는 안 된다고 공개적으로 발언했던 사람 중 하나다. 그 이유는 궁극적으로 우리가 매우 넓은 자폐 스펙트럼 속에 존재하는 하위군들을 인정하고 분류해야 하기 때문이다. S. Baron-Cohen, "The short life of a diagnosis", op-ed in *New York Times*, November 10 (2009). 일관성 문제는 아예 진단명을 포기하지 않더라도 정의를 더 엄격히 함으로써 해결할 수 있었을 것이다. 케임브리지대학교의 우리 클리닉에서는 아스퍼거 증후군이라는 진단명을 계속 사용하다가, 2018년 그 진단명의 유래가 된 소아과 의사 한스 아스퍼거Hans Asperger가 나치에 협력했다는 사실이 밝혀진 뒤에 사용을 포기했다. H. Czech, "Hans Asperger, National Socialism, and 'race hygiene' in Nazi-era Vienna", *Molecular Autism* 9 (2018): 29; and S. Baron-Cohen et al., "Did Hans Asperger actively assist the Nazi euthanasia program?", *Molecular Autism* 9 (2018). 세계보건기구 역시 2019년에 국제질병분류 제11판을 발간하면서 이 진단명을 삭제했다. 현재 대부분의 임상의사와 과학자는 단 한 가지 포괄적 용어인 '자폐증'(또는 자폐 스펙트럼 장애)을 사용하는데, 여기에는 너무 많은 것이 포함된다는 문제가 있다. 나는 여전히 하위군을 분류할 필요가 있다고 주장한다. S. Baron-Cohen, "Is it time to give up on a

single diagnostic label for autism", *Scientific American*, May 4, 2018), https://blogs.scientificamerican.com/observations/is-it-time-to-give-up-on-a-single-diagnostic-label-for-autism/.

14 감각과민성과 자폐에 대해서는 다음 문헌을 참고한다. T. Tavassoli et al., "The Sensory Perception Quotient (SPQ): Development and validation of a new sensory questionnaire for adults with and without autism", *Molecular Autism* 5(29) (2014).

15 로리 러브에 대해서는 다음 문헌을 참고한다. O. Bowcott and D. Taylor, "Hacking suspect could kill himself if extradited to the US, court told", *Guardian* (28 June 2016). 개리 매키넌Gary McKinnon도 2008년 미 국방부 해킹과 관련해 비슷한 혐의를 받았을 때("역사상 최대 규모의 군사 컴퓨터 해킹"이라고들 했다), 내가 자폐로 진단내린 '윤리적 해커'다. 그는 2002년에 체포돼 범인 인도 최종 결정이 내려질 때까지 10년을 기다려야 했다. 로리와 마찬가지로 개리도 잔인하기 짝이 없는 미국 교도소 생활을 견디느니 차라리 자살하겠다고 공언했다. 그는 아무리 많은 경찰력을 동원해도 어떤 방법을 사용했는지 밝혀내거나, 자살을 막지 못하도록 자살 방법을 어떻게 체계화했는지 내게 들려주었다. 천만다행히도 2012년 개리는 로리와 똑같은 희소식을 전했다. 당국에서 미국에 신병을 인도하지 않기로 했던 것이다. S. Marsden, "Hacker was naive not criminal says expert", *Independent*, January 15 (2009).

16 맬컴 카울리Malcolm Cowley는 소설 《안나 카레니나》를 소개하면서 천재를 이렇게 정의했다. "천재란 비전이다. 그 비전은 종종 세상 사람들이 그저 우연히 물체들이 모여 있다고 보는 곳에서 어떤 패턴을 찾아내는 재능과 관련이 있다." L. Tolstoy, Anna Karenina (New York: Bantam, 1960). (레프 니콜라예비치 톨스토이, 《안나 카레니나》, 연진희 옮김, 민음사, 2009.) 다음 문헌도 참고한다. E. Anderson, "Three things you can do to think like a genius", *Forbes*, January 7 (2013)

17 이어지는 이야기는 다음 출처를 근거로 했다. Beals, "The biography of Thomas Edison." 다음 출처도 참고한다. J. Gernter, *The idea factory: Bell Labs and the great age of American innovation* (New York: Penguin Books, 2013).

18 J. L. Elkhorne, "Edison — The fabulous drone", in *73* 46, No.3 (1967): 52. 에디슨이 실제로 어떻게 말했는지에 대해서는 논란이 있지만, 완전히 부정하는 사람은 없다. Wikipedia, "Thomas Edison", en.wikiquote.org/

wiki/Thomas_Edison#Disputed. 다음 출처를 비롯해 몇몇 블로그에서 에디슨이 자폐인이었을 가능성을 제기했다. Applied Behavior Analysis, "History's 30 most inspiring people on the autism spectrum", www. appliedbehavioranalysisprograms.com/historys-30-most-inspiring-people-on-the-autism-spectrum/.

19 니콜라 테슬라에 대해서는 다음 출처를 참고한다. C. Eldrid-Cohen, "Historical figures who may have been on the autism spectrum", The Art of Autism, October 20, 2016, the-art-of-autism.com/historical-figures-who-may-have-been-on-the-autism-spectrum/; and "Was Nikola Tesla autistic?", AppliedBehaviorAnalysisEdu.org, www. appliedbehavioranalysisedu.org/was-nikola-tesla-autistic/. 후자의 웹사이트는 응용행동분석에 관한 것으로 테슬라의 일대기를 다룬 것은 아니다.

20 P. Galanes, "The mind meld of Bill Gates and Steven Pinker", *New York Times*, January 27 (2018); and S. Levy, "Inside Bill's Brain calls BS on Malcolm Gladwell's outliers theory", *Wired*, September 20 (2019).

21 시그마 기호는 다음 출처에서 따왔다. "The common Six Sigma symbol", en.wikipedia.org/wiki/Six_Sigma#/media/File:Six_sigma-2.svg. 다음 출처도 참고한다. D. Dusharme, "Six sigma survey: Breaking through the six sigma hype", *Quality Digest*, www.qualitydigest.com/nov01/html/sixsigmaarticle.html. 식스 시그마라는 개념을 비판하는 사람도 있지만, 그럼에도 이 말은 어떤 일을 놀라운 품질 수준으로 해내는 것을 뜻하는 대명사처럼 쓰인다.

22 엔지니어에 대해서는 다음 출처를 참고한다. G. Madhavan, *Applied minds: How engineers think* (London: W. W. Norton and Co. Ltd., 2015). (구루 마드하반, 《맨발의 엔지니어들》, 유정식 옮김, 알에이치코리아, 2016.)

23 위의 책.

24 비행기 사고에 대한 통계는 다음 출처에서 인용했다. "How many airplanes take off each hour on average in the world?", Quora, www.quora.com/How-many-airplanes-take-off-each-hour-on-average-in-the-world. 다음 출처도 참고한다. B. Bowman, "How do people survive plane crashes?", *Curiosity*, August 2 (2017); FlightAware, uk.flightaware.com/live/; and L. Smith-Spark, "Plane crash deaths rise in 2018 but accidents are still rare", CNN, January 3, 2019, edition.cnn.com/2019/

01/02/health/plane-crash-deaths-intl/index.html. 이 비행기 사고를 예로 들어 엔지니어링이라는 관점을 논의한 것은 위의 책에서 인용했다.

25 V. Cerf, "The day the internet age began", *Nature* 461, No.7268 (2009): 1202~1203. 마드하반은 후추 분쇄기를 예로 들어 그가 창발성이라고 부른 것을 설명한다. 후추알 한 개는 마찰력이라는 특성을 지닐 뿐, 시스템을 정체시킬 만한 특성은 전혀 없다. 그러나 기본 단위(후추알)보다 더 높은 차원의 특성인 유량은 창발적 특성인 정체로 이어질 수 있다. 위의 책 참고.

26 1962년 9월 12일 존 F. 케네디 대통령은 역사적인 연설을 통해 미국은 로켓을 (겨우 38만 4000킬로미터 떨어진) 달까지 보냈다가 다시 미국으로 안전하게 귀환시킬 것이라고 발표했다. 엔지니어들은 적어도 네 가지 거대한 도전을 마주했다. 대기 중에서 고속으로 비행할 때 발생하는 열과 응력을 견디는 합금을 구할 것, 추진과 비행과 통제와 교신은 물론 우주비행사의 식사와 생존을 보장할 로켓을 만들 것, 착륙 목표 지점을 정할 것(아무도 가본 사람이 없었으므로), 시속 4만 킬로미터의 속도로 지구 대기권에 재진입할 때 로켓이 태양 표면 온도의 절반 수준까지 가열되는 문제에 대처할 것 등이었다. 그러나 엔지니어들은 문제를 체계화해 결국 해결책을 찾아냈다.

27 S. Wade-Leeuwen et al., "What's the difference between STEM and STEAM?", *The Conversation*, June 10 (2018).

28 글렌 굴드에 대해서는 다음 출처를 참고한다. K. Bazzana et al., "Glenn Gould", in *The Canadian encyclopedia*, Historica Canada, August 17, 2008 (updated March 4, 2015); L. McLaren, "Was Glenn Gould autistic?", *Globe and Mail*, February 1 (2000); P. Ostwald, *Glenn Gould: The ecstasy and tragedy of genius* (New York: W. W. Norton & Co., 1997); and K. Bazzana, *Wondrous strange: The life and art of Glenn Gould* (Toronto: McClelland & Stewart, 2003). The quote from his father comes from the documentary *Glenn Gould: A portrait* by E. Till and V. Tovell, 1985, www.youtube.com/watch?v=fV3IdRGJ-Bk.

29 Jonathan Chase's excellent TEDx talk, "Music as a window into the autistic mind", November 17, 2014, www.youtube.com/watch?v=MxxU hW7d8yI&feature=share.

30 심리학자인 데이비드 그린버그는 체계화 능력이 뛰어난 사람과 공감 능력이 뛰어난 사람이 서로 다른 스타일의 음악을 좋아하는지 연구했다. 체계화형(EQ 점수보다 SQ 점수가 더 높은 사람)은 더 강렬하고(펑크, 헤비메

탈, 하드록 등), 듣는 이를 흥분시키며(강하고, 긴박하며, 열광적인), 정적 감정가positive valence를 가지고(활기찬), 지적 깊이가 있는(복잡한) 음악을 선호했다. 반면 공감형(SQ 점수보다 EQ 점수가 더 높은 사람)은 더 부드럽고 (R&B/소울, 소프트 록, 어덜트 컨템포러리), 덜 흥분되며(부드럽고, 따뜻하고, 관능적인), 부적 감정가negative valence를 가지고(우울하고 슬픈), 감정적 깊이가 있는(시적이고, 느긋하고, 사려 깊은) 음악을 선호했다. 체계화와 공감은 우리가 세계의 모든 측면을 보고 듣는 방식 하나하나에 스며드는 것이다. D. M. Greenberg et al., "Musical preferences are linked to cognitive styles", *PLoS ONE* 10, No.7 (2015): e0131151.

31 자폐와 루빅큐브에 대해서는 다음 문헌을 참고한다. S. Baron-Cohen et al., "Talent in autism: Hyper-systemizing, hyper-attention to detail, and sensory hyper-sensitivity", *Proceedings of the Royal Society, Philosophical Transactions: Series B* 364 (2009): 1377~1383. 맥스 박에 대해서는 다음 출처를 참고한다. J. Rapson, "They said autism meant he'd need life-long care — then he got a Rubik's cube", For Every Mum, July 29, 2017, foreverymom.com/family-parenting/autism-rubiks-cube-max-park/. 2014년 6월 18일 우리는 에르뇌 루비크 교수와 함께 케임브리지연합Cambridge Union*에서 '자폐와 루빅큐브: 혼돈에서 질서를 창조하다'라는 행사를 열었다. "Event investigates 'Autism and the Rubik's Cube: Creating order from chaos,'" Cambridge Network, June 24, 2014, www.cambridgenetwork.co.uk/news/event-investigates-autism-and-the-rubiks-cube.

32 코비 브라이언트에 대해서는 다음 문헌을 참고한다. A. Tsuji, "Jamal Crawford adds to the list of legendary Kobe Bryant practice stories", *USA Today*, January 28 (2016).

33 앤디 워홀이 자폐인이었는지에 대해서는 다음 문헌을 참고한다. M. Fitzgerald, "Andy Warhol and Konrad Lorenz: Two persons with Asperger's syndrome", 2014, professormichaelfitzgerald.eu/andy-warhol-and-konrad-lorenz-two-persons-with-aspergers-syndrome/. 비트겐슈타인이 자폐인이었는지에 대해서는 다음 문헌을 참고한다. S. Wolf, *Loners: The life path of unusual children* (East Sussex, UK: Psychology

*   케임브리지대학교에서 가장 큰 학회이자 세계에서 가장 오래된 토론 클럽.

Press, 1995); and M. Fitzgerald, *Autism and creativity: Is there a link between autism in men and exceptional ability?* (East Sussex, UK: Brunner-Routledge, 2004). 한스 크리스티안 안데르센이 자폐인이었는 지에 대해서는 다음 문헌을 참고한다. J. Brown, "Ice puzzles of the mind: Autism and the writings of Hans Christian Andersen", *CEA Critic* 69, No.3 (2007): 44~64. 알베르트 아인슈타인이 자폐인이었는지에 대해서 는 다음 문헌을 참고한다. N. Fleming, "Albert Einstein 'found genius through autism,'" *Telegraph*, February 21, 2008, www.telegraph.co.uk/news/science/science-news/3326317/Albert-Einstein-found-genius-through-autism.html. 헨리 캐번디시가 자폐인이었는지에 대해서는 다음 문헌을 참고한다 S. Silberman, *Neurotribes: The legacy of autism and how to think smarter about people who think differently* (New York: Penguin Random House, 2015). (스티브 실버만, 《뉴로트라이브》, 강병철 옮김, 알마, 2018.) 다음 문헌도 참고한다. I. James, "Singular scientists", *Journal of the Royal Society of Medicine* 96 (2003): 36~39. 마지막으로 자폐 공동체 네트워크Autism Community Network는 다음 사이트에 자폐인이 었을 가능성이 있는 유명 인물 목록을 게재하고 계속 업데이트 중이다. www.autismcommunity.org.au/famous---with-autism.html.

5 뇌 속의 혁명

1 연상 학습에는 고전적 조건 형성(A와 B가 짝지어져 있으며, B가 보상 또는 처벌임을 학습하는 상황)과 조작적 조건 형성(A라는 행동을 하면 B라는 결과가 초래되며, B가 보상 또는 처벌임을 학습하는 상황)이 있다. 연상 학습은 쥐에서 인간에 이르기까지 많은 동물종에서 관찰된다. B. F. Skinner, *Behavior of organisms* (1938).

2 호모 하빌리스가 최초로 도구를 사용한 호미니드였는지는 약간 논란이 있다. 260만 년 전에 살았던 오스트랄로피테쿠스 가르히*Australopithecus garhi*도 돌로 된 도구를 사용했음이 밝혀졌는데, 이는 호모 하빌리스보다 10~20만 년 더 이른 시기이다. S. Oppenheimer, *The real Eve: Modern man's journey out of Africa* (New York: Carroll and Graf, 2004). 몸집이 가냘픈 편이었던 오스트랄로피테쿠스에 속하는 다른 호미니드들도 돌로 된 도구

를 사용했는지에 관한 논의를 비롯해 오펜하이머 연구팀에서 제공하는 유용한 정보를 다음 사이트에서 찾아볼 수 있다. Bradshaw Foundation, www.bradshawfoundation.com.

3 호모 에렉투스의 도구 제작에서 중요한 변화는 대칭적인 도끼를 제작했다는 점이다. 그들은 양쪽에서 작업함으로써 얇게 써는 등 용도가 더 다양한 도구를 만들었다. 또한 도구를 이용해 동물의 뼈에서 골수를 빼내기도 했다. 호모 에렉투스는 죽은 동료를 땅에 묻은 최초의 동물종일지 모른다. 만일 그렇다면 생명의 유한성에 대해서도 깊이 생각했을 수 있지만, 이 점에 대해서는 훨씬 더 많은 증거가 필요하다. 스미스소니언의 국립자연사박물관에서는 이 점에 대해 유용한 온라인 자료를 제공한다. "The mystery of the pit of bones, Atapuerca, Spain", humanorigins.si.edu/research/whats-hot-human-origins/mystery-pit-bones-atapuerca-spain. 다음 자료도 참고한다. I. de la Torre and S. Hirata, "Percussive technology and human evolution: An introduction to a comparative approach in fossil and living primates", *Philosophical Transactions of the Royal Society: Series B* 370, 20140346 (2015); and B. Pobiner, "Evidence for meat-eating by early humans", *Nature Education Knowledge*, 4, No.6 (2013): 1; and Y. Harari, *Sapiens: A brief history of humankind* (New York: HarperCollins, 2015). (유발 하라리, 《사피엔스》, 조현욱 옮김, 김영사, 2023.)

4 일부 권위자는 네안데르탈인이 이르면 40만 년 전에 출현했다고 주장하지만, 30만 년 전으로 보는 편이 안전할 것이다. M. Marshall, "Neanderthals were ancient mariners", *New Scientist* 2854, March 3 (2012); J. Shea, "Neanderthals, competition, and the origin of modern human behavior in the Levant", *Evolutionary Anthropology* 12 (2003): 173~187; A. Sorensen et al., "Neandertal fire-making technology inferred from microwear analysis", *Scientific Reports* 8, No.10065 (2018); and C. M. Turcotte (n.d.), "Exploring the fossil record: Stone tools", Bradshaw Foundation, www.bradshawfoundation.com/origins/mousterian_stone_tools.php.

5 네안데르탈인이 사용한 접착제에 대한 논란은 다음 문헌을 참고한다. P. Kozowyk and J. Poulis, "A new experimental methodology for assessing adhesive properties shows that Neandertals used the most suitable material available", *Journal of Human Evolution* 137, No.102664

(2019); I. Degano et al., "Hafting of Middle Paleolithic tools in Latium (central Italy): New data from Fossellone and Sant'Agostino caves", *PLoS ONE*, June 20 (2019); and M. Niekus et al., "Middle Paleolithic complex technology and a Neandertal tar-backed tool from the Dutch North Sea", *Proceedings of the National Academy of Sciences* 116, No.44 (2019): 22081~22087. 이런 견해에 반대하는 고고학자들의 관점은 다음 문헌을 참고한다. P. Schmidt et al., "Birch tar production does not prove Neanderthal behavioral complexity", *Proceedings of the National Academy of Sciences* 116, No.36 (2019): 17707~17711. 네안데르탈인이 의도적으로 시체를 매장했는지에 대한 논란은 다음 문헌을 참고한다. H. Dibble et al., "A critical look at evidence from La Chapelle-aux-Saints supporting an intentional burial", *Journal of Archaeological Science* 53 (2015): 649~657.

6   호모 사피엔스에 대해서는 다음 문헌을 참고한다. I. Herschkovitz et al., "The earliest modern humans outside Africa", *Science* 359 (2018): 456~459; T. White et al., "Pleistocene Homo sapiens from Middle Awash, Ethiopia", *Nature* 423 (2003): 742~747; and C. Henshilwood et al., "Emergence of modern human behavior: Middle Stone Age engravings from South Africa", *Science* 295 (2002): 1278~1280.

7   가장 오래된 구멍 뚫린 조개껍데기 세트는 8만 2000년 전의 것으로 북아프리카에서 발견되었다. A. Bouzouggar et al., "82,000-year-old shell beads from North Africa and implications for the origins of modern human behaviour", *Proceedings of the National Academy of Sciences* 104, No.24 (2007): 9964~9969. 그보다 약간 늦은 시기에 제작된 구멍 뚫린 조개껍데기 세트는 7만 5000년 전의 것으로 남아프리카공화국의 블롬보스 동굴에서 발견되었다. C. Henshilwood et al., "Middle Stone Age shell beads from South Africa", *Science* 304 (2004): 404. 이 시기 즈음 많은 장신구가 제작되었다. 장신구였음이 더 분명한 예로 4만 년 전 타조알껍데기로 제작된 유물(동아프리카 출토)과 4만 2000년 전 맘모스 상아로 제작된 유물(슈바벤 출토)이 있다. C. Henshilwood and K. van Niekerk, "What excavated beads tell us about the when and where of human evolution", *The Conversation*, January 28 (2016). 지금까지 출토된 것 중 가장 오래전에 제작된 일곱 점의 장신구는 다음 웹페이

지에서 볼 수 있다. Ancient Facts, "7 oldest pieces of jewelry in the world", www.ancientfacts.net/7-oldest-pieces-jewelry-world/. 일동원체 monocentric(가운데에 구멍이 하나 뚫린 것)보다 다동원체polycentric(구멍이 여러 개 뚫린 것) 장신구가 훨씬 복잡하다.

8   활과 화살에 대해서는 다음 문헌을 참고한다. K. S. Brown et al., "An early and enduring advanced technology originating 71,000 years ago in South Africa", *Nature* 491 (2011): 590~593; M. Lombard, "Quartz-tipped arrows older than 60 ka: Further use-trace evidence from Sibudu, Kwa-Zulu-Natal, South Africa", *Journal of Archaeological Science* 38, No.8 (2011): 1918~1930; and M. Lombard and L. Phillips, "Indications of bow and stone-tipped arrow use 64,000 years ago in KwaZulu-Natal, South Africa", *Antiquity* 84, No.325 (2010): 635~648.

9   남아프리카공화국에서 출토된 석기는 10만 년 전 것으로 추정되는데, 날을 세우는 기술이 사용되었다. 소위 포레스미스Fauresmith 도구다. 이 새로운 도구들에 대한 가장 관대한 해석은 드디어 인간이 **특화된** 도구를 사용하기 시작했으며, 날을 세우는 기술이야말로 이런 정의를 충족한다는 것이다. 이 도구가 의미 있는 진보인지 의문을 제기하는 사람도 있다. 아프리카 남부에서 발견된 날을 세운 도구들은 10만 년 전보다 더 오래되었으며, 유럽의 네안데르탈인, 근동의 고대 호미닌 유적에서도 비슷한 예가 발견된다. 또한 케냐에서는 약 30만 년 전 중석기 시대에 제작된 도구의 날이 발견되기도 했다. A. Herries, "A chronological perspective on the Acheulian and its transition to the Middle Stone Age in Southern Africa: The question of the Fauresmith", *International Journal of Evolutionary Biology*, article 961401 (2011): 1~25; and D. Underhill, "The study of the Fauresmith: A review", *South African Archaeological Bulletin* 66, No.193 (2011): 15~26.

10 가장 오래된 새김 기술에 대해서는 다음 문헌을 참고한다. C. Henshilwood et al., "Emergence of modern human behavior" (2002); D. Perlman, "Cave's ancient treasure: 77,000-year-old artifacts could mean human culture began in Africa", SFGate, January 11, 2002, www.sfgate.com/news/article/Cave-s-ancient-treasure-77-000-year-old-2883686.php; and P. J. Texier et al., "A Howiesons Poort tradition of engraving ostrich eggshell containers dated to 60,000 years ago at Diepkloof

Rock Shelter, South Africa", *Proceedings of the National Academy of Sciences* 107, No.14 (2010): 1680~1685. 일부 유적은 약 50만 년 전의 것으로 보고되어 새김 기술이 호모 에렉투스까지 거슬러 올라감을 시사하지만, 단 한 번의 예외를 어떻게 해석할 것인지에 대해서는 논란이 있다. J. Joordens et al., "Homo erectus at Trinil on Java used shells for tool production and engraving", *Nature* 518 (2015): 228~231; and H. Thompson, "Zigzags on a shell from Java are the oldest human engravings", *Smithsonian*, December 3, 2014, www.smithsonianmag.com/science-nature/oldest-engraving-shell-tools-zigzags-art-java-indonesia-humans-180953522/. 새김 기술을 사용했을 가능성이 있는 단한 점의 예외적 유물은 자바에서 발견되었으며 약 50만 년 전 호모 에렉투스 시대에 제작되었다고 추정하지만, 주의 깊게 해석할 필요가 있다. 이들이 디자인이라는 면에서 체계적 변화를 꾀할 수 있었음을 뒷받침하는 다른 증거가 전혀 없기 때문이다.

11 최초의 배에 대해서는 다음 문헌을 참고한다. V. Macauley, "Single, rapid coastal settlement of Asia revealed by analysis of complete mitochondrial genomes", *Science* 308, No.5724 (2005): 1034~1036; A. Thorne et al., "Australia's oldest human remains: Age of the Lake Mungo 3 skeleton", *Journal of Human Evolution* 36, No.6 (1999): 591~612; J. O'Connell and J. Allen, "When did humans first arrive in Greater Australia and why is it important to know?", *Evolutionary Anthropology* 6, No.4 (1998): 132~146; and R. Bednarik, "Seafaring in the Pleistocene", *Cambridge Archaeological Journal* 13, No.1 (2003): 41~66.

12 가장 초기의 낚시에 대해서는 다음 문헌을 참고한다. S. O'Connor et al., "Pelagic fishing at 42,000 years before the present and the maritime skills of modern humans", *Science* 334 (2011): 1117~1121; and Z. Corbyn, "Archaeologists land world's oldest fishing hook", *Nature*, November 24 (2011). 이 유물이 최초의 낚싯바늘이라는 해석을 지지하는 증거는 중국에서 발견된 약 4만 년 전 남성의 유골을 분석하는 과정에서 그가 민물 생선을 먹고 살았음이 확인된 것이다. Y. Yaowu Hu et al., "Stable isotope dietary analysis of the Tianyuan 1 early modern human", *Proceedings of the National Academy of Sciences* 106, No.27 (2009): 10971~10974; and M. Price, "World's oldest fishing hook found in

Okinawa", *Science*, September 16 (2016).

13 최초로 무덤을 꾸민 유적에 대해서는 다음 문헌을 참고한다. G. Giacobini, "Richness and diversity of burial rituals in the Upper Paleolithic", *Diogenes* 54, No.2 (2007): 19~39. 동굴 예술에 대해서는 다음 문헌을 참고한다. M. Aubert et al., "Pleistocene cave art from Sulawesi, Indonesia", *Nature* 514 (2014): 223~227.

14 최초의 주거지에 대해서는 다음 문헌을 참고한다. J. Kolen, "Hominids without homes: On the nature of Middle Paleolithic settlement in Europe", in W. Roebroeks et al., eds., *The Middle Paleolithic occupation of Europe* (Leiden: Leiden University Press, 2000); and P. Mellars, *The Neanderthal legacy: An archaeological perspective from Western Europe* (Princeton, NJ: Princeton University Press, 1996).

15 뼈로 만든 바늘에 대해서는 다음 문헌을 참고한다. L. Backwell et al., "Stone Age bone tools from the Howiesons Poort layers, Sibudu Cave, South Africa", *Journal of Archaeological Science* 35, No.6 (2008): 1566~1580; and M. Collard et al., "Faunal evidence for a difference in clothing use between Neanderthals and early modern humans in Europe", *Journal of Anthropological Archeology* 44B (2016): 235~246.

16 네안데르탈인이 장신구를 만들었다는 주장에 이런 질문이 제기되었다. 그들이 직접 장신구를 만들었을까, 아니면 인간이 그들에게 장신구를 주었을까? L. Geggel, "Neanderthals fashioned jewelry out of animal teeth and shells", *Live Science*, September 27 (2016); E. Calloway, "Neanderthals made some of Europe's oldest art", *Nature*, September 1 (2014); and O. Rudgard, "Neanderthal art was far better than previously thought as scientists find they made earliest cave paintings", *Daily Telegraph*, February 22 (2018). 독수리 발톱과 조개껍데기에 대해서도 똑같은 논란이 있다. 네안데르탈인이 이것들을 만들거나 구멍을 뚫었을까? 그리고 이것들을 장신구로 사용했을까? E. Calloway, "Neanderthals wore eagle talons as jewelry", *Nature*, March 11 (2015); D. Hoffman et al., "Symbolic use of marine shells and mineral pigments by Iberian Neandertals 115,000 years ago", *Science Advances* 4, No.2 (2018): 5255; S. McBrearty and A. Brooks, "The revolution that wasn't: A new interpretation of the origin of modern human behavior", *Journal of Human Evolution* 39 (2000):

453~563; E. Yong, "A cultural leap at the dawn of humanity", *Atlantic*, March 15 (2018); R. Becker, "Ancient cave paintings turn out to be by Neanderthals, not modern humans", *The Verge*, February 22 (2018); J. Rodrigues-Vidal et al., "A rock engraving made by Neanderthals in Gibraltar", *Proceedings of the National Academy of Sciences* 111, No.37 (2014): 13301~13306; E. Calloway, "Neanderthals made some of Europe's oldest art", *Nature*, September 1 (2014); and, most recently, R. White et al., "Still no archaeological evidence that Neanderthals created Iberian cave art", *Journal of Human Evolution* (October 2019).

17 독일에서 발견된 사자 남성상 같은 합성 형상은 라스코의 새-인간, 쇼베의 사자-여성, 오르노스 레 페나의 새-말-인간 음각화에서도 찾아볼 수 있는데 모두 3만 7000년 전에 제작되었다. 한편 체코슬로바키아에서는 2만 9000년 전에 점토로 만들어 불에 구운 조상彫像이 발견되었는데 역시 비슷하게 인간을 여성 '비너스 상'으로 묘사했다. R. Dalton, "Lion man takes pride of place as oldest statue", *Nature* 425 (2003): 7; J. Wilford, "Full-figured statuette, 35,000 years old, provides new clues to how art evolved", *New York Times*, May 13 (2009); R. Lesure, "The Goddess diffracted: Thinking about the figurines of early villages", *Current Anthropology* 43, No.4 (2002): 587~610; and R. White, "The women of Brassempouy: A century of research and interpretation", *Journal of Archaeological Method and Theory* 13, No.4 (December 2006). 이런 고고학적 전통은 2만 6000~4만 3000년 전 오리냐크기Aurignacian period에 해당한다. N. Conard, "Cultural evolution during the middle and late Pleistocene in Africa and Eurasia", in W. Henke and I. Tattersall, eds., *Handbook of paleoanthropology* (Berlin: Springer-Verlag, 2015); and N. Conard, "A female figurine from the basal Aurignacian of Hohle Fels Cave in southwestern Germany", *Nature* 459 (2009): 248~252.

18 전기 구석기는 330만 년 전 석기가 처음 출현한 때로 정의한다. 중기 구석기의 시작은 약 30만 년 전 무스테리안 석기가 처음 관찰된 때로 정의한다. 후기 구석기는 약 5만 년 전 도구의 복잡성이 확실히 달라지고 예술 활동의 증거가 나타난 시점인데, 나를 포함한 연구자들은 그때 인지혁명이 일어났다고 생각한다. 다만 나는 인지혁명 시점을 조금 이르게 잡는다(7만~10만 년 전). 후기 구석기는 약 1만 년 전 현재 지질학적 시대인 홀로세에 접어들면서 끝

났으며, 이때 기술과 문명이 본격적으로 시작되었다.

19 고고학자 리처드 클라인은 모든 증거가 보다 확실히 드러나는 4만~5만 년 전에 인지혁명이 일어났다고 생각한다. R. Klein and B. Edgar, *The dawn of human culture* (New York: John Wiley & Sons, 2002).

20 인지혁명에 대해서는 다음 문헌을 참고한다. R. Klein, "Language and human evolution", *Journal of Neurolinguistics* 43(B) (2017): 204~221; Klein and Edgar, *The dawn of human culture*; and N. Conard, "Cultural modernity: Consensus or conundrum?", *Proceedings of the National Academy of Sciences* 107, No.17 (2010): 7621~7622.

21 인간의 인지 능력에 있어 새로운 사고가 갑자기 나타났는지, 단계적으로 진화했는지에 대해서는 다음 문헌을 참고한다. C. Hayes, "New thinking: The evolution of human cognition", *Philosophical Transactions of the Royal Society of London: Series B* 367 (2012): 2091~2096. 이 논문은 같은 주제의 논문들을 한데 모은 다음 논문집에 수록되었다. *Philosophical Transactions of the Royal Society of London: Series B*, ed. U. Frith and C. Hayes, 367(1599, 2012), 1471~2970. 헤이즈는 다른 인류와 우리 조상들 사이에 인지적 변화가 급작스럽게 나타났다는 생각에 반대해 단계적으로 변화했다는 쪽을 지지한다.

22 S. Lopez et al., "Human dispersal out of Africa: A lasting debate", *Evolutionary Bioinformatics* 11 (2015): 57~68; and N. Conard, "A critical view of the evidence for a Southern African origin of behavioural modernity", *South African Archaeological Society Goodwin Series* 10 (2008): 175~178.

23 당시 보고들은 동물의 뼈로 만든 피리의 제작 연대를 최소한 3만 5000년 전으로 추정했으며, 니콜라스 코나드는 《뉴욕타임스》 기자인 존 노블 윌포드에게 보낸 이메일에 4만 년 전에 가깝다고 썼다. 그 피리는 현재 선사시대 박물관Urgeschichtliches Museum에 소장되어 있다. J. N. Wilford, "Flutes offer clues to Stone-Age music", *New York Times*, June 24, 2009, www.nytimes.com/2009/06/25/science/25flute.html. 2008년 홀레펠스동굴에서 발견된 피리는 당시 세계에서 가장 오래된 피리로 보도되었다. 인근 가이센클뢰스테를레동굴에서 발견된 고니 뼈로 만든 피리나 매머드 상아로 만든 피리보다 더 오래되었다고 추정된 것이다. 2012년 탄소연대 측정 결과, 이 피리들은 실제로 4만 2000년 전에 제작되었음이 밝혀졌다. T. Higham

et al., "Testing models for the beginnings of the Aurignacian and the advent of figurative art and music: The radiocarbon chronology of Geissenklösterle", *Journal of Human Evolution* 62, No.6, May 8 (2012): 664~676. 동물의 뼈로 만든 피리 중 가장 오래된 것은 독일 남부 가이센클뢰스테를레동굴에서 발견된 것으로 큰 조류의 날개뼈로 만들어졌다. 가장 잘 보존된 피리는 고니 뼈였다. 1921년 피레네산맥에서 동물의 뼈로 만든 피리들이 더 많이 발견되었는데, 제작 연대는 2만 7000~2만 년으로 추정되었다. N. Conard et al., "New flutes document the earliest musical tradition in southwestern Germany", *Nature* 460, No.7256 (2009): 737~740. 독일 남부에 있는 네 개의 동굴(포겔헤르트, 홀렌슈타인슈타델, 가이센클뢰스테를레, 홀레펠스)은 서로 가까운 곳에 위치했다. 유감스럽게도 나무나 기타 분해성 소재로 만든 도구들은 오래전에 자취를 감추었을 것이다.

24　그림 5-8의 사진에서 네 개의 구멍은 뚜렷하게 보이지만, 다섯 번째 구멍은 피리가 부러진 지점에 부분적으로만 보인다. 피리의 나머지 부분은 발견되지 않았다.

25　J. Powell, *How music works: The science and psychology of beautiful sounds, from Beethoven to the Beatles and beyond* (New York: Little, Brown and Co., 2010). 나는 한 세대를 25년으로 잡기 때문에 4만 년이면 1600세대에 해당한다. A. Ockelford, *Comparing notes: How we make sense of music* (London: Profile Books, 2018). 오켈퍼드는 음악을 감상하려면 패턴을 인식할 뿐 아니라, 작곡자의 마음속에 자신을 투영해 어떻게 패턴을 바꾸려고 의도했는지 상상할 수 있어야 한다고 주장했다. 이렇게 본다면 음악 감상에는 체계화 메커니즘과 공감회로가 모두 관여한다. 하지만 공감 능력이 낮은 사람도 오로지 체계화 메커니즘을 통해, 즉 **만일-그리고-그렇다면** 패턴에 초점을 맞춰 음악을 감상할 수 있다.

26　음악을 듣는 동안 인간의 뇌에서 작동하는 보상회로에 대해서는 다음 문헌을 참고한다. V. Salimpoor et al., "Anatomically distinct dopamine release during anticipation and experience of peak emotion to music", *Nature Neuroscience* 14 (2011): 257~262; and D. Vastfjall, "Emotion induction through music: A review of the musical mood induction procedure", *Musicae Scientiae* 5, suppl.1 (2001): 173~211.

27　새의 노래를 들었을 때 새의 뇌에서 작동하는 보상회로에 대해서는 다음 문헌을 참고한다. S. Earp and D. Maney, "birdsong: Is it music to their ears?", *Frontiers of Evolutionary Neuroscience*, November 28 (2012).

28 조류가 리듬과 음악을 인식하는지에 대해서는 다음 문헌을 참고한다. C. Cate et al., "Can birds perceive rhythmic patterns? A review of experiments on a song bird and a parrot species", *Frontiers of Psychology*, May 19 (2016). 마르셀로 아라야살라스Marcelo Araya-Salas의 연구 결과 나이 팅게일의 노래는 화성적이지 않았다. 새의 노래에서는 이웃한 음정 사이의 간격이 서로 일관성 있는 관련을 맺지 않는다는 뜻이다. M. Araya-Salas, "Is birdsong music? Evaluating harmonic intervals in songs of a neotropical songbird", *Animal Behaviour* 84, No.2 (2012): 309~313; E. Underwood, "Birdsong not music after all", *Science*, August 15 (2012); and M. Araki et al., "Mind the gap: Neural coding of species identity in birdsong prosody", *Science* 354, No.6317 (2016): 1282~1287.

29 V. Dufour et al., "Chimpanzee drumming: A spontaneous performance with characteristics of human musical drumming", *Scientific Reports* 5, No.11320 (2015).

30 S. Kirschner and M. Tomasello, "Joint drumming social context facilitates synchronization in preschool children", *Journal of Experimental Child Psychology* 102 (2009): 299~314.

31 C. Snowdon and D. Teie, "Affective responses in Tamarins elicited by species-specific music", *Biology Letters* 6 (2009): 30~32; and A. Patel, "The evolutionary biology of musical rhythm: Was Darwin wrong?", *PLOS Biology* 12, No.3 (2014): e1001821.

32 S. Coren, "Do dogs have a musical sense?", *Psychology Today*, April 2 (2012); A. Bowman et al., "The effect of different genres of music on the stress levels of kennelled dogs", *Physiology and Behavior* 171, No.15 (2017): 207~215; and A. Bowman et al., "'Four Seasons' in an animal rescue centre: Classical music reduces environmental stress in kennelled dogs", *Physiology and Behavior* 143, No.15 (2015): 70~82.

33 네안데르탈인이 리듬을 인식하거나 악기를 만들었다는 증거는 없다. S. Mithen, *The singing Neanderthals* (Cambridge, MA: Harvard University Press, 2005). (스티븐 미텐, 《노래하는 네안데르탈인》, 김명주 옮김, 뿌리와이파리, 2008.); and F. D'Errico et al., "A Middle Paleolithic origin of music? Using cave bear bone accumulations to assess the

Divje Babe bone 'flute,'" *Antiquity* 72 (1998): 65~79.

34 찰스 다윈은 음악에 대해 다른 이론을 제안했다. 그는 인간에게 음악이 구
애와 성선택의 일부로서 진화적 기능을 나타냈다고 생각했다. C. Darwin,
The descent of man, and selection in relation to sex (London: John
Murray, 1871). (찰스 다윈,《인간의 기원》, 추한호 옮김, 동서문화사, 2018.);
and see P. Kivy, "Charles Darwin on music", *Journal of the American
Musicological Society* 12, No.1 (1959): 42~48. 음악의 진화적 기능은 사
회적 집단의 결속력을 강화하는 것이라고 주장한 사람도 있다. E. Hagen
and G. Bryant, "Music and dance as a coalition signalling system",
Human Nature 14, No.1 (2003): 21~51. 이런 주장은 모두 옳은 것 같지만,
훨씬 근본적인 질문이 있다. 도대체 우리는 어떻게 음악적 패턴을 감지할까?
만일-그리고-그렇다면을 통해 음악적 패턴을 감지한다는 것이 내 주장이다.
일단 음악적 패턴을 감지한 후에는 자연선택과 우리 스스로의 의지가 모두
작용해 훨씬 다양한 인간의 사회적 활동 속에 음악을 끌어들였을 것이다.

35 F. d'Errico et al., "Early evidence of San material culture represented
by organic artifacts from Border Cave, South Africa", *Proceedings of
the National Academy of Sciences* 109, No.33 (2012): 13214~13219.
원래 보고서는 다음 문헌에 수록되었다. P. Beaumont, "Border cave―A
progress report", *South African Journal of Science* 69 (1973): 41~46.
홈이 새겨진 뼈 중에는 8만 년 전으로 추정되는 훨씬 오래된 것도 있지만, 홈
의 의미는 분명치 않다. R. Vogelsang et al., "New excavations of Middle
Stone Age deposits at Apollo 11 Rockshelter, Namibia: Stratigraphy,
archaeology, chronology, and past environments", *Journal of African
Archaeology* 8, No.2 (2010): 185~218. 레봄보 뼈가 월경 주기 또는 달
의 삭망주기를 측정하는 데 사용되었다는 추정은 다음 문헌에서 비롯했다.
P. Beaumont and R. Bednarik, "Tracing the emergence of paleoart in
sub-Saharan Africa", *Rock Art Research* 30, No.1 (2013): 33~54. 흥미로
운 아이디어지만 뼈가 한쪽 끝에서 부러져 애초에 눈금이 29개였는지, 더 많
았지만 오랜 세월 속에서 소실되었는지 알 수 없다.

36 M. Heun et al., "Site of Einkorn wheat domestication identified
by DNA fingerprints", *Science* 278, No.5341 (1997): 1312~1314; S.
Riehl et al., "Emergence of agriculture in the foothills of the Zagros
Mountains of Iran", *Science* 341 (2013): 65~67; and D. Zohary,

domestication of plants in the Old World (Oxford: Oxford University Press, 2012). 보다 폭넓은 의미의 길들임에 대해서는 다음 문헌을 참고한다. G. Larson et al., "Current perspectives and the future of domestication studies", *Proceedings of the National Academy of Sciences* 111, No.17, (2014): 6139.

37 농업의 체계화는 이렇게 생각해 볼 수 있다. '**만일** 암수 한 쌍의 양이 있다면, **그리고** 그것들을 교배한다면, **그렇다면** 많은 양을 가지게 될 것이다.' 또는, '**만일** 감자 씨가 있다면, **그리고** 그것을 이른 봄에 촉촉하고 따뜻한 흙 속에 심는다면, **그렇다면** 많은 감자를 수확할 것이다.' 흥미롭게도 농업은 열한 곳 이상의 서로 독립된 지역에서 발명되었다. 산출을 극대화(많은 감자를 수확)하기 위해 씨앗을 심는 깊이, 씨앗의 온도, 수확 시기 등 투입 요소(감자 씨)에 많은 '그리고'(조작)를 더할 수 있다는 데 주목한다. "How to Grow Potatoes", Seed Savers Exchange, January 6, 2017, blog.seedsavers.org/blog/tips-for-growing-potatoes. 여기 든 예는 다음 출처에서 인용했다. 유발 하라리, 《사피엔스》.

38 하라리가 《사피엔스》에서 지적했듯 농업은 의도치 않은 결과들을 낳았다. 예컨대 아기들에게 미음과 죽을 먹일 수 있게 되자 엄마들은 이유 시기를 앞당길 수 있었고, 결국 매년 아기를 낳기 시작했다. 모유 수유는 임신을 막는 효과가 있기 때문이다. 이유 시기가 빨라지자 아기들은 면역 기능이 약해져 더 많은 감염병에 걸렸다. 영아 사망률이 3명에 1명 꼴로 상승했고, 농업은 성공할 때도 있었지만 실패하는 경우도 많아 영양실조도 흔해졌다. 그럼에도 사회 규모는 점점 커졌다. 예컨대 기원전 1만 3000년경 예리코의 인구는 100명에 불과했지만, 기원전 8000년경에는 1000명으로 불어났다. 또한 농업이 시작되면서 사람은 영구 거주지에 묶이게 되어 유목 생활의 자유를 버려야 했다. 마지막으로 농업은 더 적은 노동으로 이어지지 않았다. 오히려 인류는 경작지에서 힘겨운 노동을 이어가야 했으며, 삶의 질이 훨씬 낮아졌다. S. Lev-Yadun et al., "The cradle of agriculture", *Science* 288, No.5471 (2000): 1602~1603; C. Larsen, "The Agricultural Revolution as environmental catastrophe: implications for health and lifestyle in the Holocene", *Quaternary International* 150, No.1 (2006): 12~20; and G. Barker, *The Agricultural Revolution of prehistory: Why did foragers become farmers?* (Oxford: Oxford University Press, 2006).

39 바퀴는 그저 회전하는 원형 물체가 아니라 축 베어링에 연결할 수 있다는 것

이 중요하다(베어링이란 다른 물체를 지탱할 수 있는 물체를 뜻한다). 종종 왜 인류가 바퀴를 발명하는 데 그토록 오랜 세월이 걸렸느냐는 질문이 제기된다. 흔한 답변은 이렇다. 원통형 물체를 회전하는 데는 문제가 없었지만, 정작 어려운 부분은 정지형 플랫폼을 안정적으로 연결하는 것이었다. 인류학자 데이비드 앤서니David Anthony에 따르면 가장 큰 혁신은 바퀴와 축을 연결해 바퀴를 운송 수단으로 사용한 것이었다. 그는 이 과정에서 금속(구리) 연장을 이용한 목공술이 발달해 자유로운 모양으로 구멍을 뚫을 수 있게 된 것, 바퀴 축을 개발한 것, 육상에서 무거운 물체를 운반해야 할 필요가 대두된 것 등 몇 가지 요소가 한꺼번에 생겨났다고 주장했다. D. Anthony, *The horse, the wheel, and language* (Princeton, NJ: Princeton University Press, 2007). (데이비드 앤서니, 《말, 바퀴, 언어》, 공원국 옮김, 에코리브르, 2015.)

40 약 5500년 전에 제작된 부적, 즉 고대 유럽 문자가 새겨진 석판이 루마니아에서 발견되었다. 5000년 전 이집트에서는 엄청난 혁신이 일어났다. 파피루스라는 식물로 만든 종이에 글자를 적고(사실상 식물의 잎에 적는 것이나 다를 바 없었다), 종이들을 서로 연결해 두루마리로 돌돌 말아 보관하게 된 것이다. 동굴 벽화는 역사 시대 이전의 유적으로 생각한다. 상징을 사용하기는 했지만, 상징들은 인간이나 말 등 구체적인 대상을 가리킬 뿐 임의로 정한 언어학적 상징이 아니기 때문이다. S. Houston, *The first writing: Script invention as history and process* (Cambridge: Cambridge University Press, 2004); C. Walker, *Cuneiform* (Berkeley: University of California Press, 1987); J. Allen, *The ancient Egyptian language* (Cambridge: Cambridge University Press, 2013). 쓰는 행위는 '부분적 표기 체계', 즉 제한된 수의 상징만 갖춘 상태로 시작되었다.

41 S. Dehaene et al., "Abstract representations of numbers in the animal and human brain", *Trends in Neuroscience* 21, No.8 (1998): 355~361; and R. Wilder, *evolution of mathematical concepts: An elementary study* (New York: John Wiley & Sons, 1968).

42 M. Bamshad et al., "Genetic evidence on the origins of Indian caste population", *Genome Research* 11 (2001): 904~1004.

43 알고리듬은 이렇다. '**만일** 구리가 있다면, **그리고** 그것을 주석과 혼합한다면, **그렇다면** 청동을 얻을 수 있는데, 청동은 구리보다 강하다.' 청동기 시대에 관해 유용한 온라인 자료는 다음 출처를 참고한다. "The Bronze Age", SoftSchools.

com. www.softschools.com/timelines/the_bronze_age_timeline/145/.

44 M. Roth, *Law collections from Mesopotamia and Asia Minor* (Atlanta: Scholars Press, 1995).

45 기원전 3300년경 인류는 약초를 분류하고 의약품을 조제하는 시스템을 개발하고 있었다. J. Sumner, *The natural history of medicinal plants* (Portland, OR: Timber Press, 2000). 시간을 알리는 장치 또한 체계화되었다. 기원전 1300년경 이집트 사람들은 이미 해시계를 사용했다. J. Bryner, "Ancient Egyptian sundial discovered at Valley of the Kings", Livescience, March 20, 2013, www.livescience.com/28057-ancient-egyptian-sundial-discovered.html. 신탁이나 운명 등 중요한 정보를 글로 적어 남겼다는 증거도 있다. 기원전 1200년경 중국에서는 이런 형태로 운명을 기록했다. '**만일** 아이가 태어난다면, **그리고** 태어난 날짜가 X라면, **그렇다면** 그 아이는 운이 좋을 것이다.' K. Takashima, "Literacy to the south and the east of Anyang in Shang China: Zhengzhou and Daxinzhuang", in F. Li and D. Branner, eds. *Writing and literacy in early China: Studies from the Columbia Early China Seminar* (Seattle: University of Washington Press, 2012). 기원전 205년 그리스인들은 최초의 컴퓨터를 제작해(안티키테라 메커니즘Antikythera Mechanism이라 불린다) 태양과 행성의 움직임은 물론, 언제 일식과 월식이 일어날지 예측할 수 있었다. T. Freeth et al., "Decoding the ancient Greek astronomical calculator known as the Antikythera Mechanism", *Nature* 444, No.7119 (2006): 587~591. 9세기에 인도를 침공한 아랍인들은 인도인들이 0부터 9까지 숫자체계를 사용한다는 사실을 알았다. 그들은 이 체계를 받아들였고, 결국 아라비아 숫자를 중동과 유럽에 전파했다. L. Avrin, *Scribes, script, and books: The book arts from antiquity to the Renaissance* (Chicago: American Library Association, 1991). 16세기에 마침내 정식 과학이 발명됐다. D. Wootton, *The invention of science: A new history of the Scientific Revolution* (London: Penguin Random House UK, 2015).

46 N. Goren-Inbar et al., "Evidence of hominin control of fire at Gesher Benot Ya'aqov, Israel", *Science* 304, No.5671 (2004): 725~727; W. Roebroeks and P. Villa, "On the earliest evidence for habitual use of fire in Europe", *Proceedings of the National Academy of Science* 108, No.13 (2001): 5209~5214; and J. Gowlett, "The discovery of fire by

humans: A long and convoluted process", *Philosophical Transactions of the Royal Society: Series B, Biological Sciences* 371, No.1696, 20150164 (2016).

47 A. Gibbons, "Food for thought: Did the first cooked meals help fuel the dramatic evolutionary expansion of the human brain?", *Science* 316, No.5831 (2007): 1558~1560; and L. Aiello and P. Wheeler, "The expensive-tissue hypothesis: The brain and the digestive system in human and primate evolution", *Current Anthropology* 36, No.2 (1995): 199~221.

48 현대 멜라네시아인과 호주 원주민 DNA의 6퍼센트는 데니소바인의 DNA 다. 네안데르탈인은 30만 년 전에 아프리카를 떠났다. 데니소바인은 약 40만 년 전에 네안데르탈인에서 갈라져 유럽과 서아시아에 정착했다. 2008년 고인류학자들은 시베리아의 한 동굴에서 새끼손가락 한 개를 발견했다. 약 4만 년 전에 살았던 5~7세 여자 어린이의 것이었다. 이 어린이는 유전적으로 네안데르탈인과 매우 가까웠지만, 새로운 범주의 인류로 분류될 만큼은 달랐기 때문에 새끼손가락이 발견된 동굴 이름을 따서 데니소바인이라고 불렸다. M. Meyer et al., "A high-coverage genome sequence from an archaic Denisovan individual", *Science* 338, No.6104 (2012): 222~226; S. Paabo, "The diverse origins of the human gene pool", *Nature Reviews Genetics* 16, No.6 (2015): 313~314; S. Sankararaman, "The genomic landscape of Neanderthal ancestry in present-day humans", *Nature* 507, No.7492 (2014): 354~357; D. Reich et al., "Genetic history of an archaic hominin group from Denisova Cave in Siberia", *Nature* 468 (2010): 1053~1060; M. Rasmussen et al., "An Aboriginal Australia genome reveals separate human dispersals into Asia", *Science* 334 (2011): 94~98; B. Vernot et al., "Excavating Neandertal and Denisovan DNA from the genomes of Melanesian individuals", *Science*, March 17 (2016); and M. Kuhlwilm et al., "Ancient gene flow from early modern humans into eastern Neanderthals", *Nature* 530, No.7591 (2016): 429~433.

49 9만 년 전 제작된 뼈작살은 콩고민주공화국에서, 10만 년 전의 것으로 추정된 돌로 지은 불무지는 잠비아에서 각기 발견되었다. 네안데르탈인이 살았던 유럽 지역에서는 놀라울 정도로 불무지가 발견되지 않는다. 특정한 모양으로 뼈를 깎는 것은 인간에게 국한된 행동일 가능성이 높으며, 이런 방

식으로 뭔가를 만들려면 복잡한 도구들이 필요할 것이다. J. Yellen et al., "A Middle Stone Age worked bone industry from Katanda, Upper Semliki Valley, Zaire", *Science* 268 (1995): 553~556; and S. McBrearty and A. Brooks, "The revolution that wasn't: A new interpretation of the origin of modern human behavior", *Journal of Human Evolution* 38 (2000): 453~563. 미텐은 저서 《노래하는 네안데르탈인》에서 40만 년 전 최초의 나무창이 어떻게 만들어졌는지 설명한다. 이 나무창들은 1995년에 독일 남부 쇠닝겐에서 발견되었다. H. Thieme, "Lower Paleolithic hunting spears from Germany", *Nature* 385 (1997): 807~810. 이 유물의 중요성은 여전히 불분명하다. 나무창 끝에 뾰족한 돌을 매다는 해프팅의 가장 오랜 증거는 50만 년 전으로 거슬러 올라간다. J. Wilkins et al., "Evidence for early hafted hunting technology", *Science* 338 (2012): 942~946; and C. Baras, "First stone-tipped spear thrown earlier than thought", *New Scientist*, November 15 (2012). 많은 고고학자가 이를 호모 사피엔스뿐 아니라 네안데르탈인, 심지어 하이델베르크인도 끝에 뾰족한 돌을 매단 창을 만들 수 있었다는 증거로 해석한다. 토머스 윈과 프레데릭 쿨리지 역시 저서 《네안데르탈인처럼 생각하기How to think like a Neandertal》(Oxford: Oxford University Press, 2012)에서 이런 의견에 동의했다. 우리는 네안데르탈인이 나무창과 비슷한 복잡성을 지닌 도구를 제작할 능력이 있었을 가능성을 열어두어야 한다. 뾰족한 돌창촉을 매단 창은 더 단순하므로 더 적은 제작 단계를 거쳐 만들 수 있는데(예컨대 도끼를 만든 후 막대기에 매단다든지), 이로써 하이델베르크인이 이런 도구를 만들 수 있었던 이유를 설명할 수 있을 것이다. 중요한 점은 돌로 된 끝을 나무창에 어떤 방식으로 연결했는지다.

50 T. Higham et al., "The timing and spatiotemporal patterning of Neanderthal disappearance", *Nature* 512, No.7514 (2014): 306~309; and C. Finlayson, *The humans who went extinct: Why Neanderthals died out and we survived* (Oxford: Oxford University Press, 2009). "증거의 부재가 부재의 증거는 아니다"라는 말은 내 동료인 케임브리지대학교 트리니티칼리지 교수 마틴 리스Martin Rees 경이 한 말이다.

51 독수리 발톱은 12만 년 전 것까지 발견되므로 네안데르탈인이 장신구를 제작했는지에 대해서는 논란이 있다. 논란의 주제는 이것이 실제로 장신구냐는 것이다. M. Gannon, "Neanderthals wore eagle talons as jewelry 130,000 years ago", LiveScience, March 11, 2015, www.livescience.

com/50114-neanderthals-wore-eagle-talon-jewelry.html.

52 S. Baron-Cohen, "The evolution of a theory of mind", in M. Corbalis and S. Lea, eds., *The descent of mind: Psychological perspectives on hominid evolution* (Oxford: Oxford University Press, 1999).

53 마음을 읽는 기술과 자폐에 대해서는 다음 문헌을 참고한다. S. Baron-Cohen, *Mindblindness* (Cambridge, MA: MIT Press, 1995). (사이먼 배런코언, 《마음 盲》, 김혜리 옮김, 시그마프레스, 2005.) 체계화와 자폐에 대해서는 다음 문헌을 참고한다. S. Baron-Cohen et al., "The Systemizing Quotient: An investigation of adults with Asperger syndrome or high-functioning autism, and normal sex differences", *Philosophical Transactions of the Royal Society: Series B* 358 (2003): 361~374.

6 시스템맹 - 왜 원숭이는 스케이트보드를 타지 못할까?

1 현재까지 발견된 가장 오래된 석기는 330만 년 전의 것이다. 석기는 1유형(찍개 석기), 2유형(손도끼), 3유형(무스테리안 석기)으로 구분한다. 1유형은 250만~330만 년 전에 제작되었으며, 조잡하고 비대칭적이다. 2유형은 200만 년 전 이후에 제작되었으며, 3유형은 40만 년 전 네안데르탈인들이 제작했다. 1유형에 대해서는 다음 문헌을 참고한다. S. Harmand et al., "3.3 million year old stone tools from Lomekwi 3, West Turkana, Kenya", *Nature* 521, No.7552 (2015): 310~315; and S. Semaw et al., "2.5 million year old stone tools from Gona, Ethiopia", *Nature* 385, No.6614 (1997): 333~336. 2유형과 3유형에 대해서는 다음 문헌을 참고한다. R. Klein, *The human career: Human biological and cultural origins*, 3rd ed. (Chicago: University of Chicago Press, 2009). 인류의 도구 사용에 관해 잘 정리된 문헌은 다음과 같다. C. Stringer, "What makes a modern human?", *Nature* 485, No.7396 (2012): 33~35. S. de Beaune et al., eds., *Cognitive archaeology and human evolution* (Cambridge: Cambridge University Press, 2009); and S. Boinski et al., "Substrate and tool use by Brown Capuchins in Suriname: Ecological contexts and cognitive bases", *American Anthropologist* 102, No.4 (2008): 741~761. 동물의 도구 사용에 관해 유용한 온라인 자료는 다음과 같다. C. Choi, "Creative

creatures: 10 animals that use tools", LiveScience, November 3, 2011, www.livescience.com/16856-animals-tools-octopus-primates.html.

2   까마귀가 견과류를 깨뜨리는 행동은 다음 출처를 참고한다. David Atten-
     borough, "Wild crows inhabiting the city use it to their advantage",
     BBC Wildlife, www.youtube.com/watch?v=BGPGknpq3e0 다음 문헌도
     참고한다. A. Taylor et al., "New Caledonian crows learn the functional
     properties of novel tool types", *PLoS ONE*, December 4 (2011); and A.
     Auersberg et al., "Social transmission of tool use and tool manufacture
     in Goffin cockatoos (**Cacatua goffini**)", *Proceedings of the Royal
     Society of London: Series B* 281, 20140972 (2014).

3   J. Fisher and R. Hinde, "The opening of milk bottles by birds", *British
     Birds* 42 (1949): 347~357.

4   동물의 학습은 다음 문헌을 참고한다. Skinner, *Behavior of organisms* (1938).

5   동물이 진정한 혁신을 할 수 있는지에 대해서는 다음 문헌을 참고한다. K.
     Laland, *Darwin's unfinished symphony: How culture made the human
     mind* (Princeton, NJ: Princeton University Press, 2017), 100; and C. van
     Schaik et al., "Manufacture and use of tools in wild Sumatran orangutans",
     Naturwissenschaften 83 (1996): 186~188; and S. Bhanoo, "Chimpanzees'
     table manners vary by group", *New York Times*, May 12 (2014).

6   S. J. Allen et al., "Why do Indo-Pacific bottlenose dolphins (Tursiops
     sp.) carry conch shells (Turbinella sp.) in Shark Bay, Western Australia?",
     Marine Mammal Science 27, No.2 (2011): 449~454; J. Mann et al., "Why
     do dolphins carry sponges?", *PLoS ONE* 3, No.12, e3868 (2008); and
     V. Gill, "Cockatoos teach tool-making tricks", BBC News, September 3,
     2014, www.bbc.co.uk/news/science-environment-28990335.

7   M. Haslam et al., "Wild sea otter mussel pounding leaves archaeologi-
     cal traces", *Scientific Reports* 9, No.4417 (2019).

8   T. Breuer et al., "First observation of tool use in wild gorillas", *PLoS
     Biology* 3, No.11, e380 (2005).

9   K. Wantanabe et al., "Long-tailed macaques use human hair as dental
     floss", *American Journal of Primatology* 69, No.8 (2007): 940~944.

10   J. Wimpenny et al., "Cognitive processes associated with sequential
     tool use in New Caledonian crows", *PLoS ONE* 4, No.8, e6471 (2009).

11 J. Plotnik et al., "Elephants know when they need a helping trunk in a cooperative task", *Proceedings of the American Academy of Science* 108, No.12 (2011): 5116~5121; and B. Hart et al., "Cognitive behaviour in Asian elephants: Use and modification of branches for fly switching", *Animal Behaviour* 62, No.5 (2001): 839~847.

12 J. Finn et al., "Defensive tool use in a coconut-carrying octopus", *Current Biology* 19, No.23 (2009): R1069~R1070.

13 A. Rutherford, *The book of humans* (London: Weidenfeld and Nicholson, 2018). (애덤 러더퍼드, 《우리는 어떻게 지금의 인간이 되었나》, 김성훈 옮김, 반니, 2019.); and M. Greshko, "Why these birds carry flames in their beaks", *National Geographic*, January 8, 2018.

14 D. Hanus and J. Call, "Chimpanzees infer the location of a reward based on the effect of its weight", *Current Biology* 18 (2008): R370~R372.

15 나는 침팬지가 스케이트를 타는 동영상을 찾아냈지만, 그것은 동물을 훈련해 얻은 결과가 분명했다. 야생에서 침팬지는 서핑을 하지도, 스케이트나 스케이트보드를 타지도 않는다. 다음 출처를 참고한다. "Chimps on ice", YouTube, August 12, 2008, www.youtube.com/watch?v=pOj_QoSH6is. 까마귀가 스노우보드를 타는 동영상은 다음 출처를 참고한다. "Crowboarding: Russian roof-surfin' bird caught on tape", YouTube, www.youtube.com/watch?v=3dWw9GLcOeA. 스노우보드를 타는 까마귀는 발명의 증거가 아니라 보상 학습의 결과로 쉽게 해석할 수 있다. 일본원숭이들이 눈덩이를 만들어 경사진 언덕을 따라 굴리는 동영상도 있지만, 인과성을 이해한다는 증거라기보다 사회적 학습에 가까워 보인다.(집단 내 모든 동물이 같은 행동을 한다.) L. Young, "Watch this adorable baby macaque roll a snowball down a hill", Atlas Obscura, December 16, 2016, www.atlasobscura.com/articles/watch-this-adorable-baby-macaque-roll-a-snowball-down-a-hill.

16 내 저서 《마음 盲》의 제목과 비슷한 시스템맹이라는 새로운 용어를 만들었다.

17 학령기 전 어린이의 인과성 이해에 대해서는 다음 문헌을 참고한다. A. Gopnik and L. Schulz, "Mechanisms of theory formation in young children", *Trends in Cognitive Sciences* 8, No.8 (2004): 371~377; A. Gopnik and L. Schulz, *Causal learning: Psychology, Philosophy, and*

computation (New York: Oxford University Press, 2007); A. Taylor et al., "Of babies and birds: Complex tool behaviours are not sufficient for the evolution of the ability to create a novel causal intervention", *Proceedings of the Royal Society of London: Series B: Biological Sciences* 281, No.1787, 20140837 (2014); and K. M. Dewar and F. Xu, "Induction, overhypothesis, and the origin of abstract knowledge evidence from 9-month-old infants", *Psychological Science* 21, No.12 (2010): 1871~1877.

18 F. Stewart et al., "Living archaeology: artefacts of specific nest site fidelity in wild chimpanzees", *Journal of Human Evolution* 61, No.4 (2011): 388~395.

19 D. Povinelli et al., *Folk physics for apes: The chimpanzee's theory of how the world works* (Oxford: Oxford University Press, 2000); and D. Penn and D. Povinelli, "Causal cognition in human and non-human animals: A comparative, critical review", *Annual Review of Psychology* 58 (2007): 97~118. 유인원에게 도구 사용법을 가르치려 했던 시도에 대해서는 다음 문헌을 참고한다. N. Toth et al., "Pan the tool-maker: Investigations into the stone tool making and tool-using capabilities of a bonobo (Pan paniscus)", *Journal of Archaeological Science* 20, No.1 (1993): 81~91.

20 흥미롭게도 결국 침팬지들은 갈퀴를 올바로 사용하는 방법을 학습했지만, 스물다섯 번 이상 시도한 뒤에야 그렇게 할 수 있었다. 인간은 아주 어린 나이라도 갈퀴를 올바로 사용하는 것의 인과적 중요성을 즉시 알아차리는 반면, 침팬지는 전혀 다른 과정인 연상 학습을 이용해 음식을 손에 넣었음을 시사한다. D. Povinelli and S. Dunphy-Lelii, "Do chimpanzees seek explanations? Preliminary comparative investigations", *Canadian Journal of Experimental Psychology* 55, No.2 (2001): 187~195.

21 A. Bania et al., "Constructive and deconstructive tool modification by chimpanzees (Pan Troglodytes)", *Animal Cognition* 12 (2009): 85~95; I. Davidson and W. McGrew, "Stone tools and the uniqueness of human culture", *Journal of the Royal Anthropological Institute* 11, No.4 (2005): 793~817.

22 조셉 콜 연구팀은 포비넬리의 결론과 다르게 해석할 수 있는 몇 가지 증

거를 제시한다. Hanus and Call, "Chimpanzees infer the location of a reward" (2008); and C. Volter et al., "Great apes and children infer causal relations from patterns of variation and covariation", *Cognition* 155 (2016): 30~43.

23 인과성에 대해서는 다음 문헌을 참고한다. M. Lombard and P. Gardenfors, "Tracking the evolution of causal cognition in humans", *Journal of Anthropological Sciences* 95 (2017): 1~16. 저자들은 이런 현상을 인과적 문법이라고 부르지만 나는 간단히 체계화, 즉 **만일-그리고-그렇다면** 패턴 찾기라고 부른다.

24 활과 화살에 대해서는 다음 문헌을 참고한다. Brown et al., "An early and enduring advanced technology" (2011); and M. Lombard and M. Haidle, "Thinking a bow-and-arrow set: Cognitive implications of Middle Stone Age bow and stone-tipped arrow technology", *Cambridge archaeological Journal* 22 (2012): 237~264.

25 일부 침팬지가 나무에 돌을 던지는 모습이 관찰되었지만, 인과관계를 이해한 것이 아니라 그저 암컷을 유혹하기 위해서일지 모른다는 의견이 제기되었다. H. Kuhl et al., "Chimpanzee accumulative stone throwing", *Scientific Report* 6, No.22219 (2016). 1975년 하버드대학교 비교동물학박물관의 P. J. 달링턴P. J. Darlington은 정밀하게, 또는 정확하게 뭔가를 던지는 것은 인간만이 가지는 독특한 특성이라고 주장했다. 달링턴은 야생 침팬지들이 44번 뭔가를 던져 5번밖에 표적을 맞추지 못한 연구를 설명한 후, 그나마 표적을 맞춘 것은 불과 2미터 떨어진 곳에서 던졌을 때뿐이었다고 덧붙였다. "다른 영장류도 막대기나 돌을 던지지만 동작은 어설프기 짝이 없습니다. (…) 인간이 뭔가를 던지는 행위와는 비교가 안 되죠. 능숙한 솜씨를 지닌 인간이라면 돌 한 개로 30미터 떨어진 곳에서 다른 인간의 두개골을 박살낼 수 있으니까요." 그의 말은 다음 출처에서 인용했다. J. Goldman, "Can humans throw better than animals?", BBC, February 25 (2014). 오직 인간만이 다음과 같이 추론할 수 있다. '**만일** 표창을 엄지와 다른 손가락 사이에 끼워 잡는다면, **그리고** 한쪽 눈을 감은 채 표창의 끝을 과녁의 중심과 일치시킨다면, **그리고** 팔을 크게 휘둘러 표창을 던진다면, **그렇다면** 표창은 과녁 중심에 명중할 것이다.' 유인원은 손의 형태 때문에 물체를 던질 수 없을 것이라는 생각은 다음 출처를 참고한다. J. Wood et al., "The uniquely human capacity to throw evolved from a non-throwing primate: An

evolutionary dissociation between action and perception", *Biology Letters* 3 (2007): 360~364. 동물원에서 기르던 침팬지 한 마리가 눈에 띄지 않는 곳에 돌을 무더기로 쌓아두어 혹시 관람객에게 던지려는 것이 아닌지 연구된 적이 있으나, 자신의 우월함을 과시하기 위한 행동이었던 것으로 보인다. 왜 침팬지가 눈에 띄지 않는 곳에 돌을 무더기로 쌓아두었는지도 그렇게 **해석**할 수 있을 것이다. M. Osvath and E. Karvonen, "Spontaneous innovation for future deception in a male chimpanzee", *PLoS ONE* 7, No.5 (2012): e36782.

26 자꾸 반복하는 것 같지만 이런 동물의 도구 사용례는 연상 학습으로 쉽게 설명할 수 있으며, **만일-그리고-그렇다면** 패턴, 특히 '그리고'가 원인적 조작임을 이해한다는 뜻은 아니다. 연상 학습이 무엇인지 다시 한번 설명하자면, 우선 어떤 동물이 초인종을 누르는 것(A)이 문이 열리는 것(B)과 연관된다는 사실을 배우는 모습을 상상해보자. 동물은 인과성, 즉 어떤 시스템이 작동한다는 사실을 전혀 이해하지 못해도 A와 B를 짝지어 생각함으로써 이런 현상을 학습할 수 있다. 반면 사람은 초인종을 누를 때 **만일-그리고-그렇다면** 추론을 이용한다. 예컨대 이렇다. '**만일** 문이 닫혀 있다면, **그리고** 내가 초인종을 누른다면, **그리고** 건너편에 누가 있어서 그 소리를 듣고 나를 들어오게 해주고 싶다면, **그렇다면** 문이 열릴 거야.' 여기서 **그리고**는 만일(A)과 그렇다면(B) 사이에서 핵심적인 원인적 조작이다. 사소한 단어에 불과한 **그리고**가 전혀 다른 하나의 세계를 만들어내는 것, 바로 그것이 원인적 조작이다. 바로 그 때문에 초인종을 울렸는데도 문이 열리지 않는다면 우리는 적합한 **설명**을 찾기 시작한다. '집에 아무도 없나?'라거나, '초인종 소리를 못 들었나?'라거나, '초인종이 고장났나?'라고 생각한다. 이 예에서 우리는 체계화 메커니즘(문을 열려면 어떻게 해야 하는지 생각하는 것)과 함께 공감회로(문 반대편에 있는 사람의 생각과 지각을 상상하는 것)를 이용한다. 동물의 행동과 관련해 인간 아닌 동물이 설명을 시도하거나 정확한 이유를 찾는 데 흥미를 느낀다는 증거는 전혀 없다. 한편 에드워드 손다이크Edward Thorndike는 연상 학습을 효과 법칙Law of Effect이라고 표현했다. 동물은 다양한 행동을 시도해 본후 원하는 결과가 나온 행동만 유지한다는 것이다. E. Thorndike, "Animal intelligence: An experimental study of the associative processes in animals", *Psychological Monographs* 8 (1898).

27 최초의 끝이 뾰족한 화살에 대해서는 다음 문헌을 참고한다. M. Lahr et al., "Inter-group violence among early Holocene hunter-gatherers

of West Turkana, Kenya", *Nature* 529, No.7586 (2016): 394~398; and Brown et al., "An early and enduring advanced technology." (2011).

28 S. Carounanidy, "Sophisticated time-awareness: The human spark?", What Makes Us Human, whatmakesushumans.com/category/human-uniqueness/page/5/. 설계에 따라 다르지만 활과 화살을 만드는 데는 최소 아홉 단계가 필요하다. 오로지 우연에 의해 열다섯 단계로 이루어진 과정을 거쳐 도구가 만들어질 확률은 10억분의 1도 안 된다.

7 거인들의 싸움

1 F. Max Müller, *Lectures on the science of language delivered at the Royal Institution of Great Britain in April, May, and June, 1861* (London: Longman, Green, Longman & Roberts, 1861); and 찰스 다윈, 《인간의 기원》.

2 언어가 발명의 원동력이 된 데 대해서는 다음 문헌을 참고한다. S. Mithen, *The prehistory of the mind: The search for the origins of art, religion, and science* (London: Thames and Hudson Ltd., 1996).

3 언어의 진화에 대해서는 다음 문헌을 참고한다. R. Botha and C. Knight, *The cradle of language* (Oxford and New York: Oxford University Press, 2009); C. Perreault and S. Mathew, "Dating the origin of language using phonemic diversity", *PLoS ONE* 7, No.4 (2012): e35289; M. Dunn et al., "Evolved structure of language shows lineage-specific trends in word-order universals", *Nature* 473, No.7345 (2011): 79~82; Q. Atkinson, "Phonemic diversity supports a serial founder effect model of language expansion from Africa", *Science* 332, No.6027 (2011): 346~349; R. Berwick and N. Chomsky, *Why only us: language and evolution* (Cambridge, MA: MIT Press, 2016). (로버트 버윅·노엄 촘스키, 《왜 우리만이 언어를 사용하는가》, 김형엽 옮김, 한울, 2018.); and R. Burling, *The talking ape* (Oxford: Oxford University Press, 2007).

4 현생 침팬지와 오스트랄로피테쿠스의 설골은 크게 다르다. B. Arensburg et al., "A Middle Paleolithic human hyoid bone", *Nature* 338, No.6218

(1989): 758~760; L. Capasso et al., "A Homo erectus hyoid bone: Possible implications for the origin of the human capability for speech", *Collegium Antropologicum* 32, No.4 (2008): 1007~1011; D. Dediu and S. Levinson, "On the antiquity of language: The reinterpretation of Neanderthal linguistic capacities and its consequences", *Frontiers in Psychology* 4 (2013); D. Frayer, "Talking hyoids and talking Neanderthals", in E. Delson and E. Sargis, eds., *Vertebrate paleobiology and paleoanthropology series* (Springer, 2017); and D. Frayer and C. Nicolay, "Fossil evidence for the origin of speech sounds", in N. Wallin et al., eds., *The origins of music* (Cambridge, MA: MIT Press, 2000). 설골이 발성 기관 중 유일하게 중요한 부위는 아니다. 호흡근을 뜻대로 조절할 수 있는 능력도 중요한데, 네안데르탈인은 그런 능력이 있었지만, 호모 에렉투스는 없었다.

5 J. Riley et al., "The flight paths of honeybees recruited by the waggle dance", *Nature* 435, No.7039 (2005): 205~207; and J. Nieh, "Recruitment communication in stingless bees (Hymenoptera, Apidae, Meliponini)", *Apidologie* 35, No.2 (2004): 159~182. 새벽에 노래하는 새들에 대해서는 다음 문헌을 참고한다. J. Hutchinson, "Two explanations of the dawn chorus compared: How monotonically changing light levels favour a short break from singing", *Animal Behaviour* 64 (2002): 527~539.

6 동물의 의사소통은 인간에서 의사소통이라고 부르는 것과 전혀 다를 가능성이 크다. 인간의 의사소통은 지시reference와 관련이 있으며, 이를 위해서는 인간의 뇌에 존재하는 공감회로의 일부인 마음이론이 필요하다. '그릇'이라는 단어를 사용해 물체를 가리킬 때 화자는 '그릇'이라는 소리로 실제 그릇을 지시하려는 자신의 **의도**를 듣는 이에게 **인지**시키려고 한다. 반면 긴꼬리원숭이가 호랑이를 보고 평소와 다른 소리로 울부짖어 동료들에게 경고한다면, 이는 물론 다른 원숭이들에게 어떤 행동을 취해야 할지 알리는 조기 경보 시스템으로서 유용하지만, 화자가 뭔가를 지시한다는 증거가 되지는 못한다. 피카와 미타니는 침팬지들이 털을 고를 때 상대편이 긁어주기를 원하는 신체 부위를 마치 '여기를 긁어라'라고 말하는 것처럼 가리키며, 상대편 침팬지는 이를 의도적 의사소통 및 지시로 알아듣는다고 주장한다. 보다 엄밀한 설명은 침팬지가 가려운 곳을 가리키면 다른 침팬지가 긁어준다는 사실

을 학습하기 때문에, 지시 능력을 지녔다고 가정하지 않아도 이런 행동을 보상 학습으로 설명할 수 있다는 것이다. S. Pika and J. Mitani, "Referential gestural communication in wild chimpanzees (Pan troglodytes)", *Current Biology* 16, No.6 (2006): R191~R192; D. L. Cheney and R. M. Seyfarth, *How monkeys see the world* (Chicago: University of Chicago Press, 1990); and H. Grice, *Studies in the way of words* (Cambridge, MA: Harvard University Press, 1989).

7   M. Hauser et al., "The faculty of language: What is it, who has it, and how did it evolve?", *Science* 298 (2002): 1569~1579. 회귀의 정의에 대한 논의는 다음 출처를 참고한다. "What is recursion?", Linguistics, linguistics.stackexchange.com/questions/3252/what-is-recursion; A. Vyshedskiy, "Language evolution to revolution: The leap from rich-vocabulary non-recursive communication system to recursive language 70,000 years ago was associated with acquisition of a novel component of imagination, called prefrontal synthesis, enabled by a mutation that slowed down the prefrontal cortex maturation simultaneously in two or more children — the Romulus and Remus hypothesis", *Research Ideas and Outcomes* 5 (2019): e35846.

8   I. Cross, "Music, mind, and evolution", *Psychology of Music* 29 (2001): 95~102. 음악에서 회귀의 예는 한 악절(A) 뒤에 후렴(B)이 이어진 후, 다시 원래 악절(A)로 돌아가는 소위 ABA 형식이다. ABA 형식은 AA ABA AA처럼 보다 복잡한 구조로 발전할 수 있다. 다른 예를 든다면 한 악절 내에서 어떤 멜로디(A) 뒤로 두 번째 멜로디(B)가 이어졌다가 다시 첫 번째 멜로디(A)가 등장하면서 미묘한 변주가 가미되는 것이다.

9   언어와 음악 사이의 관계를 생각해보자. 신경심리학에서는 종종 한 건의 증례 연구로 뇌의 두 가지 기능이 독립적이라고 추론한다. 예를 들면 이렇다. 러시아 신경심리학자 알렉산더 루리아Alexander Luria는 셰발린이라는 환자의 증례를 보고했다. 그는 유명한 음악가였는데, 뇌졸중을 겪은 후 언어 능력을 상실했지만 음악 능력은 잃지 않았다. 실어증을 겪으면서도 계속 작곡을 한 것이다. 이 예는 뇌에서 언어와 음악이 각기 독립적으로 표상됨을 보여준다. 한편 루리아가 보고한 또 다른 증례 NS는 뇌졸중을 겪은 후 단순한 구문을 이해하는 능력조차 잃었지만, 여전히 멜로디를 인식하고 따라 부를 수도 있었다. 이 예는 뇌에서 언어와 음악이 독립적으로 존재함을 확인해준다.

언어 능력을 거의 발달시키지 못했지만 음악적으로 뛰어난 재능을 지닌 사람도 있다. 종종 자폐인 서번트라고 불리는 이들은 뇌에서 언어와 음악이 독립적으로 존재함을 다시 한번 입증한다. A. Luria et al., "Aphasia in a composer", *Journal of Neurological Science* 2 (1965): 288~292.

신경심리학자 이사벨 페레츠Isabelle Peretz는 뇌졸중 후 심한 실음악증 amusia(음악을 인식하지 못하는 증상)이 생겼지만 언어 능력은 온전히 보전된 HJ라는 환자를 보고했다. 역시 뇌에서 언어와 음악이 독립적으로 존재함을 확인해주는 예라 할 것이다. I. Peretz and K. L. Hyde, "What is specific to music processing? Insights from congenital amusia", *Trends in Cognitive Sciences* 7, No.8 (2003): 362~367; and M. Mendez, "Generalized auditory agnosia with spared music recognition in a left hander: Analysis of a case with a right temporal stroke", *Cortex* 37 (2001): 139~150.

뇌졸중 후 음악적 능력을 잃은(실음악증) 사람은 보통 음정을 인식하지 못하지만 리듬을 인식하거나 만드는 능력은 보전된다. 따라서 리듬은 체계화 메커니즘에 의존할 가능성이 크다.

미텐은 지적이고 고등 교육을 받았지만 실음악증을 겪은 모니카라는 여성의 증례를 소개한다. 그녀는 음악을 들으면 시끄러운 소리를 들었을 때처럼 반응했으며, 노래를 부르거나 춤을 출 수 없었다. 하지만 모니카의 실음악증은 주로 음정 인식을 침범했을 뿐 리듬 인식에는 영향을 미치지 않았다. 인간에게 체계화 능력이 보편적으로 존재한다는 데서 예측 가능한 소견이다. 일련의 선천성 실음악증 증례를 통해서도 음정 인식과 리듬 인식(체계화)이 독립적으로 작동함을 확인할 수 있다. 스티븐 미텐,《노래하는 네안데르탈인》; S. Wilson and J. Pressing, "Neuropsychological assessment and modelling of musical deficits", *Music Medicine* 3 (1999): 47~74; I. Peretz et al., "Congenital amusia: A disorder of fine grained pitch perception", *Neuron* 33 (2002): 185~191; J. Ayotte et al., "Congenital amusia", *Brain* 125 (2002): 238~251; and M. Thaut et al., "Human brain basis of musical rhythm perception: Common and distinct neural substrates for meter, tempo, and pattern", *Brain Sciences* 4 (2014): 428~452.

10 여기서 "음악은 청각적 치즈케이크"라는 언어학자 스티븐 핑커의 주장을 잠깐 짚고 넘어가야겠다. S. Pinker, *The language instinct: How the mind*

creates language (New York: William Morrow, 1994). (스티븐 핑커, 《언어본능》, 김한영·문미선·신효식 옮김, 동녘사이언스, 2008.) 그의 주장에 따르면 우리가 음악을 사랑하는 것은 보다 기본적인 기능의 부산물일 뿐이다. 보다 기본적인 기능이란 예컨대 청각이나 음성 언어 같은 것으로, 두 가지 모두 적응적 기능이다. 어떤 특성이 진화의 부산물로 생겨날 때는 적응이라 하지 않고 외적응exaptation(굴절적응)이라고 한다. 핑커에 따르면 우리가 지방과 설탕을 좋아하는 것은 적응이지만, 치즈케이크를 좋아하는 것은 외적응이다. "따릉따릉거리는 소음을 만드는 데 시간과 에너지를 바치는 것이 무슨 도움이 되는가? (…) 생물학적 인과율에 관한 한 음악은 아무런 쓸모가 없다. (…) 인류의 삶에서 음악이 자취를 감춘다고 해도 나머지 생활 스타일은 사실상 아무 변화가 없을 것이다." 내 생각은 다르다. 음악은 생물종으로서 우리가 **만일-그리고-그렇다면** 패턴을 찾는 존재임을 뚜렷이 드러내는 징표다. 음악은 우리 종이 체계화 메커니즘을 완전히 잃었을 때에만 소멸될 것이며, 그때 우리는 발명 능력 또한 잃어버릴 것이다.

11 미텐은 《노래하는 네안데르탈인》에서 이렇게 주장한다. "인간의 마음은 멜로디와 리듬을 즐기도록 진화했다. 멜로디와 리듬은 언어가 그 자리를 차지하기 전까지 의사소통의 가장 중요한 특징이었다." 나는 반대로 생각한다. 멜로디와 리듬을 즐길 수 있게 되면서 우리는 발명과 기술과 문법에 필요한 요소를 손에 넣었다. 모든 것을 분해할 수 있게 되었기 때문이다(분절화 segmentation와 합성성compositionality). 미텐은 네안데르탈인이 멜로디와 리듬을 즐겼으리라 추정하지만, 나는 확신할 수 없다. 정말 그랬다면 그들은 틀림없이 체계화 능력이 있었으며, 그것을 이용해 발명을 할 수 있었을 것이다.

12 M. Zentner and T. Eerola, "Rhythmic engagement with music in infancy", *Proceedings of the National Academy of Sciences* 107, No.13 (2010): 5768~5773; I. Winkler et al., "Newborn infants detect the beat in music", *Proceedings of the National Academy of Sciences* 106, No.7 (2009): 2468~2471. 동물의 리듬과 음악 인지에 대해서는 다음 문헌을 참고한다. M. Hauser and J. McDermott, "The evolution of the music faculty: A comparative perspective", *Nature Neuroscience* 6 (2003): 663~668. 일부 연구에서 암컷 잉꼬는 불규칙적인 리듬이 들리는 공간보다 규칙적인 리듬이 들리는 공간에서 더 많은 시간을 보내는 경향이 있었지만, 표본 크기가 작아 같은 소견이 재현되는지 확인할 필요가 있으며, 실제로 비트를 인식했는지도 입증되지 않았다. M. Hoeschele and D. Bowling, "Sex

differences in rhythmic preferences in the Budgerigar (Melopsittacus undulatus): A comparative study with humans", *Frontiers in Psychology* 7, No.1543 (2016).

13 언어의 독특한 특징은 분절화와 합성성이라고 주장하는 사람들이 있다. 철학자인 피터 캐러더스Peter Carruthers에 따르면 이 두 가지 요소는 문법을 통해 달성된다. A. Wray, "Protolanguage as a holistic system for social interaction", *Language and Communication* 18 (1998): 47~67; P. Carruthers, "The cognitive function of language", *Brain and Behavioural Sciences* 25 (2002): 657~726.

14 L. Selfe, *Nadia: A case of extraordinary drawing ability in an autistic child* (Cambridge, MA: Academic Press, 1977); L. Selfe, *Nadia revisited: A longitudinal study of an autistic savant* (London: Psychology Press, 2011); and S. Wiltshire, Cities (London: J. M. Dent and Sons Ltd., 1989).

15 물론 인간 뇌의 언어 체계 역시 다른 많은 신경 과정에 의존하지만, 여기서 주제에서 벗어난 언어의 복잡성을 깊이 탐구하는 것은 적절치 않을 것이다. 언어를 탁월하게 개괄한 다음 책을 추천한다. 스티븐 핑커, 《언어본능》.

16 바이쉐드스키는 외측 전전두엽피질의 기능이 두 가지 개념을 통합하는 것이라고 주장한다. 외측 전전두엽피질이 손상되면 전전두엽 실어증(전두엽 역동성 실어증frontal dynamic aphasia이라고도 함)이 생긴다. 그는 이 환자들이 다음과 같은 질문을 이해하지 못해 어려움을 겪는다고 했다. "고양이가 개를 잡아먹는다면, 어느 쪽이 살아남았습니까?", "노란색 컵 속에 파란색 컵이 있다면, 어떤 컵이 위에 있습니까?" 퍼스터는 이들이 대화를 지속하거나 한 개의 단어 또는 짧은 문장을 이해할 수는 있지만 명제화에 어려움을 겪는다고 지적한다. 외측 전전두엽피질은 계획 세우기, 행동 억제, 상황 전환, 의사결정에도 관여한다. Vyshedskiy, "Language evolution to revolution"; M. Watanable, "Role of the primate lateral prefrontal cortex in integrating decision-making and motivational information", in J. C. Dreher and L. Tremblay, eds., *Handbook of reward and decision making* (Burlington, MA: Academic Press, 2009); A. Friederici, "The brain basis of language processing: From structure to function", *Physiological Review* 91 (2011): 1357~1392; J. Fuster, "Human neuropsychology", in *The prefrontal cortex* 4th ed. (Cambridge,

MA: Academic Press, 2008); A. Luria, *Traumatic aphasia* (Berlin and Boston: De Gruyter Mouton, 1970).

17 바이쉐드스키는 이런 구절을 이해하는 데도 전전두엽 통합이 필요하다고 주장한다. '언덕 뒤편 키 큰 나무 왼쪽에 있는 커다란 바위 위에 뱀 한 마리.' 전혀 새로운 장면 속에 네 가지 대상(뱀, 바위, 나무, 언덕)을 통합해야 하기 때문이다. 분명 이런 구절은 끼워 넣기라는 의미에서 회귀가 필요하다. 하지만 이런 구절 역시 **만일-그리고-그렇다면** 추론을 통해 이해할 수 있다. '**만일** 뱀이 큰 바위 위에 있다면, **그리고** 그 바위가 키 큰 나무 왼쪽에 있다면, **그리고** 그 나무가 언덕 뒤편에 있다면, **그렇다면** 그 뱀은 언덕 뒤편에 있다.' 또한 그는 전전두엽 통합이 촘스키가 정의한 병합merge, 즉 두 가지 통사론적 대상을 합쳐 하나의 새로운 대상으로 만드는 능력(선상가옥 등)과 가깝다고 주장한다. N. Chomsky, "On phrases", in R. Freidin et al., eds., *Foundational issues in linguistic theory: Essays in honor of Jean-Roger Vergnaud* (Cambridge, MA: MIT Press, 2008).

18 A. Nowell, "Defining behavioral modernity in the context of Neandertal and anatomically modern human populations", *Annual Review of Anthropology* 39 (2010): 437~452; and I. Tattersall , "How we came to be human", *Scientific American*, June 1 (2006). 이 부분은 지난 1982~1983년 유니버시티칼리지런던 MRC 인지발달학부에서 저녁 세미나를 열어 어떻게 상징에 의한 사고를 할 수 있는지 논의했던 고故 릭 크로머Rick Cromer에게 큰 빚을 졌다.

19 이런 논리는 어떤 마음 상태가 선행하는 다른 어떤 문장에 대해서도 성립한다. A. M. Leslie, "Pretense and representation: The origins of 'theory of mind,'" *Psychological Review* 94 (1987): 412~426. 마음 상태에 따라 어떤 명제의 진리 조건이 유예되는 특수한 상황을 지시적 불투명성referential opacity이라고 한다.

20 유발 하라리, 《사피엔스》.

21 스웨덴처럼 사회적 봉쇄 조치lockdown를 취하지 않은 국가도 있지만, 사회적 봉쇄는 인도와 중국을 비롯해 수많은 사람에게 효과적이었다.

22 이 이론을 논의한 문헌은 다음과 같다. F. Wynn and T. Coolidge, *How to think like a Neandertal*. C. Raby et al., "Planning for the future by Western scrubjays", *Nature* 445 (2007): 919~921; and N. J. Mulcahy and J. Call, "Apes save tools for future use", *Science* 312 (2006): 1038~1040.

23 C. Zimmer, "Time in the animal mind", *New York Times*, April 3 (2007)
24 L. Leakey et al. "A new species of genus Homo from Olduvai Gorge", *Nature* 4, No.202 (2004): 7-9; Klein, *The human career*; T. Feix et al., "Estimating thumb-index finger precision grip and manipulation potential in extant and fossil primates", *Journal of the Royal Society: Interface* 12, No.106, (2015): 20150176; A. Bardo et al., "The impact of hand proportions on tool grip abilities in humans, great apes, and fossil hominins: A biomechanical analysis using musculoskeletal simulation", *Journal of Human Evolution* 125 (2018): 106~121; and C. Kuzawa and J. Bragg, "Plasticity in human life history strategy: Implications for contemporary human variation and the evolution of genus Homo", *Current Anthropology* 53, No.S6 (2012): S369~S382.
25 S. McBrearty and A. Brooks, "The revolution that wasn't: A new interpretation of the origin of modern human behavior", *Journal of Human Evolution* 39, No.5, (2000): 453~563; and J. Zilhao, "Symbolic use of marine shells and mineral pigments by Iberian Neandertals", *Proceedings of the National Academy of Sciences* 107, No.3 (2010): 1023~1028. J. Baio et al., "Prevalence of autism spectrum disorder among children aged 8 years —Autism and Developmental Disabilities Monitoring Network, 11 sites, United States, 2014", *MMWR Surveillance Summary* 67, No.SS-6 (2018): 1~23.

8 섹스 인 밸리

1 J. Baio et al., "Prevalence of autism spectrum disorder among children aged 8 years —Autism and Developmental Disabilities Monitoring Network, 11 sites, United States, 2014", *MMWR Surveillance Summary* 67, No.SS-6 (2018): 1~23.
2 S. Baron-Cohen et al., "Is there a link between engineering and autism?", *Autism* 1 (1997): 101~108; and R. Grove et al., "Exploring the quantitative nature of empathy, systemising, and autistic traits using factor mixture modelling", *British Journal of Psychiatry* 207 (2015): 400~406.

3 S. Baron-Cohen and J. Hammer, "Parents of children with Asperger syndrome: What is the cognitive phenotype?", *Journal of Cognitive Neuroscience* 9 (1997): 548~554; G. Windham et al., "Autism spectrum disorders in relation to parental occupation in technical fields", *Autism Research* 2, No.4 (2009): 183~191.

4 짐 사이먼스는 불과 서른 살에 스토니브룩대학교 수학과 학과장이 되었다. 그는 천 싱선Chern Shiing-Shen과 함께 기념비적인 천사이먼스 불변량Chern-Simons invariants을 발표했다. 그들의 이론은 양자장론, 응집물질물리학, 심지어 끈이론에까지 널리 응용되었다. 이후 그는 극소곡면area-minimizing surface 연구로 기하학 분야 최고의 영예인 미국수학회 오즈월드베블런상Oswald Veblen Prize을 수상했다. A. Schaffer, "The polymath philanthropist", *MIT Technology Review*, October 18, 2016, www.technologyreview.com/s/602561/the-polymath-philanthropist/.

5 스티브 셜리의 본명은 '스테파니Stephanie'이지만, 1960년대에 자신의 소프트웨어 회사로 쏟아져 들어오는 계약서에 '스티브Steve'라고 서명하기 시작했다. S. Shirley and R. Asquith, *Let IT go: The memoirs of Dame Stephanie Shirley* (Wilton, NH: Acorn Books, 2018).

6 오티콘의 최고경영자인 쿠르트 쇠퍼Kurt Schöffer가 UBS라는 회사에서 마련한 이 부모들과의 연례 회의 후 내게 개인적으로 제공한 정보다.

7 L. Hawking, "Dear Katie Hopkins. Please stop making life harder for disabled people", *Guardian*, April 30, 2015, www.theguardian.com/commentisfree/2015/apr/30/katie-hopkins-life-harder-disabled-people.

8 일론 머스크의 전처인 저스틴 머스크Justine Musk는 쿼라에 인용된 TEDx 토크에서 두 사람 사이에서 태어난 아들의 자폐에 대해 말한다. 저스틴은 아들이 네 살 때 경도 내지 중등도 자폐로 진단받았지만 지금은 스펙트럼에 속하지 않는 것으로 생각된다고 했다. www.quora.com/Does-Elon-Musk-have-an-autistic-son-Which-one.

9 B. Hughes, "Understanding our gifted and complex minds: Intelligence, Asperger's syndrome, and learning disabilities at MIT", MIT Alumni Association newsletter (2003). 미국에서 임상연구심사위원회Institutional Review Board, IRB는 곧 윤리위원회다.

10 대학이 학문적 구성원의 연구를 제한할 수 있음을 보여주는 뚜렷한 예로 인간 배아를 복제한 후 파면된 중국 과학자를 들 수 있다. P. Rana, "How

a Chinese scientist broke the rules to create the first gene edited babies", *Wall Street Journal*, May 10, 2019, www.wsj.com/articles/how-a-chinese-scientist-broke-the-rules-to-create-the-first-gene-edited-babies-11557506697.

11 아인트호벤 연구팀은 피오나 매튜스Fiona Matthews, 로사 혹스트라Rosa Hoekstra, 캐롤 브레인Carol Brayne, 캐리 앨리슨Carrie Allison으로 구성되었다. 네덜란드의 세 도시는 모두 인구 20만 명이 넘었고, 가구당 평균 소득, 장애 어린이 비율, 정신질환 유병률 등이 비슷했다. 우리는 비교 목적으로 ADHD와 통합 운동 장애(신체적 동작의 어색함) 등 다른 두 가지 장애 유병률도 조사했다. 아인트호벤 연구에서 우리가 확보한 자료는 학생생활기록부 데이터가 전부였으므로 자폐 어린이 부모의 직업에 대한 가설은 검증할 필요가 있다. 하지만 아인트호벤이라는 도시의 성격을 생각할 때 안전한 가설로 보인다. M. Roelfsema et al., "Are autism spectrum conditions more prevalent in an information-technology region? A school-based study of three regions in the Netherlands", *Journal of Autism and Developmental Disorders* 42 (2012): 734~739.

12 실리콘밸리의 자폐 유병률은 연구가 더 필요하지만, 미국은 보건서비스가 중앙집중화되어 있지 않아 각 가정이 서로 다른 건강보험 제공자를 이용하기 때문에 정보를 모으기가 쉽지 않다.

13 J. Erlandsson and K. Johannesson, "Sexual selection on female size in a marine snail, Littorina littorea (L.)", *Journal of Experimental Marine Biology and Ecology* 181 (1994): 145~157; A. Fargevieille et al., "Assortative mating by colored ornaments in blue tits: Space and time matter", *Ecology and Evolution* 7, No.7 (2017): 2069~2078; G. Stulp et al., "Assortative mating for human height: A meta-analysis", *American Journal of Human Biology* 29, No.1(January-February) (2017): e22917; K. Han, N. C. Weed, and J. N. Butcher, "Butcher dyadic agreement on the MMPI-2", *Personality and Individual Differences* 35 (2003): 603~615; and J. Glickson and H. Golan, "Personality, cognitive style, and assortative mating", *Personality and Individual Differences* 30 (2001): 1109~1209.

14 S. Baron-Cohen, "Two new theories of autism: Hyper-systemizing and assortative mating", *Archives of Diseases in Childhood* 91 (2006): 2~5;

S. Connolly et al., "Evidence of assortative mating in autism spectrum disorder", *Biological Psychiatry* 86, No.4 (2019): 286~293; A. E. Nordsletten et al., "Patterns of nonrandom mating within and across 11 major psychiatric disorders", *JAMA Psychiatry* 73, No.4 (2016): 354~361; J. Wouter et al., "Exploring boundaries for the genetic consequences of assortative mating for psychiatric traits", *JAMA Psychiatry* 73, No.11 (2016): 1189~1195.

15 왜 자폐 어린이 부모들이 평균보다 나이가 많은 경향이 있는지도 동류교배로 설명할 수 있을 것이다. 결혼 상대자를 찾는 데까지 더 많은 시간이 걸리는 것이다. www.spectrumnews.org/news/link-parental-age-autism-explained. 예컨대 55세가 넘은 남성은 30세 미만 남성보다 자폐 자녀를 얻을 확률이 4배 더 높다. C. Hultman, "Advancing paternal age and risk of autism: New evidence from a population-based study and a meta-analysis of epidemiological studies", *Molecular Psychiatry* 16, No.12 (2011): 1203~1212. 물론 연령이 생식세포에 미친 영향을 배제할 수는 없다.

16 자폐에서 동류교배에 대한 세 가지 설명이 모두 옳고, 동시에 그런 일이 일어날 수 있다는 데 유의한다. 즉, 성별이 다른 고도로 체계화하는 사람들이 같은 장소에 모이고, **동시에** 사회적 기술의 영향으로 보다 제한된 집단에서 짝을 찾게 되며, **동시에** 세세한 것에 관심을 두고 **만일-그리고-그렇다면** 패턴을 찾는 (자신과 비슷한) 사람에게 끌릴 수 있다는 뜻이다.

17 S. Baron-Cohen and J. Hammer, "Parents of children with Asperger syndrome: What is the cognitive phenotype?", *Journal of Cognitive Neuroscience* 9 (1997): 548~554; T. Jolliffe and S. Baron-Cohen, "Are people with autism or Asperger syndrome faster than normal on the Embedded Figures Task?", *Journal of Child Psychology and Psychiatry* 38 (1997): 527~534.

9 미래의 발명가 키우기

1 D. L. Christensen et al., "Prevalence and characteristics of autism spectrum disorder among 4-year-old children—Early Autism and Developmental Disabilities Monitoring Network, seven sites, United

States, 2010~2014", *MMWR Surveillance Summary* 68, No.SS-2 (2019): 1~19; and Baio et al., "Prevalence of autism spectrum disorder among children aged 8 years."

2 S. Baron-Cohen, "The concept of neurodiversity is dividing the autism community", *Scientific American*, April 30 (2019); D. Muzikar, "Neurodiversity: A person, a perspective, a movement?", The Art of Autism, September 11, 2018, the-art-of-autism.com/neurodiverse-a-person-a-perspective-a-movement/; and S. Baron-Cohen, "Neurodiversity: A revolutionary concept for autism and psychiatry", *Journal of Child Psychology and Psychiatry* 58 (2017): 744~747. 케임브리지에서 나는 1990년대 중반부터 이상심리학Abnormal Psychology을 가르쳤다. 2010년에는 과목명을 비전형심리학Atypical Psychology으로 바꾸었다. 이상이란 단어가 시대에 뒤떨어졌을 뿐 아니라, 그저 남과 다르거나 전형적이 아닌 사람을 병적으로 취급하는 태도와 관련되기 때문이다. 아직도 이상심리학저널Journal of Abnormal Psychology이라는 과학 전문 잡지가 존재하므로 이런 태도는 완전히 없어지지 않았다고 할 수 있다.

3 *Creative differences: A handbook for embracing neurodiversity in the creative industries* (Universal Music, January 2020). 이 안내서는 신경다양성을 지원하기 위해 직장에서 합리적 조정을 시행하려는 고용주들에게도 도움이 된다.

4 아인슈타인이 실제로 이렇게 말했다는 증거는 없다. 하지만 다음 출처를 참고했다. Quote Investigator, quoteinvestigator.com/2013/04/06/fish-climb.

5 Baron-Cohen, "Neurodiversity: A revolutionary concept for autism and psychiatry"; and Baron-Cohen, "The concept of neurodiversity is dividing the autism community."

6 신경다양성 개념의 역사에 대해서는 다음 출처를 참고한다. H. Bloom, "Neurodiversity: On the neurological advantages of Geekdom", *Atlantic* September (1997); and J. Singer, *Neurodiversity: The birth of an idea* (Amazon.com Services LLC, 2016).

7 비교적 최근의 연구들에 따르면 아직도 실업률이 받아들이기 어려울 정도로 높은 것은 사실이지만, 85퍼센트까지는 아니고 60퍼센트에 가까운 것 같다. B. Reid, *Moving on up? Negotiating the transition to adulthood for young people with autism* (London: National Autistic Society, 2006);

J. Barnard et al., *Ignored and ineligible? The reality for families with autistic spectrum disorders* (London: National Autistic Society, 2001); and Griffiths et al., "The Vulnerability Experiences Quotient (VEQ)."

8   여기 소개한 스페셜리스테른, 오티콘, SAP 외에 딜로이트, 유니버설뮤직, 마이크로소프트, 휴렛팩커드엔터프라이즈, IBM, 회계법인 언스트앤영과 프라이스워터하우스쿠퍼스, 포드, 프레디맥, 디엑스씨테크놀로지, 영국 정부통신본부 등의 직장에서 자폐인을 적극적으로 고용한다. 자폐인 친화적 기업 목록은 다음 출처를 참고한다. Disability:IN, "Autism @ Work Employer Roundtable", usbln.org/what-we-do/autism-employer-roundtable.

9   Neurotribes and Steve Silberman's TEDtalk, "The forgotten history of autism", March 2015, www.ted.com/talks/steve_silberman_the_forgotten_history_of_autism?language=en.

10 J. Chu, "Why SAP wants to train and hire nearly 700 adults with autism", *Inc.*, 2017, www.inc.com/jeff-chu/sap-autism-india.html.

11 R. Austin and G. Pisano, "Neurodiversity as a competitive advantage", *Harvard Business Review*, May-June (2017).

12 C. Hall, "Neurodiverse like me", Medium, April 5, 2017, medium.com/sap-tv/robots-and-people-autism-at-work-c7fc40e4d39a.

13 C. Best et al., "The relationship between subthreshold autistic traits, ambiguous figure perception, and divergent thinking", *Journal of Autism and Developmental Disorders* 5, No.12 (2015): 4064~4067.

14 Y. Lappin, "The IDF's Unit 9900: 'Seeing' their service come to fruition", Jewish News Syndicate, May 4, 2018, www.jns.org/the-idfs-unit-9900-seeing-their-service-come-to-fruition/; and S. Rubin, "The Israeli army unit that recruits teens with autism", *Atlantic*, January 6 (2016). 보안 확인 업무에 종사하는 자폐인들에 대해서는 다음 문헌을 참고한다. C. Gonzales et al., "Practice makes improvement: How adults with autism out-perform others in a naturalistic visual search task", *Journal of Autism and Developmental Disorders* 43, No.10 (2013): 2259~2268.

15 제임스 닐리는 다음 출처를 인용했다. J. Harris, "How do you solve the trickiest problems in the workplace? Employ more autistic people", *Guardian*, October 9 (2017).

16 나는 현재 널리 통용되는 관행에 따라 평균 이하의 IQ를 지칭할 때 '학습 곤

란'보다 '학습 장애'라는 용어를 사용한다. 학습 곤란이라는 용어는 ADHD 등 전체적인 IQ에 영향을 미치지 않는 특정 장애를 지칭할 때만 사용해야 한다. NHS, "Overview: Learning disabilities", www.nhs.uk/conditions/learning-disabilities/; and "Learning Difficulties", mencap, www.mencap.org.uk/learning-disability-explained/learning-difficulties.

17 T. Clements, "The problem with the Neurodiversity Movement", *Quillette*, October 15 (2017). 조너선 미첼Jonathan Mitchell은 남성 자폐인으로 자신의 블로그 '자폐계의 잔소리꾼Autism's Gadfly'(autismgadfly.blogspot.com)에서 "우리는 신경다양성이 필요 없다"라고 주장했다. 일부 자폐인이 신경다양성에 반대하는 이유는 자폐가 백신 때문에 생겼다고 믿기 때문인데, 이런 주장은 수많은 과학적 연구에 의해 반박되었다. K. Knight, "I'm autistic — Don't let anti-vaxxers bring the culture of fear", *Guardian*, August 23, 2018, www.theguardian.com/commentisfree/2018/aug/23/autistic-anti-vaxxers-fear-neurodiversity-far-right.

18 자폐인의 복통 유병률은 다음 문헌을 참고한다. V. Chaidez et al., "Gastrointestinal problems in children with autism, developmental delays, or typical development", *Journal of Autism and Developmental Disorders* 44, No.5 (2014): 117~127. 자폐인의 뇌전증 유병률은 다음 문헌을 참고한다. J. Perrin et al., "Healthcare for children and youth with autism and other neurodevelopmental disorders", *Pediatrics* 137, suppl.2 (2016).

19 Simons Foundation, "SFARI gene", www.sfari.org/resource/sfari-gene/; Warrier and Baron-Cohen, "The genetics of autism"; and Huguet et al., "The genetics of autism spectrum disorders."

20 자폐와 조산에 대해서는 다음 문헌을 참고한다. N. Padilla et al., "Poor brain growth in extremely preterm neonates long before the onset of autism spectrum disorder symptoms", *Cerebral Cortex* 27 (2015): 1245~1252. 자폐와 출산 합병증에 대해서는 다음 문헌을 참고한다. S. Jacobsen et al., "Association of perinatal risk factors with autism spectrum disorder", *American Journal of Perinatology* 34, No.3 (2017): 295~304.

21 G. Owens et al., "LEGO® therapy and the social use of language programme: An evaluation of two social-skills interventions for children with high functioning autism and Asperger syndrome",

Journal of Autism and Developmental Disorders 38 (2008): 1944~1957; and D. Legoff et al., *Lego Therapy: How to build social competence for children with autism* 그리고 *related conditions* (London: Jessica Kingsley Ltd., 2014).

22 O. Golan et al., "Enhancing emotion recognition in children with autism spectrum conditions: An intervention using animated vehicles with real emotional faces", *Journal of Autism and Developmental Disorders* 40 (2010): 269~279; and Cambridge Autism Learning, "Training and resources for parents and carers of autistic children", www.Cambridgeautismlearning.com. 이 만화영화의 체계화는 예컨대 다음과 같다. '**만일** 기관차 찰리의 얼굴이 평소와 같다면, **그리고** 그가 언덕을 반쯤 올라가다 멈춘다면, **그렇다면** 그의 얼굴은 화난 표정으로 변할 것이다.'

23 O. Golan and S. Baron-Cohen, "Systemizing empathy: Teaching adults with Asperger syndrome or high-functioning autism to recognize complex emotions using interactive multimedia", *Development and Psychopathology* 18 (2006): 591~617; and Cambridge Autism Learning, www.Cambridgeautismlearning.com.

24 E. Glettner, "Skateboarding is therapeutic for autistic children", *Huffington Post*, February 6 (2013). 스케이트보드 타기를 체계화하는 예는 다음과 같다. '**만일** 몸을 뒤로 기울인다면, **그리고** 자세를 낮춘다면, **그렇다면** 스케이트보드의 앞쪽이 땅에서 들릴 것이다.'

25 디즈니 영화와 자폐에 대해서는 다음 문헌을 참고한다. R. Suskind, *Life animated: A story of side-kicks, heroes, and autism* (Los Angeles: Kingswell, 2014). 서스킨드가 친밀감 치료affinity therapy라고 부르는 것의 예로 모든 자폐 어린이가 좋아하는 것을 찾은 후(대개 고도로 체계화하는 활동과 관련이 있다) 서로 연결하는 방법으로 이용하는 행동을 들 수 있다.

26 자폐에서 강박 장애의 유병률에 대해서는 다음 문헌을 참고한다. M. C. Lai et al., "Autism", *Lancet* 383 (2014): 896~910; T. Cadman et al., "Obsessive-compulsive disorder in adults with high-functioning autism spectrum disorder: What does self-report with the OCI-R tell us?", *Autism Research* 8 (2015): 477~485; F. van Steensel et al., "Anxiety disorders in children and adolescents with autistic spectrum disorders: A meta-analysis", *Clinical Child and Family Psychology*

Review 14, No.3 (2011): 302~317; and V. Postorino et al., "Anxiety disorders and obsessive-compulsive disorder in individuals with autism spectrum disorder", *Current Psychiatry Reports* 19, No.12 (2017): 92.

27 고도로 체계화하는 어린이(극단 S형)는 2.5퍼센트에 불과하며, 일부 경계선 상에 있는 어린이(S형) 역시 이런 교육 방식에 참여하기를 원할 수 있다.

28 그레타 툰베리와 자폐에 대해서는 다음 문헌을 참고한다. S. Baron-Cohen, "Without such families speaking out, their crises remain hidden", *The Times* (of London), February 9 (2020).

29 〈뷰티플 영 마인즈〉는 나중에 〈X+Y〉라는 드라마 영화로 각색되었다. 영화 〈뷰티플 영 마인즈〉의 요약판은 다음 출처에서 볼 수 있다. "The world of Asperger's", Catalyst, August 28, 2008, www.abc.net.au/catalyst/ stories/2346896.htm. 대니얼의 진단에 대해서는 다음 문헌을 참고한다. "Beautiful Young Minds p1", dailymotion, www.dailymotion.com/video/ x3et56.

부록 1 나의 뇌 유형을 찾는 SQ와 EQ 검사

1 SQ-10과 EQ-10은 다음 문헌을 통해 개발 및 검증되었다. Greenberg et al., "Testing the Empathizing-Systemizing (E-S) theory of sex differences."

부록 2 AQ 검사로 자폐 성향 알아보기

1 AQ-10은 다음 문헌을 통해 개발되었다. C. Allison et al., "Toward brief 'red flags' for autism screening: The Short Autism Spectrum Quotient and the Short Quantitative Checklist in 1,000 cases and 3,000 controls," *Journal of the American Academy of Child and Adolescent Psychiatry* 51 (2012): 202~212. AQ-10, EQ-10과 마찬가지로 다음 문헌에서 검증되었다. Greenberg et al., "Testing the Empathizing-Systemizing (E-S) theory of sex differences."

그림 설명 및 출처

그림 1.1   다음 문헌에서 인용했다. M. Frank et al., "Wordbank: An open repository for developmental vocabulary data," *Journal of Child Language* 44, No.3 (2017): 677~694.

그림 2.1   저자 제공.

그림 2.2   저자 제공.

그림 2.3   다음 문헌에서 인용했다. Rodney Castleden, *The making of Stonehenge* (London: Routledge, 2002).

그림 2.4   다음 출처에서 인용했다. http://dangerouslyirrelevant.org/2011/11.

그림 2.5   위는 다음 문헌에서 인용했다 S. Baron-Cohen and M. V. Lombardo, "Autism and talent: The cognitive and neural basis of systemizing," *Translational Research* 19, No.4 (2017): 345~353.
아래는 Creative Commons Attribution—ShareAlike 3.0 Unported license. Attribution: Sebastian023.

그림 2.6   다음 문헌에서 인용했다. F. De Waal, "Mammalian empathy: Behavioural manifestations and neural basis," *Nature Reviews NeuroScience* 18 (2017)

그림 2.7   저자 제공.

그림 2.8   저자 제공.

그림 3.1   저자 제공.

그림 3.2   저자 제공.

그림 3.3   다음 문헌에서 인용했다. D. Greenberg et al., "Testing the Empathizing-Systemizing (E-S) theory of sex differences and the Extreme Male Brain (EMB) theory of autism in more than half a million people," *Proceedings of the National Academy of Sciences* 115, No.48 (2018): 12152~12157.

그림 3.4 다음 문헌에서 인용했다. S. Baron-Cohen et al., "Studies of theory of mind: Are intuitive physics and intuitive psychology independent?" *Journal of Developmental and Learning Disorders* 5 (2001): 47~78.

그림 3.5 다음 문헌에서 인용했다. S. Ritchie et al., "Sex differences in the adult human brain: Evidence from 5216 UK Biobank participants," *Cerebral Cortex* 28, No.8 (2018): 2959~2975.

그림 3.6 다음 문헌에서 인용했다. B. Pakkenberg and H. Gundersen, "Neocortical neuron number in humans: Effect of sex and age," *Journal of Comparative Neurology* 384 (1997): 312~320.

그림 3.7 다음 문헌에서 인용했다. M. Frank et al., "Wordbank: An open repository for developmental vocabulary data," *Journal of Child Language* 44, No.3 (2016): 677~694.

그림 3.8 다음 문헌에서 인용했다. C. Toran-Allerand, "Gonadal hormones and brain development: Implications for the genesis of sexual differentiation," *Annals of the New York Academy of Sciences* 435 (1984): 101~111.

그림 3.9 저자 제공.

그림 3.10 저자가 직접 그린 것으로 다음 문헌을 근거로 했다. S. Baron-Cohen et al., "The 'Reading the Mind in the Eyes' test revised version: A study with normal adults, and adults with Asperger syndrome or high-functioning autism," *Journal of Child Psychology and Psychiatry* 42 (2001): 241~252.

그림 4.1 저자 제공.

그림 5.1 위는 Didier Descouens (CC-BY-SA-4.0).
가운데는 Didier Descouens (CC-BY-SA-4.0).
아래는 Didier Descouens (CC-BY-SA-4.0).

그림 5.2 왼쪽은 Heritage Image Partnership Ltd/Alamy Stock Photo.
오른쪽은 다음 문헌에서 인용했다. Pierre-Jean Texier, Guillaume

Porraz, John Parkington, Jean-Philippe Rigaud, Cedric Poggenpoel, Christopher Miller, Chantal Tribolo, Caroline Cartwright, Aude Coudenneau, Richard Klein, Teresa Steele, and Christine Verna, "A Howiesons Poort tradition of engraving ostrich eggshell containers dated to 60,000 years ago at Diepkloof Rock Shelter, South Africa," *Proceedings of the National Academy of Sciences* 107, No.14 (2010): 6180~6185. https://doi.org/10.1073/pnas.0913047107.

그림 5.3   Human Origins Program, Smithsonian Institution.

그림 5.4   Image courtesy Maxime Aubert.

그림 5.5   Human Origins Program, Smithsonian Institution.

그림 5.6   위는 Historic Images/Alamy Stock Photo.
아래 왼쪽은 Landesamt fur Denkmalpflege im Stuttgart and Museum Ulm, 사진 Yvonne Muhleis.
아래 오른쪽은 DEA/A. DAGLI ORTI/De Agostini via Getty Images.

그림 5.7   저자 제공. 물론 이 연대표는 도식일 뿐 정확한 시간적 길이를 나타낸 것이 아니다. 그저 우리가 지난 330만 년 동안 적은 수의 단순한 도구만 사용하다가, 10만 년 전부터 복잡한 도구들의 다양성이 폭발적으로 증가했음을 보여주려는 것이다. 발명의 증가 속도가 급격하게 빨라졌다는 추정은 다음을 비롯해 다양한 출처에서 확인할 수 있는 인간 발명 연대표를 근거로 했다. "Timeline of historic inventions," Wikipedia, en.wikipedia.org/wiki/Timeline_of_historic_inventions; "Timeline of scientific discoveries," Wikipedia, en.wikipedia.org/wiki/Timeline_of_scientific_discoveries; "Prehistory to 1650," ScienceTimeline, www.Sciencetimeline.net/prehistory.htm; C. Woodford, "Technology Timeline," ExplainThatStuff!, www.explainthatstuff.com/timeline.html; and "Inventions Timeline," www.datesandevents.org/events-timelines/09-inventions-timeline.htm.

그림 5.8   Hilde Jensen © University of Tubingen.

그림 5.9   저자 제공.

그림 5.10   agefotostock/Alamy Stock Photo.

그림 6.1   침팬지는 Nature Picture Library/Alamy Stock Photo.

까마귀는 Courtesy Dr. Sarah Jelbert.

돌고래는 A. Pierini. Dolphin Innovation Project, www.sharkbaydolphins.org.

문어는 Nature Picture Library/Alamy Stock Photo.

파이어호크는 Auscape International Pty Ltd/Alamy Stock Photo.

그림 6.2   다음 문헌에서 인용했다. D. Povinelli et al., *Folk physics for apes: The chimpanzee's theory of how the world works* (Oxford: Oxford University Press, 2000).

그림 6.3   다음 문헌에서 인용했다. T. Wynn and F. Coolidge, *How to think like a Neandertal* (Oxford: Oxford University Press, 2012).

그림 8.1   다음 문헌에서 인용했다. H. Witkin and D. Goodenough, "Cognitive styles: Essence and origins. Field dependence and field independence," *Psychological Issues* 51 (1981): 1~141.

부록 표 1, 2, 4 다음 출처에서 인용했다. D. Greenberg et al., "Testing the Empathizing-Systemizing (E-S) theory of sex differences and the Extreme Male Brain (EMB) theory of autism in more than half a million people," *Proceedings of the National Academy of Sciences* 115, No.48 (2018): 12152~12157.

부록 표 3   Varun Warrier and David Greenberg, Cambridge.

찾아보기

개념·용어·지역·기타

옮긴이 **강병철**

소아청소년과 전문의이자 도서출판 꿈꿀자유 대표. 2008년 휴양차 들른 캐나다 밴쿠버에 눌러앉아 번역가로 살고 있다. 《툭하면 아픈 아이, 흔들리지 않고 키우기》《이토록 불편한 바이러스》《성소수자》(공저) 등을 썼고, 《자폐의 거의 모든 역사》(한국출판문화상 번역 부문 수상), 《인수공통 모든 전염병의 열쇠》(롯데출판문화대상 번역 부문 수상)를 비롯해 《면역》《뉴로트라이브》《암 치료의 혁신, 면역항암제가 온다》《치명적 동반자, 미생물》 등을 우리말로 옮겼다.

패턴 시커

1판 1쇄 펴냄	2024년 2월 28일
1판 4쇄 펴냄	2024년 5월 31일
지은이	사이먼 배런코언
옮긴이	강병철
펴낸이	김정호
주간	김진형
책임편집	이형준
디자인	형태와내용사이, 박애영
펴낸곳	디플롯
출판등록	2021년 2월 19일(제2021-000020호)
주소	10881 경기도 파주시 회동길 445-3 2층
전화	031-955-9504(편집) · 031-955-9514(주문)
팩스	031-955-9519
이메일	dplot@acanet.co.kr
페이스북	facebook.com/dplotpress
인스타그램	instagram.com/dplotpress
ISBN	979-11-93591-07-9 (03400)

디플롯은 아카넷의 교양·에세이 브랜드입니다.

지은이

사이먼 배런코언 Simon Baron-Cohen

케임브리지대학교 발달정신병리학 및 실험심리학 교수로 재직
중이다. 자폐 연구소 및 아스퍼거 증후군이 의심되는 성인들을
위한 진료소의 소장을 맡고 있다. 옥스퍼드대학교 뉴칼리지에서
인간과학을 전공하고, 유니버시티칼리지런던에서 심리학으로 박사
학위를 받았다.

자폐 아동에게서 다른 사람이나 동물의 생각과 느낌을 상상하는
능력인 마음이론theory of mind의 발달이 지연됨을 학계에 최초로
보고하였으며, 그들이 타인의 감정을 인식하고 이해할 수 있게
도와주는 교육용 소프트웨어와 자료를 만들었다. 설문 항목을 통해
공감 능력을 자가 측정할 수 있는 공감 지수EQ와 체계화 정도를
측정하는 체계화 지수SQ를 개발하였다. 지은 책으로 《공감 제로》
《그 남자의 뇌 그 여자의 뇌》《마음 盲》 등이 있으며, 《다른 마음
이해하기Understanding Other Minds》《공감각Synaesthesia》을
포함해 다수의 책을 편집하였다.

영국심리학회로부터 스피어만메달(1990)과 학회장상(2006),
미국심리학회로부터 맥앤들리스상(1990)과 메이데이비슨
임상심리학상(1993)을 수상했다. 특히 자폐 연구에 기여한
공로로 카너-아스퍼거메달(2013)을 수상했다. 2021년에는 영국
왕실로부터 영예 기사 작위를 받았다.

2017년 UN에서 열린 세계 자폐인의 날 기념식에서 기조연설을
맡아 "자폐인들의 자율성과 자기결정권은 그들의 인권에 대한
논의와 분리될 수 없다"고 말했다. 40년 가까이 인간의 마음에
천착한 그의 결론은 명료하다. "다르게 연결된 뇌는 저마다의
장점이 있으며, 어느 것이 더 좋거나 나쁘다고 판단해서는 안 된다."